■ 全国技工教育规划教材

■ 四川省"十四五"职业教育省级规划教材立项建设

高职高专畜牧兽医类专业系列教材

养殖场环境卫生与畜禽健康生产

YANGZHICHANG HUANJING WEISHENG YU CHUQIN JIANKANG SHENGCHAN

主 编 杨 敏 邓继辉

副主编 郭 蓉 郑良焰 鲁志平 李 韵

重庆大学出版社

内容提要

本书根据我国高职高专教育改革的要求,以适应时代背景下行业需要为目标,以畜牧兽医学生就业为导向,以项目任务形式编排,将内容分为7个项目,包括畜禽环境的基本概念,气象因素与畜禽健康生产,畜牧场空气环境卫生与畜禽健康生产,水体卫生与畜禽健康生产,土壤、饲料卫生和畜禽运输及放牧卫生,畜禽场规划设计与畜禽健康生产,畜禽场环境卫生监测与畜禽健康生产,主要介绍了外界环境因素影响畜禽健康和生产性能的基本规律,以及依据这些规律制定利用、保护和改善环境措施等相关知识。为加强学生实践技能训练,安排了8个技能训练,实训内容广度和深度适宜,编排中尽可能采用图示说明,使学生能及时掌握实训操作方法,巩固理论的同时提高动手能力,培养畜禽生产行业认知意识。

本书可供高职高专院校畜牧兽医类相关专业师生使用,也可供相关从业者参考。

图书在版编目(CIP)数据

养殖场环境卫生与畜禽健康生产/杨敏,邓继辉主编.--重庆:重庆大学出版社,2020.8(2023.10 重印)
高职高专畜牧兽医类专业系列教材
ISBN 978-7-5689-2360-6

Ⅰ.①养… Ⅱ.①杨… ②邓… Ⅲ.①养殖场—环境卫生—高等职业教育—教材 ②畜禽—饲养管理—高等职业教育—教材 Ⅳ.①S851.2 ②S815

中国版本图书馆 CIP 数据核字(2020)第 134059 号

养殖场环境卫生与畜禽健康生产
主 编 杨 敏 邓继辉
副主编 郭 蓉 郑良焰 鲁志平 李 韵
策划编辑:袁文华

责任编辑:关德强 版式设计:袁文华
责任校对:谢 芳 责任印制:赵 晟
*
重庆大学出版社出版发行
出版人:陈晓阳
社址:重庆市沙坪坝区大学城西路 21 号
邮编:401331
电话:(023) 88617190 88617185(中小学)
传真:(023) 88617186 88617166
网址:http://www.cqup.com.cn
邮箱:fxk@ cqup.com.cn (营销中心)
全国新华书店经销
POD:重庆新生代彩印技术有限公司
*
开本:787mm×1092mm 1/16 印张:17 字数:437千
2020 年 8 月第 1 版 2023 年 10 月第 3 次印刷
ISBN 978-7-5689-2360-6 定价:42.00 元

编委会

BIANWEIHUI

主　编　杨　敏(成都农业科技职业学院)　　邓继辉(成都农业科技职业学院)

副主编　郭　蓉(成都农业科技职业学院)　　郑良焰(成都农业科技职业学院)

　　　　鲁志平(成都农业科技职业学院)　　李　韵(成都农业科技职业学院)

参　编　(排名不分先后)

　　　　袁　鑫(成都农业科技职业学院)　　周大薇(成都农业科技职业学院)

　　　　唐丽江(成都农业科技职业学院)　　李　娟(成都农业科技职业学院)

　　　　阚　宁(成都农业科技职业学院)　　欧红萍(成都农业科技职业学院)

　　　　王　迪(成都农业科技职业学院)　　曾怀见(成都农业科技职业学院)

　　　　潘祥羽(成都农业科技职业学院)　　胡　凯(成都农业科技职业学院)

　　　　张雅雪(成都农业科技职业学院)　　陈　淼(成都农业科技职业学院)

　　　　叶青华(成都农业科技职业学院)　　袁金娥(成都农业科技职业学院)

　　　　雍茂龙(温氏股份重庆养猪公司)　　杨　阳(四川驰阳农业开发有限公司)

　　　　郑　诚(四川丽天牧业有限公司)　　米　勇(四川驰阳农业开发有限公司)

　　　　宋修瑜(青岛派如环境科技有限公司)　李　豪(四川铁骑力士牧业科技有限公司)

FARMING

前 言

Preface

随着科学技术的进步,中国养殖业向集约化、规模化、专业化方向发展,由此导致的环境污染问题在新时代生态文明建设下显得尤为突出。近年来,我国畜牧业生产得以迅猛发展,畜禽养殖规模不断扩大,畜禽粪便、污水、恶臭等养殖废弃物产生量也迅猛增加,随之而来的是导致环境承载压力增大,畜禽养殖污染问题日益凸显,畜禽健康生产受到严重制约。习近平总书记在近来的讲话中多次指出,我们既要绿水青山,也要金山银山。宁要绿水青山,不要金山银山,而且绿水青山就是金山银山。并强调实行最严格的生态环境保护制度以推进生态文明建设。自此,国家对养殖业环境卫生控制提出了更高要求,对畜牧兽医专业人才在养殖场环境控制能力和环境保护意识培养方面有了新的要求。

"养殖场环境卫生与畜禽健康生产"作为高职院校畜牧兽医类专业的一门主干课程,在培养学生对养殖场环境的认识与控制能力、畜禽健康生产与环境卫生的关系认知方面起着至关重要的作用。本书根据我国高职教育改革的要求,以适应时代背景下行业需要为目标,以畜牧兽医学生就业为导向,以项目任务形式编排,将书中内容分为7个项目,包括畜禽环境的基本概念,气象因素与畜禽健康生产,畜牧场空气环境卫生与畜禽健康生产,水体卫生与畜禽健康生产,土壤、饲料卫生和畜禽运输及放牧卫生,畜禽场规划设计与畜禽健康生产,畜禽场环境卫生监测与畜禽健康生产。通过以上7个项目,主要介绍外界环境因素影响畜禽健康和生产性能的基本规律以及依据这些规律制定利用、保护和改善环境措施等相关知识。为加强学生实践技能训练,安排了8个技能训练,实训内容广度和深度适宜,编排中尽可能采用图示说明,使学生及时掌握实训操作方法,通过科学的实训让学生巩固理论的同时提高动手能力,培养畜禽生产行业基本专业技能和认知意识。

本书由杨敏、邓继辉主编,企业参编雍茂龙、杨阳、宋修瑜、米勇、郑诚、李豪等共同研讨并拟订提纲。具体分工如下:杨敏、邓继辉负责全书提纲构建及统稿,项目1、项目5由杨敏、李娟、郑良焰完成,项目2由郭蓉、欧红萍完成,项目3由唐丽江、周大薇完成,项目4由阚宁、胡凯完成,项目6由鲁志平、郑良焰、袁鑫、杨敏完成,项目7由李韵完成,附录由叶青华、杨敏、郭蓉、袁金娥整理完成,全书文字校正及编排整理由王迪、曾怀见、潘祥羽、陈淼完成,邓继辉教授对全书进行了最后的审阅、修正及定稿。

本书在编写过程中,编写团队充分进入温氏股份四川养猪公司、四川驰阳农业开发有限公司、青岛派如环境科技有限公司、湖南誉隆环保科技有限公司、长沙绿丰源生物有机肥料有限公司、四川丽天牧业有限公司等多家企业进行了调研及图片采集，得到了长沙市农委彭皓平及以上企业相关领导的大力支持与帮助，在此深表感谢！

　　本书还参阅了国内外相关文献和著作，并引用了其中的一部分资料，编者对这些文献和著作的作者表示衷心感谢。四川农业大学吴德教授在本书编写过程中给予建设性意见，在此表示最诚挚的感谢！

　　由于编写团队水平所限，疏漏之处恳请读者批评指正。

编　者

2020 年 8 月

目 录

MULU

项目 1　畜禽环境的基本概念

【项目提要】

本项目主要阐明环境因素、环境应激、畜禽对环境的适应等基本概念。并对环境因素的分类、应激的机理和对畜禽的影响等作了一定的介绍。

【教学案例】

"裸鸡"

张某到某蛋鸡场去实习。到了蛋鸡场后,张某按照规定消毒后进入蛋鸡舍。在明亮的蛋鸡舍里,张某发现一个非常奇怪的现象,鸡场有很多鸡都没有完整的羽毛,偶尔还有蛋鸡被其他蛋鸡啄死。张某请教鸡场的饲养员,饲养员说:"很正常,'裸鸡'也要产蛋,偶尔死只鸡也不会对鸡场效益产生重大影响。"

提问:1.试分析鸡场产生"裸鸡"的原因及其危害。

2.如何减少或消除鸡场"裸鸡"的产生?

任务 1.1　畜禽环境

1.1.1　畜禽环境的概念

畜禽环境是存在于畜禽周围的可直接或间接影响畜禽的自然与社会因素之总体。而每一个因素我们又称为环境因素。所谓直接影响,是指气温、气湿等可直接作用于畜体和家禽。土壤中的重金属元素可能通过饲料或饮水而危害畜禽,成为间接环境因素。环境因素也没有时间和空间上的限制,例如,太阳距离畜禽非常远,但其光和热时刻在影响畜禽,是一个重要的环境因素。畜舍墙体上有一张与墙颜色相似的纸,虽然距畜禽很近,但可忽略不计。在时间上,有些因素的作用不是立刻发生的,所以有时需要追溯到以前。

环境因素一般存在有利和有害两方面的作用,我们应对其分辨,做到趋利避害。当然,同一个因素在某一情况下可能有利,如冬季的热辐射,但在夏季则成为不利因素。同样,某一环境因素的作用强度和时间,也可能使其从有益转化为有害。

1.1.2 畜禽环境因素的分类

作用于畜禽的环境因素,一般可分为物理因素、化学因素、生物因素和社会因素。前三项主要是自然因素,而社会因素多为人工因素。但相互之间也有交叉,现分别加以介绍。

1)物理因素

物理因素主要有温热、光照、噪声、地形、地势、海拔、土壤、牧场和畜舍等。在物理因素中牧场和畜舍一般均为人为因素。但在现代畜牧业中,这一因素的形成,大都经过了大量科学实验的积累而刻意安排的,甚至包括舍内的光照与采暖。但随着畜禽品种的变化,生产力水平的提高,必须有相应的变化,才可适应畜禽的需要。

物理因素看似简单,但对生产影响较大,尤其是温热因素和光照的控制,是优良畜禽品种实现全球推广应用的首要保证。

2)化学因素

化学因素包括空气中的氧、二氧化碳、有害气体、水和土壤中的化学成分。一般情况下空气中氧和二氧化碳的组成不会有太大的变化,但随着海拔的升高,氧气的含量和气压均会迅速降低而危害畜禽。在长期通风不良的畜禽舍,也会引起这两种情况的变化。

畜禽舍中的有害气体主要分为内源性的和外源性的。内源性的主要为粪尿和尸体等分解产生的氨和硫化氢。外源性的主要为工业生产排放氮氧化物、硫化物、氯化物等,有时形成酸雨而危害畜禽,例如在三氧化硫(SO_3)长期作用下可使禽类卵巢、输卵管等萎缩。这些都应该在畜禽场选址中加以避免。

土壤中的化学成分是形成许多畜禽地方性缺乏症的重要原因,放牧畜禽尤为明显。对缺乏的应予补充;对过高的应予控制;对受有机磷、有机氯、汞等污染土壤的饲料,更应避免使用。

3)生物因素

生物因素是指饲料与牧草的霉变、有毒有害植物、各种内外寄生虫和病原微生物。后者在临床兽医学和小动物医学中已有大量介绍,不在本书重复。但饲料的加工保存,则是应该重视的问题。尤其是中、小型饲料厂和养殖户,对霉变饲料和原料重视不够,甚至有目的地将人不能食用的粮食用作饲料。

4)社会因素

社会因素应包括畜禽群体和人为管理措施。畜禽单个饲养和群饲,特别是群饲时的畜禽群大小、来源,都是重要的环境因素。在人为管理上,畜栏的大小、地面材料与结构、机械设备的运行,都是重要的社会因素。

1.1.3 畜禽环境质量的评价

畜禽环境质量是环境好坏的表征。其优劣对畜禽生产遗传潜力的发挥和健康都有重大影响。它主要受畜禽的饲养密度,畜舍的建筑管理和周围工农业生产活动影响。当然,只有当污染物质及各种环境参数变化超过畜禽耐受能力时才造成危害。

1）评价的类型

（1）预断评价

预断评价是指在畜牧场建立之前,根据拟建场的规模和周围工农业生产情况(如工厂生产产品及排放物,建场土地过去的使用情况等),作出对畜禽和周围人类生活质量的影响估测。

（2）同顾评价

同顾评价是根据建场地区历史资料,提示该区域环境污染的发展过程。

（3）现状评价

现状评价是根据畜牧场近几年的生产情况和监测资料进行评估,可以阐明目前的污染状况和对生产的影响程度,以制订综合治理措施。

2）评价的内容

评价的内容主要指对污染源的调研和评价,应包括空气、土壤、水源、饲料和用药5个方面,还应对畜禽自身排放的有害气体和粪尿堆积产生的污染源作出评价。

3）环境质量指数

用无量纲指数表示环境质量好坏的方法,包括单因子评价和多因子评价。

（1）单因子评价

单因子评价用下式表示:

$$I_i = \frac{C_i}{S_i}$$

式中,I_i 为第 i 种污染物的环境质量指数;C_i 为第 i 种污染物的环境浓度;S_i 为第 i 种污染物的环境质量标准。

例如:某鸡舍空气中测定的 NH_3 含量为 23.0 mg/m^3,我们规定鸡舍 NH_3 浓度为 15.0 mg/m^3,则 NH_3 环境质量指数为 $I_i = 23.0/15.0 \approx 1.53$。

（2）多因子评价

多因子评价是建立在单因子评价基础上的。它可以分为均值型、计权型等。均值型的计算式为 $I = \frac{1}{n}\sum\limits_{i=1}^{n} I_i$,式中 n 为参加评价因子数。计权型则要加入各因子的权重系数。畜牧生产中该项工作研究尚少,此处不多介绍。

4）污染源的评价方法

一般采用等标污染指数,即某种污染物的排放量为该种污染物评价标准的倍数。

现代畜牧生产中,一般的畜禽从出生到上市或淘汰,都被限制饲养在某一栋畜舍内,它们遭受着一个连续的、持久的环境状况。所以对某些环境评价参数的要求可能高于人类。当然,不同的畜禽又有不同的要求。

任务 1.2　环境应激

1.2.1　环境应激的概念与影响

畜禽对干扰或妨碍机体正常机能的内外环境刺激,产生生理和行为上非特异性反应的过程称为环境应激。但近年来也有不少学者认为,应激也可能是特异性的反应。

应激(stress)一词来源于英文,原意为"压力""紧张""应力"等解释。自从 1935 年加拿大病理生理学家塞里(H. Selye)提出应激学说后,20 世纪 50 年代应激出现于中国医学刊物。随着中国畜牧业现代化的发展,畜牧兽医界对应激的译名有过争论,曾有"逆境""不良反应",甚至农业工程界仍译为"应力"。后来逐渐公认为刘士豪教授的"应激"一词。

1)应激源

应激源指引起应激反应的一切环境刺激。有些时候,本来有利的因素如果超过一定的刺激强度,也可以转变为应激源。一般情况下,应激源大部分为外界环境因素。

当刺激在机体可以适应的范围内时,我们称为自然应激。自然应激可以使畜禽逐步适应环境,充分发挥自身的生产潜力。

应激源也包括物理的、化学的、生物学的和社会的诸多环境因素。例如光、噪声、气温、有害气体、病原微生物、拥挤和并群等。

2)应激对畜禽的影响

应激又称为全身适应综合征,由于其为非特异性反应,一般不以应激源不同而异,故又叫泛适应综合征。但在这一反应过程中往往同时并存许多特异性反应,较难区分。所以人们才认为其有时也可产生特异反应。

典型的应激反应过程可分为三个阶段,每个阶段又有其特殊的生理生化及神经内分泌变化。第一阶段为动员阶段或警觉反应,此阶段机体受到应激源刺激后,尚未获得适应,是机体对应激源作用的早期反应。根据生理生化变化的不同,该阶段又可分为休克相和反休克相。休克相表现为体温和血压下降,神经系统抑制,肌肉紧张度降低,进而发生组织降解,低氯高钾血,胃肠急性溃疡,机体抵抗力低于正常水平。休克相可持续几分钟至 24 h,应激反应进入反休克相,机体防卫反应加强,血压上升,血钠和血氯增加,血钾减少,血糖升高,分解代谢加强,肾上腺皮质肥大,机体总抵抗力提高,甚至高于正常水平。第二阶段为适应或抵抗阶段,在此阶段机体经受了应激源的作用而获得了适应,新陈代谢趋于正常,同化作用占优势,各种机能基本平衡,机体的全身性、特异性抵抗力提高到正常水平,对应激因子的作用能够适应,如动物对寒冷、噪声等逐渐适应。第三阶段为衰竭阶段,若应激因子作用时间过长或强度过大,机体的抵抗能力可能耗尽,出现各种营养不良,肾上腺皮质虽然肥大,但不能产生必要的激素,异化作用占优势,机体贮备耗尽,新陈代谢出现不可逆变化,适应机制破坏,各系统陷入紊乱状态,许多重要机制衰竭,导致动物出现各种应激综合征,严重者导致死亡。自然应激在第二阶段即可结束,强烈和持久的应激源才会发展到第三阶段。

（1）对生产性能的影响

根据畜禽个体对应激源的敏感性,可分为应激敏感动物和应激耐受动物,因而应激对不同品种和个体生产力的影响差别很大。对应激敏感品种和个体,常造成相当严重的经济损失。

应激对畜禽的生长育肥、产乳、产蛋和繁殖性能都可产生一定的影响,造成巨大的经济损失。鲜活畜禽的外运和电击屠宰应激不仅可引起大量死亡,还严重地降低了肉品的品质。据20世纪70年代中期调查,各国应激敏感猪数量为15%~36%,品种间存在较大的差异。不仅死亡率高,宰后肉品质因表现色泽淡白、质地松软和有渗出液而称PSE肉;或表现切面干燥、质地较硬和色泽深暗的DFD肉,每年造成巨大的经济损失。

（2）对健康的影响

许多畜禽体内长期带菌、带毒,但并不发病。如猪的嗜血杆菌和副溶血性杆菌,在运输3~7天时即可发生多发性浆膜炎及肺炎。而鸡的败血支原体和大肠杆菌,无应激时可潜伏,而无临床症状,一旦出现应激则可发生慢性呼吸道病、大肠杆菌病或沙门氏菌病。

集约化饲养中的拥挤应激,同样可诱发禽的啄肛、啄羽和猪的咬尾等恶癖。

（3）对畜禽免疫的影响

应激对畜禽免疫机能的影响有抑制免疫、无影响和增强免疫机能三种结果。这与应激源的种类、应激强度、疫苗类型和免疫剂量、动物的种类和品种、应激经历及动物的生理状态等多种因素有关。

实验表明,用新城疫油佐剂灭活苗免疫的鸡,热应激对其抗体滴度无影响,但用Lasota系灭活苗免疫的鸡,抗体滴度显著降低。在热应激时,畜禽用高剂量抗原免疫产生的抗体水平显著高于低剂量抗原。Heller用绵羊红细胞和大肠杆菌对鸡免疫,热应激条件下,鸡对绵羊红细胞的抗体滴度下降,但对大肠杆菌的抗体滴度升高。这些实验说明,疫苗类型和剂量不同,免疫效果有很大差异。另外,热应激强度不同对免疫功能的影响也不同,一般轻度热应激对动物免疫功能无影响或影响很小,但强度热应激抑制免疫功能,如犊牛在慢性轻度的热应激下,其外周血液淋巴细胞、单核细胞、嗜中性白细胞、嗜酸性粒细胞及嗜碱性细胞数不受影响。

长期持续高温也可抑制鸡的体液免疫应答。不同种类、品种的动物,耐热性差异很大,耐热性强的畜禽,免疫功能所受热应激影响小。相反,耐热性越差,免疫抑制越大,如在同样的高温条件下,肉用型白洛克鸡的体液免疫应答显著受抑制,而蛋用型Warren SSL鸡的体液免疫应答增强。

动物在冷应激时抗体生成减少,对传染病的易感性升高。如雏鸡在低温(7~10℃)应激下,传染性支气管炎的发病率显著升高;冷应激增加猪对传染性胃肠炎的敏感性,但也有一些试验结果与此相反,如急性和慢性冷应激都使新汉夏雏鸡对绵羊红细胞和牛血清白蛋白的体液免疫应答增强。以上说明,冷应激对动物体液免疫机能的影响也与动物种类、免疫原类型、应激强度等多种因素有关。

3）环境应激在现代畜牧业中的应用

许多畜牧工作者，为了降低生产成本，提高种禽和商品鸡的利用率，常在产蛋末期给鸡群以停水、饥饿、缩短光照时间等剧烈的应激源，使其很快停产、落羽，然后再改善饲养条件，促使其迅速恢复而进入下一个产蛋期，这是利用应激实施的强制换羽方法，可取得良好的经济效益和社会效益。

1.2.2 环境应激的调节

畜禽的环境应激，目前认为受中枢神经系统的主导，并在交感-肾上腺髓质系统、下丘脑-垂体-肾上腺皮质系统和下丘脑-垂体-甲状腺系统等完成。生长激素、甲状腺素和生殖激素也起着一定的协调功能。

1）交感-肾上腺髓质系统

应激状态下，动物交感神经兴奋，使肾上腺髓质的分泌功能加强，肾上腺髓质分泌的儿茶酚胺类化合物，包括肾上腺素和去甲肾上腺素。肾上腺素和去甲肾上腺素都参与物质代谢的调节，可加速糖原分解，抑制糖原合成，使血糖升高；激活脂肪酶，加强脂肪分解，增加血液中游离脂肪酸的含量；增加组织耗氧量，从而增加产热量；并能激活汗腺，导致热应激时畜禽出汗散热；两者还能引起血管收缩，血压升高，肾上腺素还可引起心率加快，提高心输出量。但肾上腺素分泌增多可引起内脏器官血流量减少，从而影响内脏器官机能，如生殖系统、消化系统等机能下降。

2）下丘脑-垂体-肾上腺皮质系统

应激状态下，下丘脑促肾上腺皮质激素释放，引起垂体前叶促肾上腺皮质激素（ACTH）分泌加强，促肾上腺皮质激素的主要作用是促进肾上腺皮质合成糖皮质激素（包括皮质酮、皮质醇等），因此，应激时，血浆皮质酮、皮质醇等水平升高。皮质醇（酮）能加强肝脏中糖原异生作用，促进蛋白质的分解代谢和脂肪酸的氧化，并对胰岛素有拮抗作用，过多的皮质醇（酮）能造成机体氮的负平衡，血脂、血清总蛋白水平下降，使动物生长减慢、消瘦、皮肤变薄和骨质疏松等。另外，应激时皮质醇（酮）的大量分泌可引起胸腺、法氏囊、脾脏和淋巴结组织萎缩，质量减少，严重时，其中的淋巴细胞会大量坏死，外周血液中的淋巴细胞和嗜酸性粒细胞减少。总之，应激造成的血浆皮质酮水平越高，对机体的免疫抑制、生长、繁殖、生产性能等的抑制越强。

肾上腺皮质除分泌糖皮质激素外，还分泌盐皮质激素，主要是醛固酮。醛固酮主要参与机体的水盐代谢，醛固酮的分泌机制与糖皮质激素不同，它受促肾上腺皮质激素作用不大，主要受血液电解质及肾素-血管紧张素调节。当应激时，血中儿茶酚胺浓度升高，导致内脏循环血量特别是肾血流量减少和肾小管液 Na^+ 浓度下降，使肾素的分泌增加，肾素能催化血管紧张素原最终生成血管紧张素Ⅱ，血管紧张素Ⅱ刺激肾上腺皮质合成并分泌醛固酮；另外，血液中的低钠高钾可直接刺激肾上腺分泌醛固酮。应激时，血液醛固酮显著升高，醛固酮有保钠排钾作用，过多会打破体内离子平衡状态，促进 Na^+、Cl^- 和水的保留及 K^+、P^{5+} 和 Ca^{2+} 的排出，使血液中离子浓度发生相应改变，如血钙、血钾、血磷等水平显著下降，电解质平衡遭到破坏，会直接影响机体的各种机能如产蛋性能、生长肥育性能等。

当应激强度过大、时间过长时,肾上腺机能被抑制、血浆皮质酮等激素水平下降。

3)下丘脑-垂体-甲状腺系统

甲状腺主要分泌甲状腺素(T4)和三碘甲状腺原氨酸(T3)两种激素,具有加强组织代谢活动,促进糖类的吸收利用和糖原的异生,加速脂肪分解。生理水平的甲状腺素还能促进蛋白质合成,但过量的 T4 则加速蛋白质的分解,出现氮的负平衡。甲状腺素还可增强生长激素的效力,并且促进繁殖能力,因此,甲状腺机能的正常与否,对畜禽的各种机能都有影响。

在应激动员和适应阶段,下丘脑分泌的促甲状腺激素释放激素(TRH)增多,因而垂体促甲状腺激素(TSH)的分泌也增多,最终使甲状腺激素的合成和分泌增多,机体代谢活动加强,但随应激时间延长,甲状腺萎缩,重量减轻,分泌机能被抑制,甲状腺激素分泌量减小。同时,血液中甲状腺激素的利用率减慢,最终导致机体的多种机能下降,如奶牛泌乳量下降、蛋鸡产蛋量和蛋壳质量下降等。

应激源可导致下丘脑促性腺激素释放激素(GnRH)和垂体前叶促性腺激素分泌减少,故其促卵泡激素(FSH)、促黄体激素(LH)和催乳激素(PRC)生成均减少,从而引起睾丸、卵巢、乳腺发育受阻和功能减退或萎缩,畜禽出现繁殖机能下降甚至不育。另外免疫器官和免疫细胞上存在特异的性激素受体,性激素可提高机体免疫机能,性激素分泌减少,机体免疫机能也会受到不利影响。

1.2.3 应激的防治

获得抗应激畜禽品种是最为理想而又十分艰巨的育种任务。应激敏感猪一般对 1.5% ~ 5% 的氟烷检验呈阳性反应,而 5 min 内对氟烷无反应者为阴性,为抗应激猪,血型为 Ha/a、Ha/c 等,可利用其进行品种培育。李如治等利用牛的红细胞钾与耐热性的相关性进行中国荷斯坦牛的品系选育。

在目前的生产实践中,人们常用调整饲养密度、改变日粮配方,使用饲料或药物添加物,或在运输前使用少量氯丙嗪等镇静药物来预防应激。

任务 1.3　畜禽的驯化与适应

1.3.1 气候适应的概念

气候适应从广义上讲,包含气候服习、气候驯化和适应三层含义。

气候服习亦称生理性适应,指本来对某种气候如炎热或寒冷不适应的动物,因反复或较长期处于该动物生理所能忍受的气候环境中,在数周中逐渐引起散热和产热等生理机能的变化,使原来因气候应激失常的生理指标和生产性能,如因高温引起体温和呼吸率升高、采食量和生产性能下降等,逐渐趋于正常或有所恢复而能习惯于这种气候环境。

气候驯化,如果畜禽"服习"的时间延长,经过几个月后,会进一步引起保温隔热性能的改变,如脱换毛羽,增加皮下脂肪沉淀,甚至体型也发生改变。因不良气候所致各种生理机能的异常,又恢复或趋于正常。这种气候驯化,一般从几周到几个月。当不良的气候条件消失之后,动物又恢复到原来状态,例如动物顺应一年四季的气候变化便是一种气候驯化过程。

服习和驯化实质上也是一种从生理到形态的调节过程,它可以减轻或消除不良环境的有害作用,它是后天获得,不能遗传。服习和驯化两者有时很难区别,在服习过程中已开始驯化,在驯化过程还带有服习,唯前者偏重于生理机能的改变。

适应是动物在长期生存竞争中为适合外界环境条件而形成一定改善的表现,是经过若干年、若干代自然选择和人工选择的结果,在行为、生理、解剖和形态上已发生根本的改变,并能遗传给后代。例如牦牛适应空气稀薄的高寒地区,骆驼适应干热多变的大陆性气候,欧洲野牛适应寒带的气候,瘤牛和水牛适应热带气候。由于"适应"的通称,中外皆然,因而服习和驯化也能称为适应,如"代谢适应""生理适应""行为适应""隔热性能适应"和"形态适应"等。

1.3.2　气候适应的过程和机理

畜禽对气候从服习,到驯化,再到适应的过程,是从生理行为,代谢率的变化,到被毛、皮肤甚至形态学的变化,发展到体型、组织学结构变化的复杂过程。威尔逊(1854)即指出,寒冷地区的动物具有较密、较厚的被毛和很厚的皮下脂肪;而炎热地区的动物则毛短、皮薄,轻而有光泽。人们称之为威尔逊法则。而早在1847年,伯格曼即指出:同一个种的恒温动物,处于寒带的体型较大,处于热带的体型较小。其原因在于体型较小的单位体重的体表面积较大,易于散热,寒带则正好相反,利于保温。北美的荷斯坦牛和新西兰的荷斯坦牛正有此区别。故古典生态学家称其为伯格曼法则。1887年,爱伦法则则是对其的补充,认为寒带动物身体的四肢、耳朵、尾巴较小,以减少散热面积,而热带则相反,甚至垂皮、脐褶、阴门等都很大,以利散热。真正适应,则要经过若干年、若干代的长期气候驯化,伯纳德(1976)曾指出:此种适应性不一定能从外观上表现出来,而是在身体组织结构上发生了深刻的变化。例如,牛的皮肤有三层管径不同的血管丛(图1.1)在真皮丛和中间真皮丛中较粗的静脉都有一条动脉相并行,称为"静脉并行",当动脉血从心脏流向体表时,低温静脉血从体表获得热量而带回心脏,这不仅直接降低了热损失,而且也降低了皮温,以利减少散热。所以称其为"逆流热交换"。

此外,格罗杰尔法则曾指出:裸露皮肤的色素,具有抵抗太阳紫外线伤害的作用,处于热带的动物皮肤颜色较深,被毛色泽较浅,具光泽,前者利于防止紫外线,后者利于反射辐射热。

畜禽对气候的适应,使畜禽具有了耐热性与耐寒性。这不仅存在品种上的差异,而且还存在个体的区别。所以,在畜牧生产中,虽然现代畜牧业对环境的控制大大削弱了人们对畜禽气候适应选择方面的注意力,但对某些畜禽,例如奶牛,我们则仍应注重耐热性的选择,以利节约生产成本。

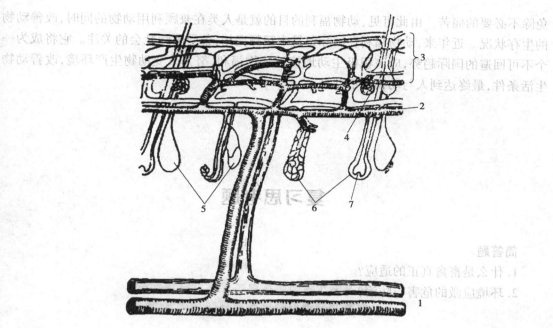

图 1.1　牛皮肤血管丛

1—真皮丛;2—中间真皮丛;3—表皮下丛;

4—皮脂腺;5—肝腺;6—毛囊;7—毛乳头

项目小结

　　环境因素是一把双刃剑,与畜禽的生长息息相关。环境因素(物理、化学、生物和社会)作用于畜禽,畜禽由于内外环境的变化,会产生环境应激。如果内外环境的变化反复或时间较长,还可能使畜禽产生气候适应。所以,环境因素及其变化对畜禽的生产性能、健康、免疫都产生了非常重要的影响,我们应掌握相关知识,并有效地应用到实际畜禽生产中,使畜禽生产效益最大化。

小常识

动物福利

　　动物福利是指为了使动物能够康乐而采取的一系列行为和给动物提供的相应外部条件,如让动物生存空间变大、为动物提供玩具、降低动物死亡应激的措施等都是提高动物福利的表现。动物福利是强调保证动物康乐的外部条件,而提倡动物福利的主要目的有两个方面:一是从以人为本的思想出发,改善动物福利,可最大限度地发挥动物的作用,让动物更好地为人类服务;二是从人道主义出发,重视动物福利,改善动物的康乐程度,使动物尽可能免除不必要的痛苦。由此可见,动物福利的目的就是人类在兼顾利用动物的同时,改善动物的生存状况。近年来,动物福利在国际贸易中频频亮相,备受国际社会的关注。它将成为一个不可回避的国际趋势,应该积极主动地接纳动物福利,努力改变动物生产环境,改善动物生活条件,最终达到人与动物和谐共处。

复习思考题

简答题

1. 什么是畜禽真正的适应?
2. 环境应激的危害与防治?

项目 2 气象因素与畜禽健康生产

【项目提要】

本项目主要介绍太阳辐射、温度、湿度、气流和气压等气象因素及其对畜禽生产和健康的影响,以及气象因素之间综合作用对畜禽的影响,有助于为学生在今后的实际生产中如何通过控制养殖场的空气环境以增进畜禽健康和生产能力提供理论基础。

【教学案例】

大学毕业后的小李返乡创业,将自己闲置的房屋进行了适当改造,创办了一个种猪场。但一到夏季,小李就犯难了。后备母猪的受精率一直偏低,即使配上种后,流产率也高。小李采取了兽医治疗、增加配种次数、降温等一系列措施,但效果不大,这对种猪场的生产效益造成了很大的影响。

请问:1. 引起种猪场中后备母猪夏季配种率偏低的因素除了气温外,还有哪些因素?

2. 通过哪些方法可以降低猪的热应激?

3. 如果在冬季遇到同样的状况,该如何处理?

4. 在集约化养殖中,如何有效控制圈舍空气环境,保证猪场的生产效益?

任务 2.1 太阳辐射

太阳以电磁波的形式向外传递能量称为太阳辐射。地球所接收到的太阳辐射是地球大气运动的主要能量源泉,也是地球光、热、能的主要来源,是复杂天气变化和气候形成的重要原因,对动物的生产和生活产生很大的直接或间接影响。

2.1.1 太阳辐射强度及光谱

掌握太阳辐射强度等相关知识和资料,对合理规划设计畜禽养殖场建筑物的布局均有一定的参考价值。

1) 太阳辐射强度

太阳是一个巨大而炽热的星球,它通过辐射所传递的能量称太阳辐射能。太阳辐射的强弱,通常以太阳辐射强度来表示。它是一个物理量,指在单位时间内垂直投射在单位面积上的辐射能,用 $J/(cm^2 \cdot min)$ 表示。

地球所接收到的太阳辐射能量为太阳向宇宙空间放射的总辐射能量的二十二亿分之一。太阳辐射通过大气,一部分以直接太阳辐射的形式到达地面;另一部分被大气中的分子、微尘、水汽等吸收、散射和反射。其中被散射的太阳辐射一部分返回宇宙空间,另一部分以散射太阳辐射的形式到达地面。

2)影响太阳辐射强度的因素

(1)太阳高度角

太阳高度角指从太阳中心直射到当地的光线与当地水平面的夹角。太阳高度角越大,穿越大气的路径就越短,大气对太阳辐射的削弱作用越小,则到达地面的太阳辐射越强;反之,路径越长,大气对太阳辐射的作用越大,到达地面的太阳辐射越弱。一天中,随着时间的推移,太阳高度角大小和太阳辐射到地面的路径发生变化,到达正午时太阳高度角最高(达到 90 度),因此正午的太阳辐射强度比早晚的强。

(2)纬度和海拔高度

地理纬度和海拔高度对太阳辐射通过大气层的强度有影响。地区的纬度、海拔越高,空气越稀薄,大气层厚度越薄,大气对太阳辐射的削弱作用越小,则到达地面的太阳辐射越强,反之则越弱。例如,青藏高原是我国太阳辐射最强的地区。

(3)季节

夏季太阳高度角高,冬季太阳高度角低,夏季太阳辐射强度强于冬季。太阳辐射随季节变化呈现有规律的变化,形成了四季。

(4)天气状况

晴天云少,对太阳辐射的削弱作用小,到达地面的太阳辐射强。例如四川盆地多云雾阴雨天气,云层厚,太阳辐射强度减弱,成为我国最低值太阳辐射区。

(5)大气透明度

大气透明度高则对太阳辐射的削弱作用小,使到达地面的太阳辐射强。如某些地区大气中二氧化碳、二氧化硫等气体含量因工业污染而增加,大气透明度降低,地面的太阳辐射强度减小。

(6)白昼时间的长短

白昼长度指从日出到日落之间的时间长度。赤道上四季白昼长度均为 12 小时,赤道以外昼长四季均有变化。太阳辐射强度与日照时间成正比。日照时间的长短,随纬度和季节而变化。

3)太阳辐射光谱

太阳辐射光谱是描述太阳辐射各种波长的光线辐射能力的一种光谱,其对于太阳辐射的研究具有非常重要的意义。其辐射的波长范围和能量分布也与一般热辐射不同。太阳辐射的波长范围在 200 ~ 300 nm,涵盖紫外线、可见光、近红外线(国际照明委员会规定波长在 2 500 nm 以下的称近红外线,2 500 nm 以上的称远红外线,但建筑工程施工领域常以 400 nm

为界限)三个区域,见表2.1。太阳辐射主要集中在可见光部分(400~760 nm),波长大于可见光的红外线(>760 nm)和小于可见光的紫外线(<400 nm)的部分少。在全部辐射能中,波长在0.15~4 μm的占99%以上,且主要分布在可见光区和红、紫外线区,可见光区占太阳辐射总能量的约50%,红外线区约占43%,紫外线区的太阳辐射能很少,只占总量的约7%。

表2.1 太阳辐射光谱

波长 /nm	>760	可见光(400~760 nm)							<400
		红光	橙光	黄光	绿光	青光	蓝光	紫光	
种类	红外线	760~620	620~590	590~560	560~500	500~470	470~430	430~400	紫外线

到达地面的太阳辐射通过大气后,其强度和光谱能量分布都会发生变化。到达地面的太阳辐射能量比大气上界小得多,在太阳光谱上能量分布在紫外光谱区的几乎被臭氧层吸收,在可见光谱区减少40%,而在红外光谱区增至60%,很大一部分被空气中的水汽和二氧化碳吸收。

2.1.2 太阳辐射对畜禽生产的作用

太阳辐射中只有被机体吸收的部分才能对机体起作用。光线波长不同,对机体的穿透能力也不同,太阳辐射在机体组织中被吸收的情况也不一样。光波波长越长,光线渗入组织的深度也越深,在太阳辐射光谱中的红光和其临近的红外线穿透能力越强,可达到组织数厘米,而波长较短的紫外线能够达到真皮乳头层的很少,大部分都在表皮处被吸收。光线被动物吸收程度与对机体的穿透能力呈反比。光线对机体穿透力能力从大到小依次为短波红外线,红、橙、黄光线,绿、青、蓝、紫光线,长波紫外线,长波红外线,短波紫外线。

太阳辐射能量被畜禽机体组织吸收后转变成不同形式的能量,并产生不同的效应。

如红光或红外线(长波)被组织吸收后,产生光热效应,即将光能转变为热运动的能量。光热效应可以使组织温度升高,组织内的各种物理化学过程加速,机体代谢提高。波长较短部分,特别是紫外线,通过组织吸收后,其中一部分转变成热运动的能量,还能产生光化学反应和光电效应。光化学反应形成的生物活性物质如组织胺、乙酰胆碱等,会刺激畜禽神经感受器而引起全身性反应,光电效应产生的阳离子会引起细胞及组织内部离子平衡发生变化,影响细胞和组织的生命活动。

畜禽食物中常常含有光敏物质如三叶草、苜蓿、灰菜、含有叶红质的荞麦等,当畜禽采食这些植物或因其身体内存在异常代谢产物,或者因感染病灶吸收的毒素等,毛细血管会因日光照射积聚为辐射能后,发生光敏反应,管壁通透性加强,出现皮肤炎症或坏死。也可能出现眼、口腔黏膜发炎或中枢神经系统紊乱和消化机能障碍,严重的甚至会导致死亡。该反应多发生于猪和羊。

1)紫外线作用

(1)有利作用

①灭菌作用 由于紫外线对于生物有强大的杀伤力,因此人类就用它来对付难缠的细

菌、病毒,这是紫外线最常见的功能。通过紫外线照射细菌体后,细菌细胞的核蛋白和脱氧核糖核酸(DNA)强烈地吸收其能量,它们之间的链断裂,发生变性、凝固,从而使细菌死亡,达到灭菌作用。如用紫外线汞灯或金属卤化物灯对畜禽舍内空气、饮水和实验室相关器材灭菌,临床上还可以用来消毒和治疗表面感染。

紫外线的灭菌作用与其本身波长、照射强度、作用时间以及微生物的抵抗力有关。

不同波长紫外线杀菌能力不一,见表2.2。用于紫外线灭菌的波长一般为短波长区段,灭菌力最强的波长为254 nm,波长超过300 nm的紫外线基本没有杀菌能力。目前,多用氩气水银石英灯管进行紫外线治疗。

表2.2 不同波长段紫外线的杀菌效果

波长/nm	相对杀菌效果	波长/nm	相对杀菌效果
295	0.151 0	355	0.000 4
305	0.025 0	365	0.000 3
315	0.005 0	375	0.000 2
325	0.003 0	385	0.000 1
335	0.001 2	395	0.000 1
345	0.000 7		

畜禽受紫外线照射强度或照射时间的增加,灭菌作用也会相应增强。

需要注意的是,如果微生物处于尘埃中,其对紫外线的耐受力将大大加强。因此,在对物品进行消毒时,需要把物品洗干净。

目前,在畜禽舍使用的是低压汞灯,辐射出254 nm的紫外线,具有较好的灭菌效果。据生产实践证明,将20 W的低压汞灯悬挂于2.5 m处,每日照射3次,可以降低染病率和死亡率,见表2.3。

表2.3 用紫外线灭菌照射对畜禽的染病、死亡和生产率的影响

效 果	用紫外线灭菌	不用紫外线灭菌
染病率/%	46.8	78
死亡率/%	0.4	3.5
生长率/($kg \cdot g^{-1}$)	0.55	0.42

②预防佝偻病作用 维生素D的主要功能是促进钙、磷吸收,调节钙、磷代谢,保证骨骼的正常发育。皮肤经紫外线的照射后,可以将皮肤内的7-脱氢麦角胆固醇转化为维生素D_3和D_2,也可将植物中所含的麦角固醇转变为维生素D。

在现代化集约养殖中,畜禽因常年见不到阳光或缺乏紫外线照射,维生素D的合成受阻,对钙的吸收减少,无机磷在血中含量降低,导致钙、磷代谢紊乱,极易发生维生素D的缺乏症,幼龄动物出现佝偻病,成年动物出现软骨病。实际生产中,一方面可以在饲粮中补充维生素D,同时通过紫外线照射畜禽来防治佝偻病或软骨症。紫外线选择波长在280 nm左右的效果最好。

皮肤颜色、季节和养殖场所处地理位置对畜禽吸收、利用紫外线作用不同。皮肤为白色（浅色）的家畜皮层对紫外线的穿透能力强于黑色皮肤（深色）家畜，形成维生素 D 的能力也较强，在相同饲养管理条件下，饲料中缺乏维生素 D 时，黑皮肤的畜禽比白皮肤的畜禽更易患佝偻病或软骨病。冬季高纬度地区（纬度≥32°）,可利用人工紫外线照射或补饲维生素 D 放牧家畜。而对于现代集约化养殖下的畜禽，由于常年见不到阳光，极易发生维生素 D 的缺乏，除了可以通过在饲料中添加维生素 D 以外，一般还可以通过选用波长在 208～340 nm 的紫外线进行人工保健照射，以提高畜禽的生产性能。如采用 15～20 W 的保健紫外灯，距离鸡体 1.5～2.0 m 高，30 min/次，每日照射 4～5 次，鸡的生长率、产蛋率和孵化率会明显提高。奶牛、奶羊通过紫外线灯的照射，其产奶量和奶中维生素 D 含量也会提高。

③保健作用　畜禽如果长期受不到阳光照射或缺乏利用紫外线的照射，机体免疫功能会下降，对各种疾病抵抗力也会相应减弱。利用长波紫外线对畜禽进行适量照射，可增加白细胞的数量，刺激体液及细胞免疫活性，会增强机体的免疫功能，提高畜禽对各种疾病的抵抗力和对环境的适应能力，从而起到保健作用。因此，在养殖场规划设计时，要合理确定各圈舍之间的距离和方向，保证有充足的阳光照射；在畜禽管理上，保证动物每天都有一定的舍外活动时间，接受太阳照射。尤其是寒冷的冬季，本来能够到达地面的天然紫外线就比较少，再加上圈舍窗户玻璃对紫外线穿透力的影响，能够到达舍内的紫外线更有限，在冬季更应补充人工紫外线照射，以促进幼龄动物生长，提高生产性能。

④色素沉着作用　在太阳照射下，畜禽皮肤颜色变深的现象称为色素沉着，这就是紫外线的黑斑作用。长波紫外线穿透性可达到真皮深处，并可对表皮部位的黑色素起作用，从而引起皮肤黑色素沉着，使皮肤变黑，皮肤变黑会防止光辐射透入深部组织，这样就起到了防御紫外线、保护皮肤的作用。因而长波紫外线也被称作"晒黑段"。长波紫外线虽不会引起皮肤急性炎症，但如果长期积累会导致皮肤老化和严重损害。

（2）不利作用

过度地照射紫外线，可引起一系列不良反应。

①皮肤受损，产生光照性皮炎　在紫外线强烈照射下，当畜禽采食饲料中含有光敏性物质作用于皮肤中的某一物质后，皮肤会出现红斑、痒、水疱、水肿、眼痛、流泪等光照性症状；严重的还可能引起皮肤癌。这种现象多见于皮肤是白色或无毛、少毛的动物，如猪和羊。

②造成眼睛发炎　当紫外线过度照射畜禽眼睛时，可造成眼睛受伤，引起结膜和角膜发炎，症状表现为眼睛有灼烧感、眼红、流泪等，称为光照性眼炎。应避免长期接触紫外线。

③红斑作用　紫外线照射的某一皮肤部位出现红斑现象，这种特异性反应称为红斑作用。在紫外线波长 254 nm 和 297 nm 处最敏感。但该处紫外线有抗佝偻病的作用，因此在生产实践中，要结合皮肤出现红斑作为确定紫外线照射时间的依据。

紫外线照射对畜禽有利也有弊，在养殖畜禽过程中，要尽可能利用其有利一面，避免因过度照射产生不利后果。

2）可见光作用

可见光是电磁波谱中眼睛可以感知的部分，它通过视网膜，作用于畜禽中枢神经系统，引起机体反应，影响机体的整个生命活动。可见光的生物学效应与光的波长、光色、光的强度以及光照时间有关。

（1）光的波长与光色

可见光的波长对畜禽影响不明显。但在实验和实际生产中发现禽类动物对光色较敏感，尤其是对鸡的生理机能和生长均有一定的不利影响。饲养实验表明，红光对处于生长发育阶段的雏鸡和青年鸡，有抑制生长速度和推迟性成熟的影响，影响种公鸡的性功能，使种蛋受精率降低，但在红光下的鸡比较安静；而绿光、蓝光或黄光虽然对鸡增重快，但成熟较早，对成年母鸡的产蛋性能有抑制作用，会使产蛋率下降，产蛋高峰期缩短，种蛋质量降低，孵化率和雏鸡成活率低下。

光色是指"光源的颜色"。光色与鸡的啄癖也有关系。用红光和绿光时，啄癖发生率为0，见表2.4。

表2.4　光色与鸡啄癖发生率的关系

光　色	明　亮	青	绿	黄	橙	红
啄癖发生率/%	13.0	21.5	0	52.0	0.5	0

（2）光照强度

光照强度影响畜禽的采食量和代谢。有实验表明，光照强度过强的话，不仅会影响鸡的正常休息，还会引发鸡群整体兴奋，以及引起"翻肛"和打斗、神经质问题，更严重的甚至会引起鸡群出现啄肛、啄羽等现象；光照强度过低会对鸡生长发育不利，延缓生长。一般种鸡和蛋鸡舍中的光照强度可保持在10 lx，肉鸡5 lx，均不可过高。处于育肥期的家畜，光照过强则会过于兴奋，运动增多，基础代谢率提高，从而影响了增重和饲料利用率。在饲养管理工作中，要减少家畜在育肥期的光照强度（40～50 lx），能够保证饲养员基本工作的开展和家畜采食即可。对于断奶仔猪，在一定范围内延长光照或提高光照强度（60～100 lx），有利于兴奋神经系统，抑制褪黑素分泌，刺激生长激素、甲状腺素分泌，维持动物清醒状态，刺激采食活动，促进新陈代谢，有利于蛋白质和脂肪的合成。

（3）光照时间

动物许多生理现象的节律性受到多种环境因素的影响，其中最主要的是光照。每种动物对光照时间变化会产生适应性，其活动或运动表现周期性交替出现的生物现象，称为生物节律（"生物钟"）。其中光照时间是指光照强度达到一定强度以后的保持时间。

生物节律现象直接和地球、太阳及月球间相对位置的周期变化对应。

①昼夜节律　动物的活动和生理机能与地球的昼夜相联系，出现大约每隔24 h重复进行的现象。相反，活动不规则的，称无节律性，如多数土壤动物。

②潮汐节律　主要表现为生活在沿海潮线附近的动物活动规律与潮汐相一致。

③月节律　约29.5天为一期，主要反映在动物发情和生殖周期上。

④季节节律　地球表面所接受的太阳辐射的时数发生季节变化，这种昼夜长短的变化影响着许多动物的活动。如大多数动物都有一定的繁殖季节。

此外，还有一些生物节律不受外界影响，是生物体内激发生物节律并使之稳定维持的内部定时机制，即生物钟。比如公鸡到清晨某时刻打鸣。生物钟是一种比喻的说法，并不是在动物体内真正有这种具体的形态结构，而是指动物体内存在着类似时钟的节律性。节律行为对动物获得食物和适宜的生活环境,避开不良的生活条件有重要作用。

（4）光照时间对动物生产性能的影响

①光照时间对繁殖性能的影响　在生物学方面,光照时间的长短能够影响动物的繁殖活动。有的动物随着春夏季节日照时间的逐渐延长,温度的逐步升高,其性机能活动会旺盛起来,开始发情、交配等繁殖活动等,此类动物称为"长日照动物",如马、驴等;有的动物在日照时间逐步缩短的季节,温度下降时进行繁殖,此类动物称为"短日照动物",需要在短光照的条件下进行繁殖,如绵羊、山羊等。不同纬度地区因光照的年周期变化不同,动物繁殖季节性表现也不同。赤道地区光照年周期变化不明显,动物繁殖没有明显的季节性,而高纬度地区动物繁殖的季节性比低纬度地区动物明显。

由于家禽对光照时间敏感,因此产蛋鸡在寒冷的冬季,因日照时间短,满足不了母鸡需求,抑制了其性腺的发育,这是母鸡停产的主要原因。在养禽生产上,通常应用人工控制光照措施来控制蛋鸡的性成熟,来达到适时开产、增加产蛋率的目的。但需要注意的是,随着光照时间延长,鸡的性成熟提前,开产日龄较小,第一个产蛋年中的小形蛋比例较大,而逐步缩短光照下的母鸡则开产较迟,有利于鸡的生长发育,产蛋率提高,蛋重增加。蛋鸡舍的光照时间以 14～16 h/d 为宜,超过 17 h/d,产蛋率会因家禽疲劳而下降,低于 8 h/d,会停止产蛋。

畜禽对光照节律的反应,是畜禽长期生活在一定环境下形成的遗传性,表现在很多方面(如换毛)。需要注意的是,在如今的养殖业中,畜禽人工培育的程度越来越高,其对光的反应将逐渐减弱。

②光照时间对生长、生产的影响　畜禽的生长、肥育性能受多种因素影响。一般认为,种用畜禽光照时间相对可以长点,有利于活动,增强体质;幼龄畜禽如仔猪,通过增加光照时间,可增强肾上腺皮质的功能,提高免疫力,促进食欲,增强仔猪消化机能,提高仔猪增重速度与成活率;而肥育期畜禽可适当缩短光照时间,减少活动,有利于育肥。

③光照时间对产奶量的影响　哺乳动物的产奶量与季节有关。一般春季最多,5～6月份达到高峰,7 月份因温度高而大幅度下降,到 10 月份后又慢慢回升。牧区草地资源和温度高低与产奶量有直接关系,但有实验表明,适当增加光照时间可以提高动物的产奶量,表明光照时间的变化也是影响产奶量的重要原因。

④光照时间对产毛性能的影响　羊毛一般在夏季的生长较冬季快,表现出明显的季节性。动物皮毛的成熟随着秋季的到来,日照时间的逐渐缩短而逐渐成熟,入冬后的皮子和被毛的质量会达到优质。可以采取人工控制光照、加大光照的季节性变化来提升皮毛质量,这样也不会耽误动物的配种。

此外,光照时间是影响畜禽被毛季节性脱落更换的主要因素。如在自然条件下,鸡每年都会在秋季换羽。但由于目前很多养鸡场实行恒定光照制,人为控制光照时间,造成鸡羽不能正常脱落更换。因此,在生产实践中,可以通过缩短光照等人工措施,来实施鸡的强制换羽,以控制产蛋周期。

3）红外线作用

红外线是波长介于微波与可见光之间的电磁波,又称为红外热辐射,是一种肉眼看不到的光。高于绝对零度(-273.15 ℃)的物质都可以产生红外线。

（1）有利作用

①保温御寒作用　太阳的热量主要通过红外线传到地球，被物体吸收，红外线辐射能量就转化为热能，使物体温度升高，产生热效应，故又称为热射线。在实际生产中红外线灯常做热源来给幼龄、病、弱畜禽保温御寒，通过红外线照射，还可以改善机体的血液循环，促进动物的生长发育。如一般每一窝仔猪用一盏红外线灯进行保温，而家禽育雏生产中，通常是800～1 000只畜禽配备125 W的红外线灯保温伞育雏。

②治疗作用　因为红外线能够深入畜禽皮下组织，使皮下深层皮肤温度上升，产生温热效应，使微血管扩张，局部血液循环得到改善，物质代谢增强，渗出液被吸收消除，组织细胞活力及再生能力提高，肿胀得以减轻或消除，促进炎症的消散，加快伤口愈合。

（2）不利作用

①红外线引起的热辐射对皮肤的穿透力超过紫外线，其辐射量中的8%～17%能到达皮下组织。通过红外线的辐射效应能使皮肤温度升高，毛细血管扩张、充血，增加表皮水分蒸发等，但如果辐射强度过强，皮肤温度会升高到40 ℃以上，皮肤表面会发生变性，甚至严重烧伤。

②过度照射红外线，会使机体表面血液循环增加，而内脏血液循环减少，胃肠道消化力降低，对特异性传染病的抵抗力下降。

③当头部受到强烈的红外线照射时，大量热辐射被头部皮肤及头颅骨吸收，从而使颅内温度升高导致日射病。在养殖场建设规则中，要在运动场设置凉棚或种植树木，要避开日照最强的中午进行放牧或在这个时间段把动物赶至阴凉处，以防日射病。

④长期接触或暴露于红外线下会对眼睛有伤害。眼睛中的晶状体吸收短波红外线后，引起晶状体温度升高而变得浑浊，引起白内障。常发生于马属动物。此外，红外线所产生的热能还会灼伤视网膜脉络、虹膜。在夏季放牧或劳动时，要注意对动物的头与眼睛做好防护。

⑤红外线的热效应还可引起机体散热困难，造成动物过热症。

任务2.2　温　度

2.2.1　温度概念

温度是指空气冷热程度的物理量，即气温。自然界空气中热量主要来源于太阳辐射，当它到达地面后，一部分被反射，一部分被地面吸收，使地面温度升高；地面再通过辐射、传导和对流把热传给空气，这就是空气热量的主要来源。直接被大气吸收的部分太阳辐射对空气增热作用小，只能使气温升高0.015～0.02 ℃。

某一地区气温会随着时间的变化发生周期性变化，这是由太阳产生的辐射强度因所处纬度、季节和每日的时间变化引起的。变化规律如下：

1）气温日较差

一天中气温最高值和最低值之差称为"气温日较差"。通常日出前气温最低,到 2 点左右达到最高。气温日较差的大小与纬度、季节、地势、海拔、天气和植被等有关。

2）气温年较差

最高月平均气温与最低月平均气温之差。一般一年之中 7 月份最高,而 1 月份气温最低。气温年较差的大小与纬度、距海远近、海拔、云量和雨量有关。中国气温由于纬度的影响,(东部受纬度影响显著,西部受地形影响显著,这一点从我国温度带的划分中就可以大致看出来)冬季气温普遍偏低,北冷南热,由南向北逐渐降低,南北温差大,超过 50 ℃。夏季全国大部分地区普遍高温(除青藏高原外),南北温差不大。总体表现出我国平原暖,高原冷,东部年平均等温线与纬线大致平行,受纬度因素影响显著;而西部地区,年平均等温线与等高线大致平行,受地形因素影响显著。

当发生大规模的空气水平运动后,气温还会出现非周期变化。如"倒春寒"的出现,是由于春天本来该慢慢变得暖和了,但是气温倒过来出现变冷的现象。一年四季中,春季的天气变化最为无常,明明气温已经迅速回升了,但过几天气温会突然下降,温度反反复复变化,或者是中午温暖如春而早晚却寒冷如冬。

2.2.2　畜舍内的气温

在实际生产中,自然界空气温度影响畜禽生产,畜禽圈舍空气也会产生热量。但同一地区、不同时间的气温变化很大,很难通过控制大环境温度来影响畜禽生产,因此,要在现代化养殖中让畜禽最佳健康体质和生产性能,可以通过控制动物圈舍空气温度。

畜禽圈舍气温由于受其建筑物结构、舍内温控设备和畜禽自身散热影响,舍内温度和舍外温度有较大差异,并且也有其自身特点。圈舍内热量来源于外界传入(包含温控设备)和畜禽机体自身散热。圈舍内畜禽,通过蒸发和非蒸发散热两种方式向舍内传热,增加空气热量来影响舍内散热量大小。

畜禽圈舍形式和饲养密度也会影响舍内温度。开放式和半开放式圈舍由于密闭性较低,舍内外温差不大,只是避免了舍内畜禽受太阳的直接辐射和寒风侵袭,而密闭舍的舍温受畜禽饲养密度和保温性能的影响,可以通过人工保温隔热等方法,将舍内温度控制在一个合理范围内。即使是同一圈舍,其内部不同位置气温也存在差异。一般来说,圈舍垂直面的中上部位和水平面的中央部位较其他部位高,圈舍跨度和空间高度越大,该差异越显著。季节特点也会影响圈舍温度。夏季,受外界大气空气热量的辐射、传导、对流作用,使舍内温度升高,且升高幅度与圈舍内外温差和保温隔热性能呈现正相关;冬季外界温度低,圈舍内空气也可以往外界传热,使舍内温度降低,但如果温度过低,则需要通过人工方式加热舍内空气温度,以满足畜禽正常生产生活需要。

2.2.3　等热区和临界温度

1）等热区和临界温度概念

等热区是指恒温动物依靠物理和行为调节,使机体体温维持在正常的环境温度范围。

此时的畜禽代谢强度和产热量处于生理最低水平,无须动用化学调节机能。

等热区实际上就是临界温度和过高温度之间的环境温度范围。当温度低于等热区的下限温度时,机体散热量增多,已经无法通过物理调节来保持动物的体温正常,需要通过化学调节(提高代谢率)来增加产热量。通常把此下限温度称为"下限临界温度"或"临界温度"。当温度高于等热区的上限温度时,机体散热受阻,物理调节已经不能维持体温恒定,体内热量蓄积,体温升高,该温度叫"过高温度"或"上限临界温度"。临界温度的高低取决于畜禽产热量和散热的难易程度,因此一切能够影响动物机体产热和散热的内外因素,都能影响动物的等热区(图2.1)。

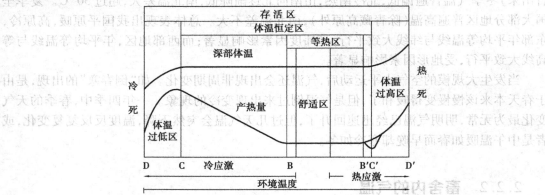

图 2.1　动物在不同温热区域产热、散热及体温变化
D—冻死点;C—代谢顶峰与降温点;B—下限临界温度;
B′—上限临界温度;C′—升温点;D′—热死点

在实际生产生活中,在气温的某一个范围,畜禽产热和散热正好相等,甚至不需要进行物理和行为调节就可维持正常体温,畜禽最舒适,该范围为"舒适区",见表2.5。舒适区位于等热区中间的一个区域。当温度处于舒适区上限,动物皮肤血管扩张,皮肤温度升高,呼吸加快并出汗,表现出热应激;当温度处于舒适区下限,动物皮肤血管收缩,皮肤温度下降,被毛竖立、肢体蜷缩等,表现出冷应激。虽然舒适区的温度对畜禽生活和生产很有利,但要在一般的饲养管理条件下把环境温度精确地控制在等热区范围却不容易。

表 2.5　生产中较为可行的温度范围

家　畜		体重/kg	可行的温度范围/℃	最适温度/℃
猪	妊娠母猪	—	11～15	—
	分娩母猪		15～20	17
	带仔母猪		15～17	
	初生母猪	—	27～32	29
	哺乳仔猪	4～23	20～24	—
	后备猪	23～57	17～20	
	肥猪	55～100	15～17	—

家 畜		体重/kg	可行的温度范围/℃	最适温度/℃
牛	乳用母牛	—	5~12	10~15
	乳用犊牛	—	10~24	17
	肉牛、小阉牛	—	5~21	10~15
鸡	蛋用母鸡	—	10~24	13~20
	肉用仔鸡	—	21~27	24
羊	母绵羊	—	7~24	13
	初生羔羊	—	24~27	
	哺乳羔羊	—	5~21	10~15

2)影响气温等热区和临界温度的因素

(1)畜禽种类

畜禽种类不同,体型大小不同,每单位体型表面积散热也不同。凡体型较大,每单位表面积较小的畜禽,一般较耐低温不耐高温,其等热区较宽,临界温度较低。如在完全饥饿状态下,鸡的等热区和临界温度分别为28~32 ℃,28 ℃。

(2)年龄和体重

随着畜禽年龄和体重的增长,等热区增宽,临界温度下降。幼龄畜禽等热区较窄,临界温度较高;成年动物等热区较宽,临界温度较低。

(3)被毛状态

被毛浓密或皮下脂肪发达的畜禽,保温性能好,等热区较宽,临界温度较低。如饲喂维持日粮的绵羊,被毛长1~2 mm(刚剪毛)的临界温度为32 ℃,当被毛长到18 mm时为20 ℃,被毛长到120 mm时为-4 ℃。

(4)饲养水平

饲养水平越高,体增热越多,临界温度就越低。如被毛正常的阉牛,维持饲养时临界温度为7 ℃,饥饿时升高到18 ℃。

(5)生产力水平

处于特殊生产期包括生长、劳役、妊娠、泌乳、产蛋和肥育等的畜禽,不仅要提供较多的饲料,而且其在生产过程中的代谢率较高。因此,凡生产力高的家畜其代谢强度大,体内分泌合成的营养物质多,生产性能高,产热较多,临界温度较低。

(6)管理制度

临界温度是在实验室条件下测定的。在实际生产中,如果是单个饲养的畜禽,体热散失多,临界温度较高;而群体饲养的畜禽,体热散失因相互拥挤而减少,临界温度较低。如同样为1~2 kg重的仔猪单独饲养,其临界温度为34~35 ℃,而4~6只仔猪群体饲养,其临界温度为25~30 ℃。此外,还可以通过安装保温性能良好的地面材料或增加垫草来降低临界温度。

（7）对气候的适应性

寒冷地区的畜禽，由于长期处于低温环境，已经适应气候的极端变化，其身体机能有利于畜禽的热平衡，代谢率较高，等热区较宽，临界温度较低，而炎热地区的则相反。

（8）其他气象条件

临界温度是在无风、无太阳辐射，温湿度适宜的条件下测定的，其结果不一定适合自然条件。在田野中，风速大或湿度高，机体散热量增加，可使临界温度上升。如在无风的环境中，奶牛的临界温度为 −7 ℃，当风速增大到 3.58 m/s 时，则上升到 9 ℃。

等热区和临界温度在畜牧生产中具有重要意义。当畜禽处于等热区，其生产性能、饲料利用率和抗病力都较高，产热少，饲养成本最低，对畜牧经济最为有利。由于多种因素影响畜禽等热区和临界温度，所以针对不同情况，要确定各自畜禽的适宜的等热区和临界温度，这是制订合理的饲养管理方案和圈舍建筑设计的重要依据。但是不能一味地追求畜舍温度达到等热区，否则反而会造成较高的养殖成本。在生产中，常常可能选用略宽于等热区的生产适宜温度范围，这样不仅对生产性能影响不大，而且整个畜牧生产成本也会下降。

2.2.4 温度对畜禽热调节的影响

温度的高低和持续时间的长短会影响畜禽生理功能和生产性能。气温高于过高温度或低于临界温度的持续时间越长，对畜禽影响越大。

1）热调节

机体的体温调节主要包括散热调节和产热调节两种形式。

散热调节也称物理性调节，是指在炎热或寒冷环境中，机体依靠皮肤血管的舒缩、增减皮肤血流量、改变皮肤温度，以及通过加强或减弱汗腺和呼吸活动、寻找较舒适的场所、改变姿势等，来增加或减少热的发散，以维持正常体温的调节方式。

产热调节也称化学性调节，是指在较严重的冷热应激下，机体须通过减少或增加体内营养物质的氧化，来减少或增加产热，以维持正常体温的调节方式。

2）温度对畜禽热调节的影响

气温影响畜禽的热调节主要发生在高温和低温时。

（1）高温时的热调节

高温时，畜禽为维持体温的恒定，可通过物理性调节和化学性调节方式来减少产热量，增加散热量。

①物理性调节　由于皮肤血管扩张，外周血液循环加速，皮温升高，皮温和气温差增加，散热量提高；由于皮肤血管扩张，血液中含水量增加，且极易渗透到组织和汗腺中，促进了蒸发散热量。通常，人的机体的蒸发散热量约占总散热量的25%，家禽的机体的蒸发散热量约占总散热量的17%。高温环境中，皮温和气温之差减少，非蒸发散热作用减弱，机体则主要依靠蒸发散热。在气温高于体温时，只有汗腺机能高度发达的人与其他灵长类动物才可通过蒸发作用将体内的产热和从外界的得热排掉，维持正常体温。蒸发散热可通过皮肤和呼吸道两种途径进行，不同的畜禽这两种途径散失的热量差别很大。

通过对畜禽进行淋浴、喷洒水、加强通风,选用导热性良好的地面(如混凝土地面),减少每个圈舍容畜量等,提高蒸发和非蒸发散热量,可以缓和高温产生的不良影响。

②化学性调节 在高温环境中,动物一方面要增加散热量,另一方面还要减少产热量。在行为上表现为采食量减少或拒食,肌肉松弛,嗜睡懒动;内分泌机能也会发生变化,甲状腺激素分泌减少。

（2）低温时的热调节

①减少散热量 随着环境温度的下降,皮肤血管收缩,皮肤血流量减少,皮温下降,皮温与气温之差减少;汗腺停止活动,呼吸变深,频率下降,可感散热和蒸发散热量都显著减少。同时,畜禽自身通过肢体蜷缩、群集、被毛逆立,减少散热面积,增加被毛保温厚度。但该物理调节在低温时效果有限,需通过提高代谢率,增加产热量来维持热平衡。

②增加产热量 当环境温度下降到临界温度以下时,物理调节作用减弱,动物开始加强体内营养物质的氧化,以增加产热量。畜禽表现为肌肉紧张度提高、颤抖、活动量和采食量增大,同时内分泌机能(主要是甲状腺分泌增加)也发生相应变化。提高深部组织代谢率可以维持深部组织的体温。

3）热平衡的破坏

当畜禽不能通过物理和化学调节保持体热平衡时,必然会引起机体热平衡的破坏,体温出现升高或下降。畜禽在高温下更容易发生热平衡的破坏。

（1）高温对畜禽的不良影响

当外界温度超过了等热区上限时,畜禽通过增加机体自身散热和减少产热量来维持体温的恒定,以适应高温等恶劣条件。但伴随着温度的上升,或机体处于高温环境时间过长,畜禽的这种自我体温调节机能降低,热平衡被破坏,引起体内氧化作用加强,畜体产热量增加,如果温度继续上升,畜禽消化功能减弱,消化道腺体分泌和糖原合成(主要是肝糖原)减少,消化道酶的作用减弱等一系列生理功能失常现象。

①体温 畜禽所能忍受极端气温的限度与动物种类、品种、个体、年龄、性别、体重、生产力、营养水平、体表的保温性能以及对气候的适应程度等而不同。

高温条件下出现体温调节障碍、机体内部蓄热时,主要表现为畜禽体温升高。通常,根据在炎热环境中机体体温升高的幅度,作为评定畜禽耐热性的指标,称为耐热系数（Rhoad,1944）。

测定时,将牛放在露天、无风围栏内,每日上午 10 时和下午 3 时各测定体温一次,连续测 3 天,取平均数,然后按照下列公式计算耐热系数。

$$耐热系数 = 100 - 18(BT - 38.3)$$

式中,BT 为试验时的体温,℃;38.3 为牛的正常体温,℃;100 为牛维持体温正常的完全效率;18 为炎热时体温升高的因子。

从式中可以看出,体温上升越小,耐热系数越大,牛的耐热性越强。猪、鸡、羊等畜禽的耐热性能可以采用相同原理测定。耐热系数对选育耐热品种有一定的参考价值。

畜禽中绵羊的耐热能力最强,牛和猪最差。年龄较小、生产力较高的牛较不耐热。

②循环系统和呼吸系统 在高温条件下,畜禽呼吸频率加快,出现热性喘息。因体表和呼吸道蒸发大量水分,血液浓缩;皮肤血管扩张,末梢循环血量增大,周围血管充血而内脏贫

血,心跳加快但每搏输出量减少,心脏负担加重。

③消化系统 由于高温下机体大量出汗,氯化物的丧失,胃酸中氯离子含量减少,同时饮水量的增加使得胃酸稀释,胃酸降低,胃蠕动减弱,引起畜禽食欲减退,采食量减少,饲料消化率降低,并伴随消化不良等其他胃肠道疾病。这是高温环境下产奶量下降和饲料利用率、增重率均下降的主要原因。

④泌尿生殖系统和神经系统 机体所含水分在高温条件下主要通过体表和呼吸道排出,由肾脏排出的部分减少,同时在高温作用下,脑垂体增加了抗利尿激素分泌,肾脏对水分的重吸收能力增加,因尿液浓缩,在其中检测出现蛋白、红细胞等。同时,中枢神经系统运动区也会因高温的作用,机体动作的准确性、协调性和反应速度降低。

(2)高温下的饲养管理措施

在日常管理中,保证充足、清洁饮水的供应,保证畜禽蒸发散热需求;降低饲养密度,减少舍内产热量;饲喂时间在早晚进行,减少体增热的影响,保证舍内清洁,降温除湿;提高对流通风量,增加蒸发散热量,降低舍内温度;在圈舍周围搞好绿化、遮阳和隔热设计,减少太阳辐射;在饲养中,保持日粮能量不变的前提下,通过调整日粮配方,提高其中蛋白质质量和含量,增加维生素水平,可以缓解高温对畜禽采食量和饲料利用率的不良影响。

(3)低温对畜禽的不良影响

畜禽对低温的耐受力比高温强。只要保证活动自由,饲料充足,在一定的低温范围内,成年动物可以通过产热来保持热平衡,维持体温恒定。

畜禽对低温的耐受力不同,一般哺乳动物耐寒能力比鸟类弱。例如,动物能忍受 1 h 最低气温(正常体温前提条件下),鸭为 $-100\ ℃$,鸡为 $-50\ ℃$,兔为 $-45\ ℃$,鹅为 $-90\ ℃$。畜禽对体温下降也有较强的耐受力。例如,2 月龄的幼犬,体温降到 2 ℃还能存活 10 天。如果将体温下降到 16 ~ 18 ℃的家畜移动到 19 ~ 20 ℃环境中,机体会很快恢复正常。

①体温下降 畜禽如果长期处于过低的温度环境中,机体热平衡被破坏,体温下降,中枢神经系统活动受到抑制,导致神经传导发生障碍,机体对各种刺激的反应降低,血压下降,呼吸减慢,心跳减弱,脉搏迟缓,出现嗜睡现象,严重的会使机体免疫力和抵抗力减弱,细菌入侵导致肺炎,严重的甚至会出现呼吸及心血管中枢麻痹而死亡(冻死)。例如,将还未哺乳的初生仔猪单独饲养,无论环境温度高低,都不能维持体温正常。通常雏鸡出壳 15 天,仔猪出生 2 天,犬猫出生 3 ~ 4 天后,才具有较好的热调节能力。

②低温引起冻伤 在一定低温条件下,机体局部组织会发生冻伤现象。冻伤的发生和发展,不仅与低温程度和作用时间有关,还与空气湿度、当地风速等气象、局部组织血液循环状况以及机体自身机能状态有关。如在低温、有风且湿度较大的环境下,类似猪尾部、耳壳、牛的乳房、阴囊等体表被毛稀少的部位和下肢等均易发生冻伤。

③引发感冒性疾病 在实践生产中,当畜禽机体受冷后,常常会促进感冒性疾病的发生和发展。如劳役出汗后受凉、冬季药浴没有做好保温等,都会引发感冒和感冒性疾患。

④降低饲料消化率 低温下,畜禽对饲料的消化率降低,代谢率升高,产热量增加。因此,在寒冷的冬季,饲料消耗显著增加,但利用率却下降,造成饲料的浪费。

(4)低温下的饲养管理措施

在日常饲养管理中,搞好圈舍防寒与采光设计,并做好相应维护;在保证空气卫生的前提下,尽量减少通风;舍内要防潮,降低低温高湿的不良影响;加大饲养密度,增加畜体产热;使用人工取暖方法或采取相应保暖措施(如提供红外线加热器等),提高舍内温度,尤其是初生动物,其热调节系统发育不完善,被毛少,体内存储的糖原和脂肪较少,机体代谢能量弱,加之体重小,单位体重表面积大,易受低温影响。

2.2.5 温度对畜禽生产健康的影响

1)温度对畜禽生产力的影响

(1)温度对生长、肥育的影响

畜禽在不同年龄段都有其适宜的环境温度。在最适温度下,家畜生长速度最快,肥育效果最佳,饲料利用率最高,育肥效果最好,饲养成本最低。当气温高于临界温度时,由于散热困难,引起体温升高和采食量下降,生长育肥速度也伴随下降;当气温低于临界温度,动物代谢率提高,采食量增加,饲料消化率和利用率下降。这个温度一般认为是在该动物的等热区内。凡是影响家畜等热区的因素,都会影响畜禽的生长肥育。

①猪 生长、育肥的最适温度为 15 ~ 25 ℃,随着体重的增加,适宜温度下降。当气温超过 30 ℃,低于 10 ℃时,增重率下降明显。

②鸡 雏鸡生长的最适温度随日龄的增加而下降,1 日龄为 34.4 ~ 35 ℃,此后有规律地下降,到 18 日龄为 26.7 ℃,32 日龄为 18.9 ℃。小范围的低温及变化,死亡率反而会下降,但不利的是饲料利用率有所下降。肥育肉鸡的最适温度为 21 ℃。

③牛 牛的生长、育肥的适宜温度受品种、年龄、体重等因素的影响,以 10 ℃左右为佳。

(2)温度对繁殖性能的影响

畜禽的繁殖活动,不仅受光照的影响,气温季节性变化也是一个重要的影响因素。夏季过高的气温,常引起家畜不育和受胎率的下降,对家畜的繁殖性能产生一定影响。

①对公畜的影响 高温会影响精子的生成,一般要求精子的生成温度要低于家畜的体温。在高温下,公畜禽的精液品质(精子数和密度下降,畸形率上升)。由于精子的形成周期为 7 ~ 8 周,一般高温影响后的 8 ~ 9 周才能使精液品质恢复到正常水平。高温还会使畜禽的性欲受到抑制,因此秋天的配种效果常常很差。在日常管理中,配种时间也常常选择凉爽的早晨或傍晚。而低温对新陈代谢有促进作用,一般有益无害。在生产实践中,常利用超低温保存精液。相对其他动物来说,猪对高温的适应力较强。

②对母畜的影响 高温对母畜禽繁殖性能的影响是多方面的。如在配种前后及整个妊娠期间,高温环境对母畜的繁殖性能均有不利的影响。

高温可使处于配种期母畜的发情受到抑制,表现为不发情或发情期短或发情表现微弱,这时卵巢虽有活动,但不能产生成熟的卵子,也不排卵,从而影响受精率。高温还会影响受精卵和胚胎存活率。受精卵在输卵管内对高温最为敏感,尤其是胚胎在附置前这个阶段,受高温刺激引起胚胎死亡率很高。高温对母畜受胎率和胚胎死亡率影响的关键时期为:牛在配种后 4 ~ 6 天内,绵羊在配种后 3 天内,猪在配种后 8 天内,母畜受胎后 11 ~ 20 天及妊娠100 天后。

高温还会使处于妊娠期的母畜由于母体自身外周血液循环增加,而使子宫供血不足,胎儿发育受阻,加之高温影响母畜采食量,营养不足,也影响其产下的仔畜初生重较轻,体型偏小,生活力低,死亡率高。

高温还可导致畜体内分泌系统失调,尤其是与繁殖性能有关的性激素分泌减少,对公畜和母畜繁殖能力都有不良影响。

(3)温度对产乳性能的影响

气温对产乳的影响,因家畜的种类、品种、生产力等而不同,见表2.6。高温环境中,越是高产牛,对高温越敏感,采食量和泌乳量都大幅度下降,乳脂率、固形物也下降,但当温度上升到一定程度时,乳脂率反而又异常地上升。乳脂率在一年四季中变化较大,夏季最低,冬季最高;泌乳牛在低温环境中,食量增加,产乳量却下降。

表2.6 环境温度与黑白花奶牛产乳量的关系

环境温度/℃	10.0	15.6	21.1	26.7	29.4	32.2	35.0	37.8	40.6
产乳量/%	100.0	98.4	89.3	75.2	69.6	53.0	42.0	26.9	15.5

随着现代育种技术、饲养管理水平的不断提高,要增加动物的产乳量,对环境控制和相应对策不断提出新要求。

(4)温度对产蛋性能的影响

在一般饲养管理条件下,各种家禽产蛋的最适温度为12~23 ℃,高温可使产蛋量、蛋重和蛋壳质量下降,如白来航鸡饲养于21 ℃、32 ℃和38 ℃时,其产蛋率分别为79%、72%和41%,在32 ℃和38 ℃时,蛋重分别较21 ℃时轻4.6%、20%;而在0 ℃以上的低温下,料蛋比上升,对其他没有显著影响,但如果是突然低温应激,往往会导致某些疾病发生,尤其是呼吸道疾病,且首先表现出产蛋性能下降。

鸡对气温的反应因品种不同,一般重型品种较耐寒,轻型品种较耐热。此外,如果是处在一个适宜的温度环境中,恒温和变温(存在日较差)相比,一般认为后者更佳,前者容易导致家禽早衰。

2)温度对畜禽健康的影响

寒冷和炎热都可使畜禽发病,所致疫病往往非某些特效疫苗所能控制。冷、热应激均可使机体对某些疾病的抵抗力减弱,一般的非病原微生物即可引起畜禽发病。

(1)直接引起机体发病

气温直接导致的动物疾病,大多都不是传染病。如冻伤、日射病和热射病等。如圈舍环境温度控制不良,低温会成为家畜感冒、支气管炎、肺炎等疾病的诱因。

(2)通过饲料的间接影响

动物采食了冰冻的块茎、块根、青贮等多汁饲料,或引用了温度过低的水,易患胃肠炎、下痢等疾病。由于气温的原因,动物误食有毒食物会造成食物中毒。另外,气温过低,饲料供应不足,或气温过高,采食量下降,都可使机体抵抗力下降,从而继发其疾病。

(3)影响病原体和媒介虫类的存活和繁殖

适宜的温度有利于病原体和媒介虫类的存活和繁殖。寄生虫病的发生与流行都与病原体及其宿主受外界环境温度的影响有关。如低温有利于流感、牛痘和新城疫病毒的生存,高温下可以使口蹄疫病毒失活。

（4）影响动物的抗病力

在高温或低温环境中,虽然动物体温正常,但机体感染病原体后,这种不利的环境将影响疾病的预防。

（5）影响幼龄动物的被动免疫

初生仔畜依赖于吸收初乳中的免疫球蛋白(抗体)以抵抗疾病。冷、热应激均可降低幼畜获得抗体的能力,使初乳中免疫球蛋白的水平下降,降低了幼畜的生活力。

任务2.3 湿 度

2.3.1 湿度的概念和表示指标

1)湿度的概念

任何状态下空气中都含有水汽。通常把空气中含有水汽多少的物理量称为"空气湿度",简称为"气湿",是畜舍最重要的环境卫生指标。空气中水汽主要来源于水面以及植物、潮湿地面的蒸发。

2)湿度的表示指标

（1）水汽压

水汽压指大气中的水汽所产生的压力。其单位用"帕"表示。在一定温度下,大气中水汽含量的最大值是一个定值,超过这个定值,多余的水汽就凝结为液体或固体。随着温度升高,该值增大。当大气中的水汽达到最大值时,称为"饱和空气",这时水汽所产生的压力称为"饱和水汽压",见表2.7。

表2.7 不同温度下的饱和水汽压

温度/℃	−10	−5	0	5	10	15	20	25	30	35	40
饱和水汽压/Pa	287	421	609	868	1 219	1 689	2 315	3 136	4 201	5 570	7 316
饱和湿度/$(g \cdot m^{-3})$	2 016	3.26	4.85	6.80	9.40	12.83	17.30	23.05	30.57	39.60	51.12

（2）绝对湿度

绝对湿度指单位体积的空气中所含水汽质量,用 g/m^3 表示。它直接表示空气中水汽的绝对含量。

（3）相对湿度

相对湿度指空气中实际水汽压与同温度下饱和水汽压百分比。相对湿度说明的是水汽在空气中的饱和程度，是一个最常用的指标，用 RH 表示，即

相对湿度 = 实际水汽压/饱和水汽压×100%

RH 越大，说明空气越潮湿。

（4）饱和差

饱和差指在一定温度下饱和水汽压与同温度下实际水汽压之差。饱和差越大，表示空气越干燥；饱和差越小，则表示空气越潮湿。

（5）露点温度

露点温度指空气中水汽含量不变，且气压一定时，因气温的下降使空气达到饱和，此时的温度称为"露点"温度，单位是"℃"。

空气中水汽含量越多，露点温度越高；否则反之。

3）湿度的来源、分布及变化规律

（1）来源

畜舍空气中的水汽来源于畜禽机体蒸发的水汽占 70%～75%；外界进入舍内的大气占 10%～15%；舍内潮湿地板、垫料等蒸发的水汽占 20%～25%。总体说来，畜舍内空气湿度常常大大超过外界空气的湿度，且多变。密闭式圈舍中的水汽含量常常比大气中高出很多，半封闭式和开放式圈舍水汽受外界影响比较大。

（2）分布

在标准状态下，水汽的密度较空气小。由于畜体和地面水分的不断蒸发，较轻的水汽又很快上升，聚集在圈舍上部，使封闭式圈舍的上部和下部的湿度均较高。舍内温度低于露点时，空气中的水汽会在墙壁、地面等物体上凝结并渗透进去，使圈舍和舍内生产用具变潮，随着温度上升，这些部位的水分又从物体中蒸发出来，使空气湿度升高。

（3）变化规律

气温与气湿密切有关。由于气温会随着时间的变化发生周期性变化，因此气湿也有周期性的日变化和年变化现象，并且大气中的水汽主要来源于地面的蒸发，其蒸发量的大小受气温影响较大。一年中，在 7 月份温度达最高值时绝对湿度最大，在一天中 14 点后最大；而相对湿度则正好相反，一般在温度最低时的冬季和清晨达到最大值，且伴随着相对湿度达到饱和时，水汽凝结为雾、霜、露等。受季风影响，我国某些地区的相对湿度最大值会出现在夏季。

2.3.2　湿度对畜禽的影响

1）对热调节的影响

空气湿度对畜禽体温调节的影响与环境温度有关。在适宜的温度下，气湿对畜禽的热调节几乎没有影响，但控制空气湿度仍然是有必要的。一般要求舍内的空气相对湿度以 50%～80% 为宜。如果湿度过高，不仅畜舍建筑和舍内机械设备的寿命会降低，而且也会使病原体更易繁殖，畜禽易患皮肤病如湿疹、疥癣等；如果湿度过低，舍内易形成过多的灰尘，

从而引起呼吸道疾病。气湿主要影响机体的散热过程。在高温和低温情况下,不仅畜禽的热调节功能受到影响,对畜禽产生的危害也会因水汽导热系数高而加重。

高温下,畜禽主要以蒸发散热为主,而蒸发散热与畜体蒸发面(皮肤和呼吸道)的水汽压与空气水汽压的差成正比。畜体蒸发面的水汽压又与蒸发面的温度和潮湿程度有关,一般皮温越高,越潮湿(如出汗),水汽压则越大,越有利于蒸发散热。当畜体蒸发面水汽压与空气水汽压差值因空气水汽压的升高而减少,机体通过蒸发散热能力减弱,因此畜体在高温、高湿环境中散热更困难,畜禽热应激影响更严重。

低温下,畜禽则是以非蒸发散热为主,如辐射、传导和对流等形式,并力争减少热量的散失来维持体温。非蒸发散热量大小与环境导热性能有关。当空气中的水汽含量较高,即空气越潮湿,其导热性能和容热量都高于干燥的空气环境,加上畜禽被毛和皮肤在高温环境中能吸收空气中的水分,提高了其导热系数,体表阻热作用降低,导致了非蒸发散热量增加,不利于保温,机体处于低温高湿环境中比在低温低湿环境中会感到更冷。

总的来说,不论温度高低,高湿是影响畜禽热调节的主要因素之一。高温高湿条件下,抑制畜禽散热作用;低温高湿条件下,该作用增强。而在低湿时,则可降低高温和低温的不良作用,使家畜的健康和生产力少受影响,见表2.8。

表2.8 湿度对泌乳黑白花奶牛热平衡和饲料消耗的影响

温度/℃	相对湿度/%	体温变化/℃	总消化养分消耗量变化/(kg·d^{-1})
26.7	30	+0.1	−0.24
26.7	80	+0.6	−0.67
32.2	20	+0.5	−0.56
32.2	40	+1.3	−1.86

2)对生产性能的影响

(1)生长、肥育

在适宜温度下(14~23 ℃),相对湿度由45%上升到95%,对育肥期猪的增重无明显影响,当温度上升到30 ℃,相对湿度由30%升高到90%时,平均日增重下降比例由30%增加到48%。犊牛在7 ℃低温下,相对湿度升高到95%后,平均日增重下降11.1%。在过低的气湿环境中,雏鸡羽毛的生长同样受影响。

(2)产蛋和产奶

当气温在24 ℃以下,牛的产奶量、乳的组成、饲料和饮水以及体重等受气湿的影响小。当温度上升后,牛的产奶量和乳脂率及非脂固形物含量随着相对湿度的升高而下降,但对乳糖含量影响很小,见表2.9。

表2.9 温度对产奶量的影响

温度/℃	相对湿度/%	以24 ℃、相对湿度38%时的产奶量作为标准产奶量/%		
		荷斯坦牛	娟姗牛	瑞士黄牛
24	38(低湿)	100	100	100

续表

温度/℃	相对湿度/%	以 24 ℃、相对湿度 38% 时的产奶量作为标准产奶量/%		
		荷斯坦牛	娟姗牛	瑞士黄牛
24	76(高湿)	96	99	99
34	46(低湿)	63	68	84
34	80(高湿)	41	56	71

蛋鸡所需的适宜温度与湿度呈负相关。如温度适宜,相对湿度在 60%~70% 时对产蛋最有利。但当温度升高后,蛋鸡的相对湿度随温度升高而降低。当气温为 28 ℃、31 ℃、33 ℃时,相对湿度分别为 75%、50%、30%。当超过这个范围后,均不能通过日粮的调整来避免产蛋量的下降。

（3）生殖

据实验分析,牛的繁殖率在夏季气温超过 35 ℃时与相对湿度呈负相关,而当温度降到 35 ℃以下时,高湿对繁殖率影响变小。

3）对健康的影响

（1）高湿

高湿环境利于病原微生物的繁殖、传播,使家畜自身对传染性疾病的抵抗力减弱,感染率增加,易引起传染病流行。同时,高湿还会促进病原学真菌、细菌和寄生虫病的生长繁殖,使家畜易患湿疹、疥螨、癣等皮肤病,引起白痢、球虫病的发生。储存于高温高湿条件下的垫草、饲料还会发霉变质,使雏鸡发生群发性的曲霉菌病。

低温高湿环境下,畜禽又易患各种呼吸道疾病、神经炎、关节炎、风湿症等。

（2）低湿

在高温低湿环境下,空气特别干燥,畜禽裸露的皮肤会干裂,皮肤和黏膜对微生物的防卫能力减弱。相对湿度在 40% 以下,极易引起呼吸道疾病。湿度过低,对家禽羽毛生长不利,也容易发生啄癖,猪发生皮屑脱落。

4）畜舍中空气湿度标准

从畜禽生理机能来说,相对湿度在 50%~70% 范围是比较适宜的。但在冬季很难达到这个范围,通常情况下,鸡舍为 70%,成年猪舍、后备猪舍为 65%~75%,肥育猪舍为 75%~80%,成年牛舍、育成牛舍为 85%,犊牛、公牛舍为 75%。由于牛舍用水量大,其相对湿度范围稍微放宽了一些。

5）影响空气湿度的因素及控制措施

地形、水源、土壤、植被、降水量的大小与时间分布是否均匀,以及人工水渠等影响空气中水汽含量的因素都直接影响湿度大小。在进行养殖场建设规划设计时,考虑场地的绿化、人工开渠等都可以有效调节空气湿度。

任务 2.4 气流与气压

2.4.1 气流

1)气流的概念

空气的流动称为气流。气流有水平方向和垂直方向的流动。相邻两个地区的温度存在差异是引起空气流动的主要原因。在地球表面,由于空气温度的不同,使各个地区气压在水平分布上存在不同。气温高的地区,气压较低;气温低的地区,气压较高。"风"这种气流状态正是空气由高压地区向低压地区的水平移动。

2)气流状态的表示

气流的状态通常用"风速"和"风向"来表示。

(1)风速

风速是指单位时间内风的行程,常用单位是 m/s(1 m/s = 3.6 km/h)。风速的大小与两地区之间的距离和气压有关。两地区气压差越大,风速也就越大;在相同气压差下,两地区距离越近,风速越大,反之则风速越小。风速没有等级,风力才有等级,风速是风力等级划分的依据。一般来讲,风速越大,风力等级越高,风的破坏性越大。风级、风名和风速的关系见表 2.10。

表 2.10 蒲氏风力等级表

风的等级	风的名称	陆地地面征象	风速 $v/(m \cdot s^{-1})$
0	无风	静,烟直上	0~0.2
1	和风	烟能表示风向,但风标不能转动	0.3~1.5
2	微风	人面感觉有风,树叶有微响,风标能转动	1.6~3.3
3	弱风	树叶及小树枝摇动不息,旗帜展开	3.4~5.4
4	小风	能吹起地面灰尘和纸张,树的小枝摇动	5.5~7.9
5	速风	有叶的树枝摇摆,内陆的水面有小波	8.0~10.7
6	猛风	大树枝摇动,电线呼呼有声,举伞困难	10.8~13.8
7	烈风	全树摇动,大树枝弯下来,迎风步行感觉不便	13.9~17.1
8	极烈风	可折毁树枝,人向前行感觉阻力很大	17.2~20.7
9	暴风	烟囱及平房顶受到损坏,小屋遭受破坏	20.8~24.4
10	强烈暴风	陆上少见,见时可使树木拔起,或将建筑物吹毁	24.5~28.4
11	极烈暴风	陆上很少,有则必有重大损毁	28.5~32.6
12	飓风	陆上极少,其摧毁力极大	大于 32.6

（2）风向

风向即风吹来的方向。风向的测量单位，我们用方位来表示。常以 8 或 16 个方位来表示：北（N）、东北东（NNE）、东北（NE）、东东北（ENE）、东（E）、东东南（ESE）、东南（SE）、南东南（SSE）、南（S）、南西南（SSW）、西南（SW）、西西南（WSW）、西（W）、西西北（WNW）、西北（NW）、北西北（NNW）。我国大陆地区冬季盛行从大陆吹向海洋的偏北风，西北风较干燥，东北风多雨雪；夏季盛行从海洋吹向陆地的偏南风，气候湿热、多雨。

风向是经常发生变化的。在一定时期内，每一地区各种风向出现次数的多少用"风向频率图"表示。

某风向的频率 = 某风向在一定时间内出现的次数 ÷ 各方向在该时间内出现次数的总和 ×100%

按罗盘方位绘出几何图形（如图 2.2）。具体做法是在 8 条或 16 条中心交叉的直线上，按罗盘方位，把一定时期内各种风向的次数用比例尺以绝对数或百分率画在直线上，然后把各点用直线连接起来，这样得出的几何图形即为风向频率图（由于该图的形状形似玫瑰花朵，故名"风向玫瑰图"）。该图可以表明某地区一定时间内的主导风向，以此作为养殖场场址选择、圈舍规划设计的重要参考。

—— 风向　—— 风力

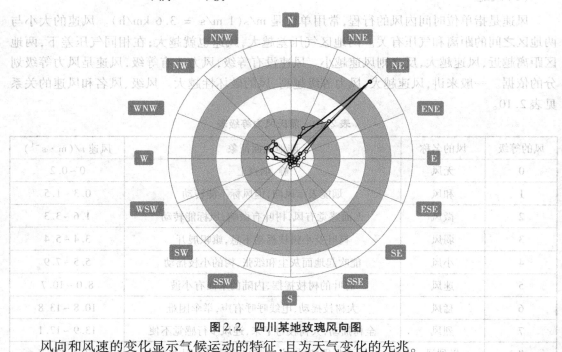

图 2.2　四川某地玫瑰风向图

风向和风速的变化显示气候运动的特征，且为天气变化的先兆。

3）畜舍内的气流

由于畜舍内外温度和风力大小不同，舍内外空气流动通过门、窗、通风口和一切缝隙都可以进行自然交换。而畜舍内空气对流则是因畜禽自身散热和蒸发，使暖湿空气上升，周围冷空气进行补充实现。畜舍内空气流动的速度和方向，主要取决于舍内外的通风换气，尤其是机械通风的圈舍。此外,舍内的养殖设备如笼具的配置、畜禽圈舍围栏的材料和结构等对气流的速度和方向均有一定影响。

畜舍内空气通过自然通风和机械通风均可形成气流。

（1）自然通风

自然通风根据形成原因,又分为以下两种:

①风压通风　风压是指大气流动时作用于建筑物表面的压力。当风从舍外吹向建筑物时,空气由迎风面开口处(一般是窗户)进入舍内形成正压,然后流向背风面(一般是窗户)开口形成负压,两者形成对流,即为"风压通风"。如图 2.3 所示。

②热压通风　热压通风是指舍内上部压力因热空气(家畜散热等原因形成)上升而加大,通过畜舍上部(通常是畜舍窗户、屋顶缝隙、屋顶通风孔等)流向舍外,而下部则形成负压,舍外空气经舍内下部流向舍内,从而形成畜舍内外空气的循环流动。如图 2.3 所示。

自然通风虽然不需要设备,也节约了电力,但受天气的制约。

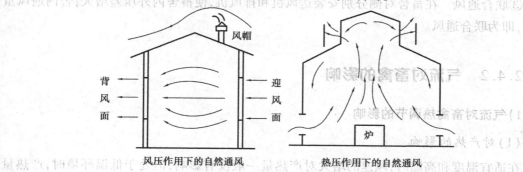

图 2.3　自然通风的两种形式

（2）机械通风

机械通风是通过机械电力的办法,人为地将空气吸入或送出舍内而形成舍内外的气压差,达到空气流动的目的。它主要有 3 种形式。

①正压通风　正压通风是利用通风机械将空气送入舍内(送风)。将送风机安置在畜舍的单侧壁、双侧壁或屋檐下,风机的转动使得畜舍内压力增加,空气流向压力小的舍外。如图 2.4 所示。

图 2.4　正压通风示意图

②负压通风　负压通风与正压通风正好相反,它是通过将排风机安置在畜舍的单侧壁、双侧壁或屋檐下,风机的转动使得畜舍内压力下降,舍外空气流向压力小的舍内,实际就是排风。如图 2.5 所示。

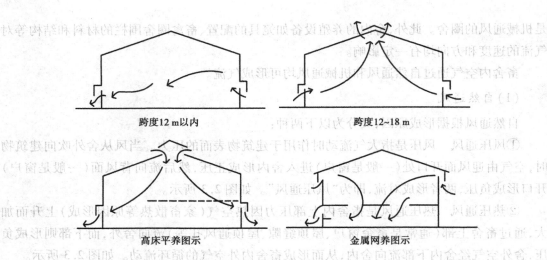

跨度12 m以内 跨度12~18 m

高床平养图示 金属网养图示

图2.5 负压通风示意图

③联合通风 在畜舍对侧分别安装送风机和排风机,使畜舍内外压差增大,舍内通风量增加,即为联合通风。

2.4.2 气流对畜禽的影响

1)气流对畜禽热调节的影响

(1)对产热的影响

在适宜温度和高温时,风速的增大对产热量一般没有影响,但处于低温环境时,产热量反而显著增加。有时畜禽增加的产热量会因风速过高而超过散热量,使机体出现短暂的体温升高,热平衡被破坏。

(2)对散热的影响

气流影响畜禽机体的蒸发散热和对流散热,且影响程度因温度、湿度和气流速度而不同。

在夏季高温时,如果皮温高于气流温度,增加气流速度有利于对流散热,但在过高温度下增加流速,反而有利于机体得热。因此,流速的增加总是有利于机体体表水分的蒸发,一般风速与蒸发散热成正比。如果增加气湿,反而不利于提高蒸发散热量。

在适宜温度和低温时,保持机体产热量不变,通过增大风速会加强对流散热,降低皮温和水汽压,使皮肤蒸发散热量减少,但与呼吸道蒸发无关。低温提高风速会因对流散热的增加而加剧冷应激。

2)气流对畜禽生产力的影响

在夏季,气流有利于蒸发散热与对流散热,因而对家畜的健康和生产力具有良好的作用。如当气温在21.1~35.0 ℃时,将气流由0.1 m/s增至2.5 m/s,可使小鸡增重提高30%。通过提高高温下风速,一般还可减少乳牛产乳量和采食量的下降,也有利于猪与其他肉畜的生长。因此,夏季气流速度不应超过2.5 m/s。但需要注意的是,如果环境温度超过体表温度时,需要对汗腺不发达的畜禽(如猪和牛)采取措施,使其体表变湿来增加蒸发散热,可以起到良好的作用。在炎热的夏季,应尽量加大气流或用风扇加强通风。

冬季增加气流速度,会使畜禽散热量增加,能量消耗增多,生产力降低。体重为 2 kg 的仔猪,气流由 0.1 m/s 增加至 0.56 m/s,与气温下降 4 ℃时所造成的影响相同。有实验发现,在 2.4 ℃鸡舍内,气流由 0.25 m/s 增加至 0.5 m/s,产蛋率由 77% 下降到 65%,平均蛋重由 65 g 降到 62 g,料蛋比由 2.5 g 增加至 2.9 g。因此,在寒冷的冬季,要尽量降低舍内气流速度,但不能降为零,需保持恰当的气流以排出舍内污浊的气体。冬季舍内气流速度以 0.1~0.2 m/s 为宜,但最高不超过 0.25 m/s。

3)气流对畜禽健康的影响

在寒冷环境中,为了预防气流流速和方向对畜禽健康产生影响,要注意下面一些问题。首先要在舍内防“贼风”。“贼风”是指由缝隙或小孔进入的温度较低而且速度较大的气流。该气流比周围舍温低,湿度可接近或达到饱和,风速大于周围舍内气流,舍内空气不能均匀散布到畜舍的各个部位,在舍内产生死角,使畜禽机体局部受冷,产生应激,引起关节炎、肌肉炎、神经炎、冻伤、感冒等疾病。因此,要防止“贼风”,需堵住天棚、门窗、屋顶等容易产生贼风的地方,在畜床中尽量避免使用漏缝地板,防止冷风直接吹到畜体,但并不代表要将门窗封死,反而更应注意舍内正常的通风换气。

对于放牧家畜,要注意避开寒风,尤其是夜间保暖。

2.4.3　气压

气压是指地球大气层中的空气具有重量,使地表承受一定的压力。当 0 ℃时,通常把纬度 45°的海平面上的大气压作为 1 个标准大气压,该标准气压具有的压力相当于每平方厘米表面上承受 1.033 2 g 的重量。单位是“帕(Pa)”。1 个标准大气压相当于 $1.013\,25 \times 10^5$ Pa。

空气密度和当地地势高低决定气压大小。空气的密度和大气层厚度随地势升高而降低,一般每上升 10.5 m,气压下降 133.322 Pa。另外,水平分布的各地气压因地表空气温度不同也不相同。当地面温度增高时,会引起附近的空气膨胀,密度减小,因而气压也会下降。

2.4.4　气压对畜禽的影响

引起天气变化的气压变化对畜禽没有直接影响,但处于高或低海拔地区时,气压垂直分布发生显著差异,对畜禽健康和生产力才会有明显的影响。

随着海拔升高,氧分压降低,肺泡中氧分压下降,动脉血中氧饱和度降低,未经适应的家畜会因组织缺氧和分压的机械作用,产生一系列的症状,表现为皮肤、口腔、鼻腔、耳部等黏膜血管扩张,甚至出血、精神萎靡、食欲减退、呼吸和心跳加快等,称为“高山病”。该病通常发生在海拔 2 000 以上的高山地区。在高海拔地区,一些畜禽的生产和繁殖性能也因缺氧、过强的紫外线、温度和湿度下降、气压过低等原因受到影响。如鸡的胚胎因供氧不足而死亡,造成种蛋孵化率下降,繁殖力较低等。

如果要进行季节性放牧或引进外来家畜时,可以通过逐步过渡,使动物对缺氧环境慢慢适应来防止高山病。但需注意的是,并不是所有非高山、高原品种畜禽都可以引入,而是需根据动物自身特性是否适应来决定引入与否。

如果要把长时间生活在高海拔地区的畜禽迁移到低海拔地区,也需要一定时期的适应过程,进行逐步迁移。与长期处于低海拔地区的畜禽不同,许多家畜会因自身生理机能可以逐渐适应气压变化而不发生高山病。其机制主要是:①提高肺的通气量,以增加微血管中的氧含量;②减少血液存储量,以增加血液循环,同时造血器官受到缺氧刺激后,红细胞和血红蛋白的增生加速,血液中的红细胞数和血红蛋白值均提高,全身血液的总容量增加;③加强心脏活动;减缓组织的氧化过程,提高氧利用率,以减少氧的需求量。

任务 2.5　气象因素的综合评定

单独比较太阳辐射、温度、湿度、气压以及气流对畜禽的影响比较容易,但在自然条件下,畜禽的健康、生产环境以及生产力通常受到气象等各种因素的综合作用,因此要判断某种动物在不同的温度、气湿和气流等环境下,哪一种环境最有利,就比较复杂,需要通过对温热因素进行综合评定后才可作出判断。各种气象因素之间是相辅相成、相互制约的关系,其中的气温、气湿和气流是最主要的三个因素,任何一个因素的作用,都要受到其他两个因素的影响。如在高温、高湿、无风的环境下,天气最炎热;低温、高湿、有风且风速大的环境下,天气最寒冷;而如果是高温、低湿且有风或者是低温、低湿且无风的条件下,则会因后面两个因素对前面因素的制约作用,使得高温和低温对畜禽的作用显著减弱。在实践生产中,通过单独评价或调整某一个气象因素对畜禽生产或生活产生的影响是不科学的。当某一个气象因素发生变化时,为了降低环境变化对畜禽产生的影响,则必须相应地对其他因素进行调整。如当气温升高时,则需要加强通风、降低湿度、减少饲养密度及采取遮阴等措施,甚至同时调整以上因素。

气温对空气物理环境条件起决定性作用,它是气象诸因素中的核心因素。在阐述某种气象因素对畜禽的影响时,需以气温为前提,否则无法说明该因素所起的作用。

现人们已提出了多个综合评定气象因素的指标来判断它们对畜禽机体的影响。

2.5.1　有效温度

有效温度是人类卫生学中根据气温、气湿、气流三个主要温热因素相互作用时,以人的主观感觉制定出的一个指标,又叫"实感温度",以字母"ET"表示。

从表 2.11 可以看出,如当环境相对湿度为 100%,风速为 0 时,有效温度为 17.8 ℃;当环境温度相对湿度降为 80%,风速为 0.5 m/s,有效温度为 21.9 ℃。在这两种环境条件下,畜禽都有同样的舒适感。

表 2.11　在不同湿度和风速下穿着正常的人的有效温度

相对湿度/%	气流速度/(m·s⁻¹)				
	0	0.25	0.5	1.00	2.00
100	17.8	19.6	21	22.6	24.3
90	18.3	20.1	21.4	23.1	24.7
80	18.9	20.6	21.9	23.5	26.6
70	19.5	21.1	22.4	23.9	26.6
60	20.1	21.7	22.9	24.4	27.0
50	20.7	22.4	23.5	24.0	27.4
40	21.4	23.0	24.1	24.3	27.8
30	22.3	23.6	24.7	26.0	28.2

注:未标明单位的数字为气温(℃)。

通过改善舍内条件,使主要的气象因素能相互配合达到畜禽舒适感觉,就能确定不同畜禽的有效温度。有效温度的确定是通过以空气干球温度和湿球温度对动物直肠温度变化的相对重要性,分别乘以不同系数所得结果。

$$人:ET = 0.15T_d + 0.85T_w$$
$$牛:ET = 0.35T_d + 0.65T_w$$
$$猪:ET = 0.65T_d + 0.35T_w$$
$$鸡:ET = 0.75T_d + 0.25T_w$$

式中,T_d 为干球温度,℃;T_w 为湿球温度,℃。

如当干球温度是 30 ℃,湿球温度是 25 ℃时,人、牛、猪和鸡的有效温度分布是 25.75 ℃、26.75 ℃、28.25 ℃、28.75 ℃。表明皮肤蒸发能力较强的动物,湿球温度较干球温度更重要;而皮肤蒸发能量较弱的动物,干球温度比湿球温度更重要。

2.5.2　温湿指数

温湿指数,又叫"温湿度指标""不适指数",是指将温度和湿度综合进行评价炎热程度的指标,英文缩写为"THI"。最初用于测定人在夏季某天气条件下感到不舒适的一种方法,后用于畜禽,尤其是牛。通过测定干球温度、湿球温度、露点与相对湿度中任何一项,按下面公式进行计算:

$$鸡:THI = (0.7 \sim 0.8)T_d + (0.3 \sim 0.2)T_w$$
$$猪:THI = 0.65T_d + 0.35T_w$$
$$奶牛:THI = 0.55T_d + 0.2T_{dp} + 17.5T_w$$

式中,T_d 为干球温度,℃;T_w 为湿球温度,℃;T_{dp} 为露点。

THI 数字越大,表示热应激越严重。如一般家畜的 THI 值为 75 左右时会产生热应激,欧洲牛 THI 值为 69 时就开始有体温升高,采食量、代谢率和生产力下降等不良情况出现。

2.5.3 风冷指数

风冷指数(WCI)是通过将气温和风速结合,估计寒冷程度的一种指标。它反映天气条件对人类的冷却力(H),可用于估算裸露皮肤的对流散热量。风冷却力的计算公式如下:

$$H = (\sqrt{100v} + 10.45 - v)(33 - T_a)$$
$$H = 4.184 \text{ WCI}$$

式中,v 为风速,m/s;T_a 为气温,℃;WCI 为风冷指数,kcal/(m² · h),(1 kcal = 1.48 kJ);33 为无风时的皮肤温度,℃。

如当气温为 0 ℃,风速为 5 m/s 时,风冷却力为 3 840 kJ/(m² · h)。将其转换为无风时的冷却温度:

$$T = 33 - H/92.324$$

当上面散热量为 3 840 kJ/(m² · h)时,相当于无风时的冷却温度为 -8.6 ℃。表示当温度为 0 ℃,风速为 5 m/s 时,所感受到的寒冷程度与温度为 -8.6 ℃,风速为 0 m/s 时的感觉一样。牛在冷却温度为 -6.8 ℃以下时会出现冷应激。

2.5.4 家畜对温热环境适应性的评定

1)家畜耐热力指数(NTY)

衡量家畜的耐热性能,可以用耐热系数和家畜的耐热力指数来评定。

家畜耐热力指数是用环境温度在 30 ℃以上时家畜体温升高幅度来评定其耐热力的指标。

$$NTY = 100 - 20[(T_2 - T_1) + K(40 - t_2)]$$

式中,T_1 为等热区条件下家畜体温,℃;T_2 为热应激(30 ℃以上)时的体温,℃;t_2 为热应激时的环境温度,℃;K 为体温对环境温度的回归系数。(各种家畜的 K 值为:猪 0.07,牛 0.06,羊 0.05)

NTY 越大,表示家畜的耐热性越强,该家畜个体越不怕热。

2)家畜耐寒力指数(ICT)

利用家畜在低温条件下产热量的变化来评定其耐寒力的指标。

$$ICT = 60 - 100(T_2 - T_1)/T_2 + K(t_2 + 10)$$

式中,T_2 为家畜在低温下暴露 2 h 后的产热量,kJ/(h · W);W 为体重,kg;T_1 为等热区温度条件下家畜的产热量,kJ/(h · W);t_2 为低温环境温度,℃;K 为产热量对环境温度的回归系数(牛为 0.6)。

项目小结

空气是畜禽赖以生存的重要环境之一。而其中的气象因素是影响畜禽生长和生活的重要环境因素。太阳辐射、温度、湿度、气流和气压产生的来源均对畜禽体热平衡及调节、畜禽生产力及健康会产生不同程度的影响。

各种气象因素之间是相辅相成、相互制约的关系,在自然条件下,畜禽的健康、生产环境以及生产力与各种气象因素的综合作用密切相关。因此需要通过对温热因素进行综合评定后才可作出判断。

小常识

动物气象员

在自然界中,有些动物为了生存不断适应环境变化,在长期的进化过程中,对一些天气变化具有较敏感的反应能力。

如大科学家牛顿有一次听牧羊人说天要下雨,但他表示怀疑,因为当时天气异常晴朗。可是不出半小时,果然下起大雨。牛顿大为吃惊,便去请教。牧羊人指着他的羊群说:是羊的某些行为告诉他将要下雨。如果山羊躺在屋檐下,天就要下雨;而羊在草地上蹦跳,必为晴天。

青蛙被称为动物界的"活晴雨表",这是由青蛙皮肤特点造成的。空气干燥时,皮肤水分蒸发加快,青蛙须待在水中保持皮肤湿润;而在阴湿多雨的季节,皮肤水分不易挥发,它就跳出水面。因此,蛙成为非洲土著居民观察天气变化的"活晴雨表",当地人只要看到树蛙由水中爬到树上,便动手做好防雨工作。

泥鳅会因为快下雨了,泥土里气压低造成缺氧而在水中翻动,有"活气压计"之称。

鸡因下雨前,气压较低,湿度较大,昆虫贴着地面飞,要觅虫食,再加上笼里闷而不愿进笼。俗话说:"鸡愁雨,鸭愁风。"

母猪懒洋洋地将饲料扒开,拱得满地都是,预示着晴朗的天气即将变成阴天。

还有很多其他的动物,如燕子、蚂蚁、蜻蜓、乌龟、猫和狗等均有预报天气的方法。

复习思考题

一、名称解释

气象因素、太阳高度角、光周期、临界温度、气温日较差、气温年较差、绝对湿度、相对湿度、露点、风向频率图。

二、填空题

1. 过度紫外线照射的不良反应有 _____ 、_____ 、_____ 、_____ 。

2. 畜禽的蒸发散热是通过_____和_____两种方式进行。

3. 气温在23.9 ℃以上时,空气相对湿度升高,奶牛的产奶量、乳脂率及非脂固形物的含量会相应地_____。

4. 风向常以_____或_____个方位来表示。

5. 气流的状态通常用_____和_____表示。

6. 低温、高湿、风速大和无辐射,是_____的天气。

7. 气象要素主要包括_____、气温、_____、气流和气压。

8. 育肥期畜禽的光照时间应当适当_____,减少活动,以利于加速育肥。

三、简答题

1. 太阳辐射对畜禽有哪些作用?

2. 光照强度对动物生产和健康有何影响?

3. 光周期对动物生产和健康有何影响?

4. 等热区理论对动物生产有什么实际意义?说明影响等热区和临界温度的因素。

5. 如何降低高温或低温环境对动物生产和健康的不良影响?

6. 为什么说无论气温高低、高湿对动物都不利?

【实训操作】

技能 空气环境气象指标的测定

一、技能目标

要求学生熟悉常用空气环境气象仪器的构造、工作原理和使用技巧。熟练掌握畜舍内空气温度、湿度、气流、气压的测定方法。为畜禽温热环境的评价工作打下基础。

二、技能准备

①仪器工具 普通温度表、最高温度表、最低温度表、最高最低温度表、半导体温度计、自动记录温度计、干湿球温度表、通风干湿球温度表、热球式电风速仪、空盒气压表等。

②实训场所 各种畜禽舍。

三、仪器使用

1) 温度表

(1) 普通温度表

①结构及原理　此温度表由球部、毛细管和顶部缓冲球组成。依感应部分装的感应液不同可分为水银温度表(图实 2.1)和酒精温度表(图实 2.2)。水银和酒精具有不同的热胀冷缩特性。

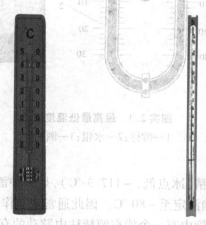

图实 2.1　水银温度表　　　　图实 2.2　酒精温度表

一般用摄氏(T,℃)和华氏(K,℉)温度。摄氏和华氏温度的换算公式如下:

$$℃ = (℉ - 32) ÷ 1.8$$
$$℉ = ℃ × 1.8 + 32$$

②校正方法　温度表通常有一定误差,使用前应与标准温度表或经校正过的温度表在同一温度环境内测试比较,得出校正值后,才正式使用。

③使用方法　垂直或水平放置在测定地点,5 min 后观察其所示温度,读取感应液在毛细管内最高的示数,然后加上校正值。

(2) 最高最低温度表(图实 2.3)

此表用以测定某段时间内的最高温度和最低温度。

①构造及原理　温度表由 U 形玻璃管构成。U 形管的底部充满水银,左侧管上部充满酒精,右侧管上部及球部的上部为气体。两侧管内的水银面上方各有一蓝色含铁游标,游标两侧有弹簧卡在管壁上,以稳定游标的位置。当温度上升时,左侧管内酒精膨胀,压迫水银柱向右侧移动,同时推动右侧水银面上方的游标上升。温度下降时,左侧管内的酒精收缩,右侧球部的受压气体迫使水银向左侧移动,左侧管内水银面上方的游标被推动上升,右侧的游标则停留在原地不动。因此,左侧游标的下端即指示出过去某段时间内的最低温度,右侧游标的下端指示出某段时间内的最高温度。

②使用方法　用小磁铁把两个磁性卡簧吸引到与水银面相接处。垂直悬挂于测定地点,在规定时间结束测定,然后看磁性卡簧下端所指的示数,进行读数、记录。

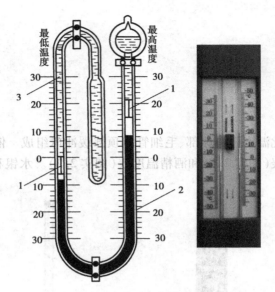

图实 2.3　最高最低温度表
1—游标;2—水银;3—酒精

（3）最低温度表

此表感应部分装的是酒精（冰点低，−117.3 ℃），是一种酒精温度表，用于测定某一段时间内的最低温度，可以准确测定至−80 ℃。因此通常来制作最低温度计（图实 2.4）。

①构造及原理　在毛细管中有一个能在酒精柱内游动的有色（蓝色）玻璃游标。当温度上升时，游标不被酒精带动，而当温度下降时，因酒精的表面张力大于游标与毛细管壁间的摩擦力，凹形酒精表面即将游标向球部吸引，因此可以测量一定时间内的最低温度。

②使用方法　每次测定时，将温度表球部抬高，依靠重力作用，使游标滑到液面，至其顶端与酒精柱弯月亮面接触为止，然后将温度表水平放置在观测地点，测定、读数。需注意的是，在放置温度表时，要先放顶部，后放球部。读取游标靠近酒精柱的液面一端。

（4）最高温度表（图实 2.5）

①构造及原理　此表感应部分装的是水银（沸点高，356.9 ℃;冰点也高，−38.9 ℃），适用于测定较高温度），通常用于制作最高温度计，测定某一段时间内的最高温度。构造与普通温度表相似，只是在毛细管与球部之间有一狭窄处，类似于体温表。温度升至高峰后回落时，因水银所收缩的内聚力小于狭窄处的摩擦力，所以毛细管内的水银不能回到球部。狭窄处以上水银柱顶端所指示的温度，即过去某段时间内的最高温度。

图实 2.4　最低温度表　　　　　　　图实 2.5　最高温度表

②使用方法　温度表使用前须对其进行调整。手握住表身中部，球部向下，伸臂作前后甩动，使毛细管内的水银下落到球部，然后水平放置在观测地点进行测定。

（5）半导体点温度计

此温度计结构简单，携带方便，性能稳定，在畜禽卫生工作中常用它来测定畜禽的皮肤温度或畜舍墙壁、畜床等结构的表面温度。主要由微型半导体热敏电阻元件组成，又被称为电阻式温度计。当其中的热敏电阻的电阻率随着温度的变化发生改变时,通过电流表的电流也会随温度的变化而变化。

（6）自动记录温度计

自动记录温度计主要由感温器、自记钟与自记笔组成,它能连续自动记录温度。

感温器是一个弯曲的双层金属薄片,一端固定,一端连接杠杆系统。当气温升高时,由于两种金属的膨胀系数不同,使双层金属薄片末稍伸直;气温下降时,则双层金属薄片末稍弯曲。通过杠杆系统,随着记录笔升降动作而将温度变化曲线画在自记纸上。自记钟的内部构造与钟表相同,上发条以后每日或每周转一圈,钟筒外装上记录纸,此纸与笔尖相接触,因而可画出 1 天或 1 周的气温曲线。记录笔笔杆与杠杆系统相连,笔头有贮藏墨水的水池,笔尖与圆筒上的记录纸接触,随着记录圆筒的转动而画出温度曲线。

此温度计使用方便,但没有水银温度计准确,故需要经常用标准温度计校正。

2）湿度表

（1）干湿球温湿度表（图实 2.6）

此表是由两支 50 ℃的普通温度表组成,其中一支的球部裹以清洁的脱脂纱布,纱布下端浸在水槽中（叫湿球）,另一支不包纱布（叫干球）。由于蒸发散热的结果,湿球所示的温度较干球所示温度低,其相差度数与空气中相对湿度成一定比例。生产现场使用最多的是简易干湿球温度计,而且多用附带的简表求出相对湿度（见附录1）。

（2）通风干湿球温度表（图实 2.7）

构造原理与干湿球温湿度表相似,但又有其特殊结构部分。它具有银白色外壳,有双层金属管装置,仪器上端装有一个带发条的通风器（通风器的风速为 4 m/s）,由于有这些特殊装置,所以能测得较精确的温度与湿度。

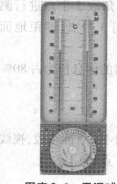

图实 2.6　干湿球温湿度表　　图实 2.7　通风干湿球温度表　　图实 2.8　热球式电风速仪　　图实 2.9　空盒气压表

3）热球式电风速仪（图实 2.8）

该仪器由测杆探头和测量仪表两部分组成。测杆探头有线型、膜型和球型三种,球形探头装有两个串联的热电偶和加热探头的镍铬丝圈。利用热电偶在不同风流速度下散热量不同,因而其温度下降也不同。温度升高的程度与风速呈负相关,风速较小时则升高的程度大,反之升高的程度小。升高的大小通过热电偶在电表上指示出来。将测头放在气流中即可直接读出气流速度。

热球式电风速仪使用方便,灵敏度高,反应速度快,最小可以测量 0.05 m/s 的微风速。

4) 空盒气压表

此表是根据密封金属空盒(盒内近于真空)随气压高低的变化而压缩或膨胀的特性测量大气压强。由感应、传递和指示三部分组成(图实 2.9)。当大气压力增加时,盒面凹陷,大气压降低时,盒面得到恢复或膨胀,这种变化借杠杆作用传递到指针上,指针周围标有刻度,指针所指的刻度就是当时大气压数值。

四、操作方法

1) 气温测定方法

(1) 室外温度测定

将温度计置于空旷地点,离地面 2 m 高的白色百叶箱内,或使用通风干湿球温度表测定,这样可防止其他干扰因素对温度计的影响。

(2) 舍内温度测定

①温度计放置位置　测温仪表放在不受阳光、火炉、暖气等直接辐射热影响的地方,并尽量排除其他干扰因素的影响。一般将温度计放置在畜舍的中央,散养舍放置于休息区。距地的高度以畜禽头部高度为准,马、牛舍为 1～1.5 m,猪、羊舍为 0.2～0.5 m,平养鸡舍为 0.2 m,笼养鸡舍为笼架中央高度,中央通道正中鸡笼的前方。

②多点测定　如果要了解舍内温度差或获得平均舍温,应尽可能多地设观测点,以测定其水平温差和垂直温差。一般在水平上采用"三点斜线"或"五点梅花形"测定点方法,即除畜舍中央测点外,沿舍内对角线再取两墙角处 2 点,或在畜舍中央和四角取 5 个点进行测定。墙角处取点应设在距墙面 0.25 m 处。在每个点又可设垂直方向 3 个点,即距地面 0.1 m 处,畜舍高度的 1/2 处和天棚下 0.2 m 处。

③不同位置测定　根据需要还可以选择不同位置进行测定。比如猪的休息行为占80%以上,在厚垫草养猪时,垫草内的温度才是具有代表性的环境温度值。

(3) 读数方法

在温度表放置 10 min 后观察温度表的示数,应暂停呼吸,尽快先读小数,后读整数,视线应与示数在同一水平线上。畜舍内气温每天测 3 次,即早晨 8 点、下午 2 点、晚上 8 点。

2) 气湿的测定方法

湿度表放置的位置与温度计相同。

(1) 干湿球温湿度表测定

①先将水槽注入 1/3～1/2 的清洁水,再将纱布浸于水中,挂在空气缓慢流动处,15～30 min 后,先读湿球温度,再读干球温度,计算出干湿球温度之差。

②转动干湿球温度计上的圆筒,在其上端找出干、湿球温度的差数。在实测干球温度的水平位置作水平线与圆筒竖行干湿差相交点读数(或者根据附录湿度表查表计算),即为相

对湿度百分比。

（2）通风干湿球温度表测定

①用吸管吸取蒸馏水送入湿球温度计套管盒中的湿润温度计感应部的纱布。

②用钥匙上满发条，将仪器垂直挂在测定地点，如用电动通风干湿表则应接通电源，使通风器转动。

③通风 3～5 min 后读干湿球温度表所示温度。先读干球温度，后读湿球温度。可按公式计算绝对湿度（水汽压）与相对湿度。

$$p_w = p_s - a(t - t')p \qquad H_r = \frac{p_w}{p_s} \times 100\%$$

式中，p_w 为绝对湿度（水汽压），kPa；p_s 为湿球所示温度时的饱和水汽压，kPa；a 为湿球系数；t 为干球所示温度，℃；t' 为湿球所示温度，℃；p 为测定时的大气压，kPa；H_r 为相对湿度，%。

此外，在使用通风干湿球温度表进行气湿测定时，要根据季节把仪器放置在测量地点（通常冬季测量前 30 min，夏季 15 min），使仪器本身温度与测定地点温度一致。如在户外测量，当风速超过 4 m/s 时，需要将防风罩套在风扇外壳的迎风面上，以免影响仪器内部的吸入风速。

3）气流的测定方法

（1）风向的测定

①舍外风向的测定　常用风向仪（图实 2.10）直接测定。测定时，风压加在尾部的分叉上，箭头所指的方向即为风向。

②舍内风向的测定　舍内气流较小，可用氯化氨烟雾来测定方向，即用两个口径不等的玻璃皿（杯），其中一个放入氨液，另一个加入浓盐酸，各 20～30 mL，将小玻璃皿放入大玻璃皿中，立即可以呈现指示舍内气流方向的烟雾。也可使用蚊香或纸烟燃烧后的烟雾测定。

（2）气流速度测定

舍外气流速度较大，可用风速表测定；畜舍内气流较弱（0.3～0.5 m/s），用热球式电风速仪测定。

①使用前，轻轻调整电表上的机械调零螺丝，使电表指针指于零点。

图实 2.10　风向仪

②将"校正开关"置于"断"的位置。

③插上测杆插头，测杆垂直向上放置，将测杆塞压紧使探头密封，将"校正开关"置于"满度"位置，慢慢调整"满度"调节旋钮，使电表指针达到满刻度位置。

④将"校正开关"置于零位，调整"粗调"和"细调"两旋钮，使电表指在零点位置。

⑤轻轻拉动测杆塞，使测杆探头露出，测杆拉出的长短，可根据需要选择，将探头上的红点面对准风向，根据电表上读数查阅校正曲线，求得风速值。

⑥每测量 5～10 min 后，须重复②～④步骤进行校正。

⑦测量完毕，将测杆塞压紧使探头密封于杆内，并将"校正开关"置于"断"的位置，取出

电池,以免电池潮解而损坏仪器。

4)气压的测定方法

空盒气压表携带方便,使用简单,适用于现场测定气压。

(1)仪器校准

空盒气压计每隔 3 ~6 个月校准一次,可用标准水银气压表进行校准,求出空盒气压表的补充订正值。

(2)现场测量

打开气压表盒盖后,先读附属温度计,准确到 0.1 ℃,轻敲盒面(克服空盒气压机械摩擦),待指针摆动静止后读数。读数时视线需垂直刻度面,读数指针尖端所示的数值应准确到 0.1 kPa。

五、实训作业

首先由学生以组或个人为单位进行周边地区气象数据的测定练习,然后按照下表对其实训完成情况进行评价。

技能考核方法及评分标准

考核方法	考核内容与要求	评分等级与标准			
		优	良	合 格	不合格
现场操作并口述	1. 熟悉测定气温、气湿、气流、气压的常用仪器。 2. 掌握各仪器的使用方法及注意事项。 3. 熟悉测定气湿、气流、气压等空气指标。 4. 能分析测定中产生误差的原因	操作熟练、规范,结果正确,口述全面,条理清楚	操作较熟练,结果正确,口述全面,条理清楚	操作不熟练,结果不正确,经指导后能纠正错误;口述不全面,条理不清楚	操作错误,结果错误,口述不全面、不清楚

项目3 畜牧场空气环境卫生与畜禽健康生产

【项目提要】

本项目主要阐述畜禽舍小气候卫生标准,以及畜禽舍中有害气体对动物的危害,并介绍了消除畜禽舍中有害气体的基本方法。

【教学案例】

一蛋鸡场在冬季为保暖将门窗紧闭,几天后,鸡群呼吸道症状出现,并伴随产蛋量下降,饲养人员进入鸡舍后,感觉咽喉不适和双眼有明显的刺激性,忍不住流眼泪。后加强通风,舍内空气中异味减轻,鸡群逐渐恢复正常。

请问:

1. 畜禽舍中哪种有害气体浓度超标会引发以上情况。怎样通过人体感受此类有害气体的浓度?
2. 通过哪些措施可以有效预防类似情况的发生?

任务3.1 畜禽舍小气候

畜舍是家畜的重要生长环境和从事畜牧生产的场所。为了保证家畜的良好健康状况和较强的生产力,不同类型的畜舍一方面影响舍内小气候条件如温度、湿度、通风换气、光照等;另一方面影响畜舍环境改善的程度和控制能力。因此,应结合本地区的气候特点及畜禽的类别对小气候的不同需求,采用有利于畜禽生产的畜舍形式。畜舍根据外墙和窗的设置情况,可分为开放式、半开放式、敞棚式、有窗式、无窗式等。

3.1.1 不同畜禽舍小气候的特点

1)棚舍

靠柱子承重而不设墙,或只设栅栏、矮墙,用于运动场遮阳棚或南方炎热地区的成年畜舍,或者饲养某些耐寒力较强的畜禽(主要是肉牛)。

该畜舍造价低,通风、采光好,但保温隔热性能差,只起到遮阳避雨的作用。为了提高棚舍的使用效果,克服其保温能力较差的弱点,可以在畜舍前后设置卷帘,在寒冷季节,用塑料薄膜封闭,利用温室效应,以提高冬季的保温能力。如简易节能开放型畜舍、牛舍、羊舍,都属于此种类型。它在一定程度上控制环境条件,改善了畜舍的保温能力,从而满足畜禽的环境需求(图3.1、图3.2)。

图3.1　棚舍(鸭)　　　　　　　　　　　　　图3.2　棚舍(牛)

2)开放式

三面设墙,一面不设墙(南侧)而设运动场的畜舍。该样式结构简单,造价低,一般跨度较小,夏季通风及采光好,冬季保温差。北方地区的开放式畜舍,多在运动场南墙和屋檐间设置塑料棚,冬季白天利用阳光温室效应取暖,夜间加盖草帘保温,中午前后打开塑料顶部的通风部位,换气排湿,效果较好。但这种方式在北方一般只用作成年畜禽舍。

3)半开放式

三面有墙,正面上部敞开,下部有半截墙的畜舍。在冬季较开放式散热少,且半截墙上可设塑料薄膜窗框或挂草帘,以改善舍内小气候(图3.3)。

图3.3　半开放式畜舍(牛)

以上三种形式畜舍,均属简易舍。一般跨度小,造价低,采用自然通风和采光,但舍内小气候受外界影响较大,采用供暖降温措施时,耗能多,适用于小规模养殖户选用。

4)有窗式

四面设墙,且在纵墙上设窗的畜舍。这种畜舍冬季比较暖,夏季比较热;可采用自然通风和采光,也可采用机械辅助通风及供暖保温等设备,跨度可大可小,适用于各气候区和各种畜禽。

5)无窗式

无窗式畜舍又称环境控制式畜舍。畜舍与外界隔绝程度高,墙上只设不透光的保温应急窗,舍内的通风、采光、供暖、降温等均靠环境控制设备调控;舍内小气候完全是人为控制,不受季节的影响,为畜禽创造一个最佳的环境空间,从而有利于畜禽生产。

该畜舍类型的优点:能有效地控制疾病的传播;便于实现机械化;减轻劳动强度,提高劳动生产率。缺点:建筑物和附属设备要求较高,投资较大,要求保证充足的电力,能源消耗多。

6)组装式

组装式是为了结合开放式与封闭式畜舍的优点,将畜舍的墙壁和门窗设计为活动的,天热时可以局部或全部取下来,成为半开敞式、开敞式或棚舍;冬季为加强保温可装配起来,成为严密的封闭舍。其优点:适宜不同地区、不同季节,灵活方便,便于对舍内环境因素的调节和控制。缺点:要求畜舍结构各部件质量较高,必须坚固轻便耐用、保温隔热性能好。

7)联栋式

联栋式畜舍是一种新形式的畜舍,优点:减少畜禽场的占地面积,降低畜禽场建设投资。但要求管理条件高,必须具备良好的环境控制设施,才能使舍内保持良好的小气候环境,满足畜禽的生理、生产要求。

随着现代化规模化畜牧业的快速发展,畜舍的形式也在发生改变,新材料、新技术不断地应用于畜舍,并将温室技术与养殖技术有机结合,在降低建造成本和运行费用的同时,通过进行环境控制,实现优质、高效和低耗生产,使畜舍建筑越来越符合畜禽对环境条件的要求(图3.4)。后几种畜舍是现代畜舍的发展趋势。

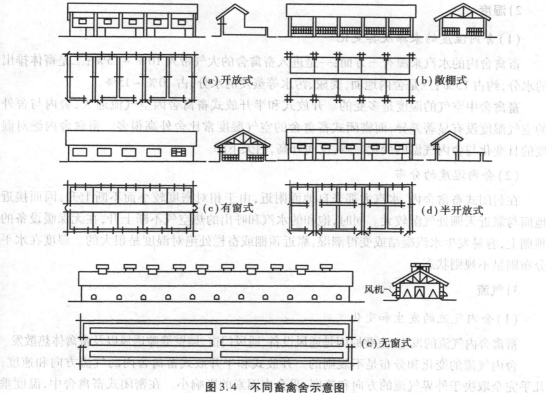

图 3.4　不同畜禽舍示意图

3.1.2 畜禽舍小气候的卫生标准与要求

影响畜禽舍小气候的因素很多,但是对于畜禽影响最主要的是温度、湿度、光照、气流。

1)温度

(1)畜禽舍内温度的来源及其改变

封闭式畜禽舍空气中的热量,一部分由舍外空气带入,大部分来自畜体散发的体热。此外,人的活动和机械的运转以及各种生产过程的进行,都会产生一定的热量。热量散失的主要途径是墙壁传热、通风散热、辐射放热、舍内水分蒸发散热等。

家畜的生产力要在一定的外界温度条件下才能得到充分的发挥。从畜禽健康和生产力来看,舍内温度在一定范围内有所波动,比始终稳定在一个标准上要好得多(特别是环境温度较高时),因为适当的温度变化,可以使机体各个系统的适应能力得到锻炼,有利于畜禽的健康和生产力的提高。因此,应当把适宜温度范围理解为允许变动的温度范围。畜禽适宜的温度范围,取决于畜禽品种、年龄、生理阶段、饲料条件等因素。

(2)舍内温度的分布

无供暖和降温设备的非密闭式畜禽舍,其空气温度的变化受外界气温的制约。密闭式畜禽舍内冬季的实际温度状况,主要取决于外围护结构及其保温能力。密闭式畜禽舍内夏季的实际温度状况,主要取决于外围护结构及其隔热能力和通风情况。

2)湿度

(1)舍内湿度的来源及其变化

畜禽舍内的水汽来源有三方面:一是进入畜禽舍的大气带入 10% ~15%;二是畜体排出的水分,约占 75%;三是舍内地面,粪尿、污水等蒸发的水分,占 10% ~15%。

畜禽舍中空气的湿度是多变的。开放式和半开放式畜禽舍因空气流通大,舍内与舍外的空气湿度没有显著差异,而密闭式畜禽舍的空气湿度常比舍外高很多。畜禽舍内绝对湿度的日变化与舍内气温的变化一致,夜间升高,白天下降。

(2)舍内湿度的分布

在封闭式畜禽舍内,水汽大都来自地面附近,由于相对密度较小而不断上升,因而接近地面与靠近天棚处气湿较大。同时,饱和的水汽和呼出的热空气不断上升,在无保暖设备的顶棚上,容易发生水汽凝结或变得潮湿,靠近顶棚或畜栏处绝对湿度是很大的。湿度在水平分布则呈不规则状态。

3)气流

(1)舍内气流的发生和变化

畜禽舍内气流的发生,主要原因是通风设备、通风门窗、墙壁缝隙透风以及畜禽体热散发。舍内气流的变化和分布是不规则的。开放式和半开放式畜禽舍内的气流方向和速度,几乎完全取决于外界气流的方向和速度,受舍内因素的影响小。在密闭式畜禽舍中,温度垂直分布不均,常导致上升气流,而由门窗、进风口和缝隙流入的空气则起初沿水平方向运动,而后向下流动。舍内各种设备的阻挡和人畜的活动,可使气流发生涡动。气流速度的变化和分布一般是在门窗、进风口处变化大,畜禽舍中部变化小;白天变化大,夜间变化小。

(2)畜禽舍内气流速度的范围

畜禽舍内的气流速度,可以说明舍内的换气程度。若气流速度在 0.01 ~ 0.05 m/s,说明通风换气不良。在寒冷季节,为避免冷空气大量流入,一般来说,冬季畜禽舍的气流以 0.1 ~ 0.2 m/s 为宜,最高不超过 0.25 m/s。若气流大于 0.4 m/s,对保温不利。在炎热夏季,应当尽量增加气流速度,风速一般要求不低于 1 m/s。

机械通风畜禽舍的气流方向、速度及分布状况,除受自然通风等多种影响因素的影响外,还取决于鼓风机的功率和数量、进(排)风口的大小形状及位置或进(排)风管的尺寸、形状和制作材料等。

在严寒条件下,引入舍内的空气要求均匀流入到畜禽舍的各个部位,防止不均和死角,切忌产生贼风。贼风使畜体局部受冷,往往引起关节炎、肌肉炎、神经炎、冻伤、感冒以至肺炎、瘫痪等。在畜禽舍中设置漏缝地板就容易产生贼风,生产中要尤为注意。

4)光照

(1)禽舍内光照的来源及变化

舍内光照可分自然光照和人工光照。一般条件下畜禽舍都实行自然光照,舍内光照强度远比舍外低。

在自然光照的情况下,不同类型的畜禽舍,其采光效果差异很大。棚舍采光效果最强,开放式和半开放式次之,密闭式(特别是无窗舍)最弱。畜禽舍跨度越大,畜禽舍中央光照强度越小。进入畜禽舍的太阳光分为直射光和散射光,其中直射光光照强度较强,而散射光较弱。舍内设备情况也明显影响自然光照的分布,面窗一侧光照强度较强,背窗一侧则较差。门窗透风材料对畜禽舍内光照影响也很大,窗户有无玻璃会引起散射光照的差异。

进入舍内的光线,其光谱组成与舍外也不同,这是因为太阳光中,波长较短的部分穿透力很弱,经过玻璃、灰尘、水汽等的吸收损失殆尽,剩下的基本上只是波长较长的部分。

采用人工光照的畜禽舍,舍内的光照强度及其分布取决于光源的发光材料、舍内设备的安置情况、墙和顶棚的颜色等。人工光源的光谱组成与太阳光谱不同。白炽灯光谱中红外线占 80% ~ 90%,可见光占 10% ~ 20%,其中蓝紫光占 11%、黄绿光占 29%、红橙光占 60%,没有紫外线;荧光灯的可见光光谱与自然光照相近,蓝紫光占 16%、黄绿光占 39%、红橙光占 45%。

(2)畜禽舍光照的范围

光照强度、光照时间及光色对畜禽生产力均有影响,只是因畜禽种类不同而影响大小不同。一般认为,种用畜禽的光照时间应适当长一些,以利于活动,增强体质;育肥畜禽则应适当短一些,以减少活动,急速肥育。蛋鸡光照强度 10 lx,肉鸡与雏鸡 5 lx,其他家畜地面上的光照强度 10 lx 为宜。至于光色对鸡的影响,普遍认为,红光比蓝、绿或黄光好。光色对其他家畜的影响,研究很少。各种畜禽一昼夜所需要的光照时间见表 3.1。

表 3.1　各种畜禽一昼夜所需要的光照时间

禽　畜	奶牛	种公牛	犊牛、育成牛	肉牛	母羊、种公羊	怀孕后期母羊、羔羊
光照时间/h	16～18	16	8～10	14～18	8～10	16～18
畜　禽	育成鸡	产蛋鸡	瘦肉猪	兔	脂肪型猪	其他猪
光照时间/h	8～9	14～16	6～12	15～18	5～6	14～18

任务 3.2　大气中的有害气体

3.2.1　大气的基本组成

大气是无色、无臭、无味的混合气体,在自然状态下其化学组成是相对稳定的。大气组分可分恒定、可变和不定三种成分。恒定组分中氮占大气总体积的 78.09%、氧占 20.94%、氩占 0.93%,此外尚有氖、氦、氪、氙等微量惰性气体,这些组分的比例在地球表面任何地方几乎是恒定不变的;可变组分中二氧化碳含量为 0.02%～0.04%,水汽在 4% 以下,这些组分的含量随季节、气象因素和人类的生产活动而变化;不定组分指因自然或人为造成的环境污染,如火山爆发、森林火灾、地震、海啸等自然灾害,工农业生产、交通运输、居民生活等,均可产生有害气体导致大气污染。

3.2.2　大气中主要几种有害气体对畜禽的影响

1) 氟化物

大气中的氟可以进入土壤和水体,并通过呼吸、饮水和采食对人畜造成危害。氟化物能够在植物和动物体内积聚、富集,是一种累积性的慢性中毒过程。根据世界卫生组织报道,全世界已分为富氟区和贫氟区。我国沿海一带大部分属人为的富氟区。含氟的空气和微粒从呼吸道吸入后,对呼吸道黏膜有强烈的刺激作用。经口腔摄入的含氟微粒,可经消化道吸收,迅速进入血液循环,大约有 75% 的氟可与血浆蛋白结合,主要蓄积于牙齿和骨骼中。氟在家畜体内可影响钙、磷代谢,过量的氟可与钙结合为氟化钙沉积于骨骼中,并引起血钙减少,骨骼变形。氟化钙影响牙齿的钙化,使牙齿钙化不全,釉质受损,发生牙齿变形。

不同种类动物对氟的耐受性质不同。禽类的耐受性最强,其次为猪,反刍家畜最敏感。

2) 二氧化硫

为无色有刺激性气体,易溶于水,在水中形成亚硫酸。它在潮湿、日光及空气微粒的催化下可氧化成三氧化硫。三氧化硫具有很强的吸湿性极易产生硫酸雾或硫酸雨。

二氧化硫对家畜的主要危害在于其具有强烈刺激性和腐蚀作用,主要作用于上呼吸道和眼结膜。

牛对二氧化硫的反应最为敏感,二氧化硫浓度在 30 ~ 100 mg/L 时,表现为呼吸困难,口吐白沫,体温上升,尸体解剖时呈现严重的支气管炎、肺水肿等。马和羊有较强的抵抗力,同种家畜中一般幼畜较为敏感。

我国大气卫生标准规定,二氧化硫的最高允许浓度为 $0.5 g/m^3$。

3)氮氧化物

氮氧化物是 NO、N_2O、NO_2、NO_3、N_2O_3、N_2O_4 和 N_2O_5 等的总称,通常用 NO_x 表示。造成大气污染的 NO_x 主要是 NO 和 NO_2。

氮氧化物主要来源于含氮有机物的燃烧和硝酸、氮肥等生产过程,以及交通车辆排放的尾气。主要成分为一氧化氮,其毒性并不大,但进入大气后氧化为二氧化氮,毒性提高了 5 倍,若参与光化学烟雾的形成,则危害程度更大。

3.2.3　大气污染的原因

造成大气层污染的原因根据来源主要分为两大类。一类来自自然界,如森林火灾,地震,火山爆发,各种矿藏产生的微粒、硫化氢、硫氧化物等异常气体;一类来自人为的活动,如生产活动中排放的烟雾、氟化物、SO_2、CO 及氮氧化合物等产生的有害气体,或者来自畜牧生产过程中,畜禽生理活动所产生的氨、粪臭素、硫化氢、甲烷、吲哚等有害气体。

任务 3.3　畜舍中的有害气体

在畜牧业生产特别是大规模、高密度封闭式的工厂化生产过程中,舍内的空气组成不同于大气,在畜舍内畜禽的呼吸、排泄、生产过程产生大量有机物的分解产物,不易被扩散和被大气稀释,存留时间过长。这些成分大多对人、畜禽均有直接毒害或刺激人的感官而影响工作效率,所以统称为有害气体。这些气体化学成分十分复杂,包括挥发性脂肪酸、氨气、硫化氢、甲烷及其他一些异臭气体,如吲哚、粪臭素等。其中最常见、危害最大的是氨、硫化氢和二氧化碳。

3.3.1　氨(NH_3)

1)来源

在畜舍内,氨是各种含氮有机物(粪尿、垫料、饲料残渣等)的腐败分解产物,含量高低取决于地面的结构、排水、饲养管理水平等。畜舍地面结构设计不当时易滞留污物,通风排水设施安置不妥或清扫不及时,都有可能增加舍内空气中氨的含量。氨的密度较小,主要产自地面,所以主要分布在畜禽能接触到的范围,因此具有较大的危害。

2) 危害

由于氨具有刺激性的臭味,溶解度很高(在 0 ℃时,1 L 水可溶 907 g 氨),所以常常被人或家畜的呼吸道黏膜、眼结膜吸附而产生刺激作用,引起黏膜和结膜充血、分泌物增多、水肿,严重的会导致声门痉挛、支气管炎、肺水肿等。氨进入肺后,通过肺泡上皮进入血液,与血红蛋白结合生成碱性高铁血红素,破坏血液对氧气的运输能力,导致机体缺氧、贫血。如果畜禽长期在低浓度氨的作用下,体质会变弱,对疾病的抵抗力下降,发病率和死亡率升高,各种生产性能都会下降。慢性氨中毒往往不容易察觉,却给生产造成巨大的损失。

鸡对氨比猪更敏感,尤其是幼雏,即使在 5 mg/m³ 氨的作用下,健康也会受到影响。

3) 标准

我国农业行业标准对畜舍内空气质量标准规定,氨的最高浓度分别为:雏禽舍 10 mg/m³,成禽舍 15 mg/m³,猪舍 25 mg/m³,牛舍 20 mg/m³。人员进入鸡舍后,若闻到氨味,但是不刺眼、不刺鼻,此时浓度为 7.6 ~ 11.4 mg/m³;当感觉到刺鼻流泪,此时浓度为 19.0 ~ 26.6 mg/m³;当感觉呼吸困难、睁不开眼时浓度为 34.2 ~ 49.4 mg/m³。

3.3.2 硫化氢(H_2S)

1) 来源

硫化氢是一种易燃的酸性气体,无色,臭鸡蛋味,具有刺激性和剧毒。畜禽舍内空气中的硫化氢主要来源于含硫有机物的分解。硫化氢比重比空气大,主要来源于地面或地面附近,因此地面附近的浓度较高。在通风状态良好的畜舍内,硫化氢浓度可在 15.58 mg/m³ 以下。如果通风不良或饲养管理不到位,硫化氢浓度则会大幅提高,甚至达到中毒的程度。因此在全封闭式的蛋鸡舍中,应及时清除破损的鸡蛋,否则也能导致空气中硫化氢浓度的显著提高。

2) 危害

硫化氢易被畜禽黏膜吸收,并产生强烈的刺激,引发眼炎,导致角膜浑浊、流泪、畏光及呼吸道炎症,甚至发生肺水肿。硫化氢经肺泡入血后,有时可被氧化成无毒的硫酸盐代谢出体外,而游离在血液中未被氧化的硫化氢则与氧化型细胞色素酶中的三价铁结合,使酶失去活性,影响细胞氧化过程,出现全身中毒症状。高浓度的硫化氢导致呼吸中枢麻痹,动物窒息而亡,低浓度下,畜禽也可出现植物神经功能紊乱,或偶发多发性神经炎。长期在低浓度下生长的畜禽,体质衰弱,生长缓慢,抗病力下降,容易出现肠胃炎、心脏衰弱等。

3) 标准

我国农业行业标准对畜舍内空气环境质量标准的规定,硫化氢的最高浓度分别是雏禽舍 2 mg/m³,成禽舍 10 mg/m³,猪舍 10 mg/m³,牛舍 8 mg/m³。

3.3.3　二氧化碳（CO_2）

1）来源

CO_2 是空气的组分之一（约占大气总体积的 0.03%），常温常压下是一种无色无味或无色无嗅而略有酸味的气味。畜舍空气中的二氧化碳主要来源于畜禽呼出的气体。例如，一头体重约 600 kg、日产奶 30 kg 的奶牛，呼出 CO_2 200 L/h；1 000 只 1.6 kg 的母鸡呼出 CO_2 1 700 L/h，一头体重 100 kg 的肥猪，呼出 CO_2 40 L/h。对于封闭式的畜舍，特别是在冬季，通风状态较好的情况下，二氧化碳浓度比大气都会高出 50% 以上。若通风状态较差，饲养管理不到位，畜禽密度过高，舍内二氧化碳的含量远超大气数倍或数十倍。

畜舍空气中的二氧化碳很少达到有害浓度，故在低浓度下无毒害作用。只有在全封闭式的大型畜舍通风设施故障或未及时维修时，才可能引发二氧化碳中毒。检测畜舍中二氧化碳浓度的卫生学意义在于：它的含量表明了畜舍通风状况和空气的污浊程度。当二氧化碳含量增高时，其他有害气体含量也有可能增高。所以，二氧化碳常作为空气污染程度的监测指标。

2）标准

我国农业行业标准对畜舍内空气环境质量标准的规定，畜舍中二氧化碳最高浓度为 1 500 mg/m³。

3.3.4　畜舍中有害气体的控制措施

畜舍中有害气体对于畜禽的影响是长期和连续的，轻则使家畜体质变弱，生产性能下降；重则引发急性症状，损害家畜的健康和生产力，甚至导致死亡。因此，消除畜舍内的有害气体，使家畜的健康和生产力得到保证和提高，在饲养管理中有重要意义。

1）全面规划合理设计

在畜牧场场址选择和建厂过程中，要考虑自然环境和社会条件，避免工厂排放物对畜牧场环境的污染；注重设置良好的除粪装置和排水系统，地面和粪尿沟要有一定坡度，材料不应渗水，这样有利于污水、粪尿的排放；猪舍地面设计为半漏缝地板，这样可以减少有害气体的逸出。

2）及时清除粪尿

粪尿是氨和硫化氢的主要来源，及时清除粪尿对保证舍内空气环境具有十分重要的意义。不管采用何种粪污处理方式，都应满足排除迅速、彻底，防止滞留，方便清扫，避免污染的原则。

3）保持舍内干燥

氨和硫化氢都易溶于水。当舍内湿度过高时，它们容易溶解而依附于物体（墙壁、天棚等）上，随着温度升高，再次挥发出来。可见潮湿是妨碍有害气体排出舍外的重要因素，应注意保持舍内干燥。因此，在冬季应加强畜舍的保温，防止舍内温度低于零度以下，避免水汽在墙壁、天棚上凝结。

4)合理换气

将有害气体及时排至舍外,是保证舍内空气清洁的重要措施。换气良好,将大幅降低有害气体的含量,减少疫病的发生,利于家畜健康生长。为了更好地排出氨和硫化氢,排气口位置可设置低一些。据调查,排气口设置较高的牛舍同设置较低的牛舍相比,空气中硫化氢含量可高出两倍以上。

5)使用垫料、吸附剂或药物

各种垫料吸收有害气体的能力不同,麦秸、稻草、树叶较好一些;有些地方畜禽用黄土垫圈,也起到了一定的除臭作用。肉鸡育雏时也可以选择吸收剂,如磷酸、硅酸、磷酸钙等。通过向畜禽舍内地面上喷洒或撒放药物如樟脑片等以净化舍内空气(图3.5)。

图3.5 臭气处理(外观)

6)有效微生物活菌净化

通过直接向舍内地面投放光合细菌、放线菌、醋酸杆菌、乳酸杆菌和酵母菌等有效微生物可净化畜舍空气。

任务3.4 畜舍空气中的微粒

3.4.1 微粒的性质和来源

微粒是指极细小的颗粒,包括肉眼看不到的分子、原子、离子等以及它们的组合。在大气和畜舍空气中都含有微粒,根据当地的地面条件、土壤性质、植被状况、季节及气象因素的不同,居民、工厂以及农事活动情况的不同,其所含数量的多少和组成均有较大差异。在畜舍内及附近,由于饲料分发、清洁圈舍、使用垫草、垫料等生产活动及家畜本身的活动、咳嗽、鸣叫等,都会使舍内空气微粒含量增多。

微粒按粒径大小可分为尘、烟、雾 3 种。尘是指粒径大于 $1\ \mu m$ 的固体粒子,其中粒径大于 $10\ \mu m$ 的粒子,由于自身重力作用能迅速降到地面,称为降尘;而粒径在 $1\sim10\ \mu m$ 的粒子,长期飘浮在空气中,称为飘尘;粒径小于 $1\ \mu m$ 的固体粒子称为烟;雾是粒径小于 $10\ \mu m$ 的液体微粒。

畜牧场和畜舍内的微粒有无机微粒和有机微粒两种。无机微粒主要是扬起的干燥粉尘;有机微粒主要有粪粒、饲料粉尘、畜禽被毛的皮屑、细屑、喷嚏飞沫等。畜牧场和畜舍空气以有机微粒为主。

特别是在封闭的畜舍,微粒主要来自饲养管理生产过程,比如,地面清扫、饲料投放、通风除粪等机械设备的运转、家畜活动、鸣叫、咳嗽等,都会引起畜舍空气中的微粒数量增多。

其次,粒径大小还会影响其侵入畜禽呼吸道的深度和停留时间,产生不同的危害,而微粒的化学性质则决定了其毒害的性质。

国家规定大气微粒最高允许值为 150 $\mu g/m^3$。

3.4.2　危害

微粒降落在家畜体表上,可与皮脂腺的分泌物、细毛、皮屑、微生物等混合在一起,粘结在皮肤上,使皮肤发痒,甚至发炎,同时还能堵塞皮脂腺和汗腺。皮脂腺分泌受阻后可使皮肤缺乏油脂,表皮变得干燥脆弱,易遭损伤和破裂。汗腺分泌受阻,使皮肤的散热功能下降,皮肤感受器的功能也会受到影响。

当大量的微粒被家畜吸入呼吸道内,大于 10 μm 的微粒一般被阻留在鼻腔中,5～10 μm 的微粒可到达支气管,5 μm 以下的微粒可进入细支气管和肺泡,而 2～5 μm 的微粒中夹带病原微生物,可导致家畜感染。进入气管或支气管的微粒,在纤毛上皮运动、咳嗽、吞噬细胞的作用下而引起转移,部分溶解在支气管黏膜中,可导致家畜发生气管炎或支气管炎。有的微粒进入细支气管末端和肺组织滞留下来。浸入肺泡的微粒,部分可随呼吸排出,部分被吞噬溶解,有的则停留在肺组织内,通过肺泡的间隙,侵入周围结缔组织的淋巴间隙和淋巴管内,并能阻塞淋巴管,引起尘肺病。

如果畜舍内空气湿度较大,微粒可以吸收空气中的水汽,同时也可吸附一部分氨和硫化氢等,此类混合微粒沉积在呼吸道黏膜上,可使黏膜受到刺激,引起黏膜损伤,诱发呼吸道疾病。微粒越小,危害越大。

3.4.3　微粒的控制措施

①种草种树,全面绿化,改善畜舍和牧场地面条件。

②粉碎饲料的场所或堆垛干草的场地应远离畜舍。

③尽量减少饲养管理中微粒的产生。如改干粉料为颗粒饲料饲喂,或者拌湿饲喂;趁家畜不在舍内时清扫地面、翻动或更换垫草;不要在畜舍内刷拭畜体、干扫地面。

④保证舍内有良好的通风换气,及时排除舍内的微粒。如采用机械通风设施,可在进气口安装空气过滤器,空气经过滤后,可大大减少微粒浓度。在大型封闭式畜舍的建筑设计时,应安装除尘器或阴离子发生器。

任务 3.5 畜舍空气中的微生物

3.5.1 畜禽舍内微生物来源

干燥的空气是微生物生活的不利环境,因为干燥的空气可以使微生物失去水分而脱水,空气中也缺乏微生物繁殖所需要的营养物质,此外,太阳辐射中的紫外线,具有杀菌作用,因此空气中的微生物大部分会在较短的时间内死亡。但是当空气污染后,畜禽舍内空气中飘浮着大量微粒,微生物就可以附着并生存,传播疾病。另外,在潮湿地区和温暖季节,紫外线杀伤力弱,空气向外扩散速度慢,特别是在畜牧场的空气环境中,还有可能存在病原微生物,对畜禽的健康来说是严重威胁。

3.5.2 病原微生物的传播途径

空气中微生物随空气流动而引起疾病的传播称为"气源传播"。气源传播的途径有三种。

1)病原微生物附着在各种固态微粒上进行灰尘传播

各种病原微生物可附着在尘粒上(如清扫畜舍地面时扬起的灰尘,分发干粉饲料时飞扬的粉尘,刷拭畜体时产生的皮垢和毛屑等,以及病畜粪便干燥后形成的尘粒),造成病原微生物经灰尘传播。一般飞扬起来的微粒,致病性较长久飘浮在空气中的微粒强。

2)病原微生物存在于飞沫小滴内,经飞沫小滴进行传播

畜禽在咳嗽、鸣叫、打喷嚏时,从口、鼻中喷出大量的飞沫小滴。这些小滴直径大小不等,直径较大的飞沫很快降落到地面,但从喷嚏或咳嗽出来的飞沫有 90% 以上的直径小于 $5~\mu m$,可以长期浮游在空气中,从而引发各种病原微生物的传播。

3)飞沫小核传播

当飞沫小滴干燥后,就形成了飞沫小核。飞沫小核的直径很小,一般仅为 $1~2~\mu m$。在空气中可以长期漂浮,并可随气流带到很远处,引起更广泛的疾病传播。

3.5.3 控制畜舍空气中微生物的措施

①养殖场场址应远离医院、皮革厂、畜禽交易市场、屠宰厂等污染源,场内与外界具有明显的隔离,防止一些小动物携带病原微生物入场,场内要严格分区,各区之间应隔离。

②建立严格的检疫、消毒、病畜隔离制度。

③日常保证舍内的通风换气,使舍内空气保持清洁状态,必要时使用除尘器净化空气。

④畜禽周转尽量采用"全进全出"制。

⑤减少畜舍内微粒的产生。

任务 3.6　畜舍空气中的噪声

3.6.1　噪声的概念

声响是空气环境的重要因素之一。通常是指物体振动时在弹性介质(气体、液体或固体)中传播的波。从物理定义而言,振幅和频率上完全无规律的震荡称为噪声。从生理学观点来说,则是指那些令人厌恶的或影响人和畜禽正常生理机能,导致生产性能下降,危害健康的声音。因此噪声不仅有其客观的物理特性,还依赖于主观感觉的评定。

3.6.2　畜禽场噪声的来源

1)外界传入

如交通噪声、工业噪声等。公共汽车、载重汽车等重型车辆的噪声为 89 ~ 92 dB,而轻型车辆噪声为 82 ~ 85 dB,飞机从头上低空飞过时噪声为 100 ~ 120 dB。工业噪声主要来自各种工厂的生产运转及建筑施工所产生的噪声。

2)畜舍内机械运转产生

如风机、真空泵、除粪机、喂料机等。据测定,舍内风机噪声为 36 ~ 84 dB,真空泵和挤奶机噪声为 75 ~ 90 dB,除粪机噪声为 63 ~ 70 dB。

3)家畜自身产生

如家畜鸣叫、争斗、采食和运动时产生。一般为 50 ~ 60 dB。在饲喂、挤奶、开动风机时,各方面噪声汇集在一起,可达 70 ~ 94.8 dB。

4)噪声对畜禽健康的影响

(1)噪声对行为的影响

噪声使动物产生惊恐反应,受惊的动物行为表现为奔跑、不动、小而急剧的头部活动,最后像睡着一样,猫和兔在突然噪声下会发生惊厥,咬死幼仔,猪遇突然噪声会受惊,狂奔,发生撞伤、跌伤和碰伤,牛也有类似的情况。但是观察发现,它们都能很快适应,因此不再有行为上的反应。

(2)噪声对听觉器官的影响(特异性危害)

关于噪声对听觉器官损害的研究对象主要是人,较长时间的强烈噪声,可以使人的听觉能力明显下降,引起听力损伤和噪声性耳聋,对畜禽这方面的研究实验几乎没有。

（3）噪声对机体的其他影响（非特异性危害）

噪声可以使动物血压升高,心跳加快,也可以引起动物神经紧张,烦躁不安。当噪声作用于机体时,首先表现为中枢神经和心血管的损害,大脑皮层兴奋和抑制的调解能力失调,导致条件反射异常,脑血管功能紊乱等。严重的噪声刺激,可引起动物产生应激反应,导致动物的死亡。此外,噪声能影响消化系统,使胃肠功能紊乱,消化液分泌减少,蠕动减弱,发展为食欲不振,生长发育受阻;噪声还影响机体内分泌功能紊乱,带来生理功能的失调。

（4）噪声对家畜生产性能的影响

①蛋鸡产蛋率下降,破壳和软壳蛋增多　鸡对于 90～100 dB 短期噪声可以逐渐产生适应。连续噪声(110～120 dB)刺激可使蛋鸡产蛋率下降,蛋重减轻,软蛋和血斑蛋的发生率增加。100 dB 噪声使母鸡产蛋力下降 9%～22%,受精率下降 6%～31%,130 dB 噪声可使鸡体重下降,甚至发生死亡。

②牛的生产性能降低　成年奶牛在 110～115 dB 噪声下产奶量会降低 10%,甚至 30% 以上,妊娠奶牛会发生流产和早产现象。经常处于噪声下的奶牛,产奶量不会下降,但是如果受到突然的噪声惊扰会使正在挤奶的奶牛停止泌乳,或使没有挤奶的奶牛立即排乳,随后又马上完全停止。

③母猪繁殖能力下降　母猪在噪声刺激下受胎率会下降,流产、早产现象增多,仔猪对噪声的反应较显著,65 dB 以上噪声还能使仔猪血液中的血细胞数比正常时增加,胆固醇提高,白蛋白下降。

声音也是一个可以利用的物理因素,它不仅在行为学上是家畜传递信息的生态因子,而且也对生产带来一定利益。用轻音乐刺激猪,可改善单调的饲养环境,起到防止咬尾癖的效果,有刺激母猪发情的作用;延长鸡的产蛋周期;并能增加奶牛的产奶量。虽然其发生机理尚不明确,但分析认为,可能是畜禽对轻音乐形成了条件反射或掩盖了其他噪声。

5）减少噪声的措施

①在建场时应选好场址,尽量避免工矿企业、交通运输的干扰,场内规划要合理。
②畜舍内进行机械化生产时,对设备的设计、选型和安装尽量选用噪声最小的。
③畜舍和畜牧场内种植绿植,可降低外界噪声 10 dB 以上。
④在进行饲养管理活动中,人在舍内的一切活动要轻,避免产生较大声响。

6）噪声的卫生标准

我国 1979 年颁布的《工业企业噪声卫生标准》第五条明确规定工业企业的生产车间和作业场所的工作地点的噪声标准为 85 dB。现有工业企业经过努力暂时达不到标准时,可适当放宽,但不得超过 90 dB。对于畜牧行业暂时无特定标准,但畜禽舍内外的噪声可参考工业企业的规定。目前尚无数据表明畜牧业所忍受的噪声极限资料。一般情况下,幼畜、雏鸡和蛋鸡要求较高,成年家畜可适当提高下限。

项目小结

  本章总结了各种类型畜舍的小气候特点,适用地区和畜种。对影响畜禽健康的温度、湿度、光照、气流这几个重要的空气环境指标的卫生要求进行了介绍。

  大气是无色、无臭、无味的混合气体,无论是大气中的氟化物、二氧化硫、氮氧化合物,还是畜禽舍内的氨、硫化氢、二氧化碳都会对畜禽健康生产造成很大的影响,引发疾病或生产性能下降,严重的会导致死亡;并提出了对有害气体的综合防治措施。

  另外,还分别对空气中微粒、微生物、噪声的卫生要求标准和畜禽健康的影响进行了阐述,同时也提出了相应的综合防治措施。

小常识

噪声分贝的标准

  以声压倒对数式作为表达单位,即用声压级来表达声量的大小。声压级的单位为分贝:

10～20分贝,树叶掉落声音,几乎感觉不到。

20～40分贝相当于轻声说话。

40～60分贝相当于室内谈话。

60～70分贝,业务办公室,有损神经。

70～90分贝,繁忙大街声音,很吵。长期在这种环境下学习和生活,会使人的神经细胞逐渐受到损坏。

90～100分贝,气压钻机声音,会使听力受损。

100～120分贝,陶瓷切割机声音,使人难以忍受,几分钟就可暂时致聋。

  一般声音在30分贝左右时,不会影响正常的生活和休息。而达到50分贝以上时,人们有较大的感觉,很难入睡。一般声音达到80分贝或以上就会被判定为噪声。

复习思考题

一、名词解释

棚舍、贼风、噪声、微粒。

二、填空题

1. 畜舍根据外墙和窗的设置情况,可分为_____、_____、_____、_____、_____等。

2. 检测畜舍中二氧化碳浓度的卫生学意义在于_____。

3.病原微生物的传播途径_____、_____、_____。

三、简答题

1.常见的畜舍类型有哪些?各自有什么特点?

2.二氧化碳的卫生学意义是什么?

3.如何判定畜禽舍内氨气浓度是否超标?

4.简述控制畜禽舍内有害气体的综合措施。

5.简述控制畜舍空气中微粒的措施。

6.简述控制畜舍空气中噪声的措施。

【实训操作】

技能　空气中有害气体的测定

一、技能目标

掌握畜禽舍空气中有害气体的测定原理和方法;学会大气采样器的使用,熟练掌握有害气体的测定方法为畜禽舍空气卫生评定提供依据。

二、技能准备

①仪器　大气采样器、大型气泡吸收管、5 mL 移液管

②用具　乳胶管、吸收管架、检气管、滴定管、滴定台和干燥箱

③试剂　分别见各测定项目

④实训场所　猪舍、鸡舍、牛舍

三、方法步骤

1)大气采样

进行空气中有害气体的测定,首先要进行空气样品的采集。大气采样器是现场采集气体用的仪器,由收集器、流量计和抽气动力三部分组成(图实3.1)。

①收集器　一般采用吸收管,它盛有吸收液,用以采集液态或蒸汽态的有害物质的样品。常用的有气泡吸收管、冲击式吸收管和多孔筛板吸收管(图实3.2)。

②流量计　用来测量空气流量,常用转子流量计。

③抽气动力　常用小流量采样动力多为微电机带动薄膜泵,使用方法参阅仪器说明书。

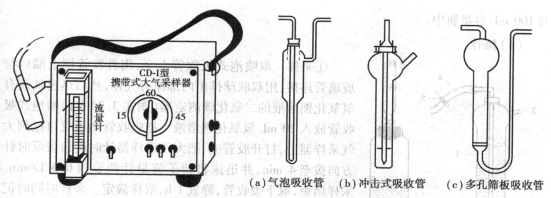

图实 3.1　CD-1 型大气采样器图实　　　　图实 3.2　气体吸收管

(a)气泡吸收管　　(b)冲击式吸收管　　(c)多孔筛板吸收管

采样时注意事项:

(1)采样点的高度

一般以畜禽呼吸带为准,离地高度与温度测量相同。在测定畜禽舍通风装置效果时,应在有通风装置和无通风装置时采样,并在通风前后分别采样测定。

(2)采样要求

测定前检查仪器,采样时应在同一地点同时至少采两个平行样品,两个平行样品结果之差,不应超过 20%。

(3)采样

采样时做好详细记录,包括采样时间、地点、编号、采样方法;有害物质名称、采气速度、采气量;采气时的气温和气压。采样气体体积 V_1(L)应根据采样时的气温(t,℃)和气压(P,kPa),换算成标准状态下的体积 V_0(L)。

$$V_0 = (273 \times V_1 \times P)/[101.325 \times (273 + t)]$$

(4)及时送检

2)空气中二氧化碳的测定(容量滴定法)

(1)原理

利用过量的氢氧化钡来吸收空气中的二氧化碳。氢氧化钡与空气中二氧化碳形成碳酸钡白色沉淀,然后用草酸溶液滴定剩余的氢氧化钡,从而求得空气中二氧化碳的浓度。

$$Ba(OH)_2 + CO_2 \longrightarrow BaCO_3 \downarrow + H_2O$$
$$Ba(OH)_2 + H_2C_2O_4 \longrightarrow BaC_2O_4 + 2H_2O$$

(2)试剂

①氢氧化钡溶液　称取 7.16 g 氢氧化钡[$Ba(OH)_2$]置于 1 000 mL 容量瓶中,加蒸馏水至刻度,此溶液 1 mL 可结合 1 mgCO_2。此吸收液应在采样前两天配制,密封保存,避免接触空气。采样时吸上清液作为吸收液。

②草酸标准溶液　准确称量草酸($H_2C_2O_4$)2.863 6 g,置于 1 000 mL 容量瓶中,加蒸馏水至刻度,此溶液 1 mL 与 1 mgCO_2 相当。

③3.1% 酚酞酒精溶液　称取 1 g 酚酞溶于 65 mL 的酒精中,振荡溶解后加蒸馏水定容

与 100 mL 容量瓶中。

（3）操作

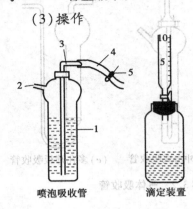

图实 3.3　二氧化碳测定器
1—吸收液；2—连接大气采样器；
3—玻璃管；4—乳胶管；5—夹子

①采样　取喷泡式吸收管 1 个，用乳胶管把上端口与玻璃管连接，用双联球排出内部原有气体，然后迅速从装有氢氧化钡溶液的二氧化碳测定器（图实 3.3）中向喷泡式吸收管放入 20 mL 氢氧化钡溶液。把吸收管侧面管口接到大气采样器上，打开胶管夹，把大气采样器计时旋钮按反时针方向拨至 4 min，并迅速将转子流量计调节到 0.5 L/min。采样结束，取下吸收管，静置 1 h，取样滴定。采样时同时记录气温和气压。

②氢氧化钡溶液的标定　把滴定装置开口与钠石灰管相连，排出其中空气，然后在滴定装置中迅速加入 5 mL 氢氧化钡溶液（A_1）和 1 滴酚酞指示剂，使溶液呈红色，迅速盖上带滴定管的瓶塞，在上部小滴定管中加入草酸标准溶液（切勿超过上刻度）进行滴定，红色刚褪色为止，记下草酸用量（C_1）。

③吸收液的滴定　用移液管吸取沉淀后的吸收液上清液 9 ~ 10 mL，迅速而准确地将其中 5 mL（A_2）移入滴定装置的瓶中，使溶液恢复红色。再继续用草酸滴定（滴定管中草酸不足时可以补加），使红色再次消褪，记下草酸标准液的消耗量（C_2）。

（4）计算结果

$$\varphi(CO_2) = (C_1/A_1 - C_2/A_2 \times 20 \times 0.509 \times 100)/V_0 \times 100$$

式中，$\varphi(CO_2)$ 为空气中 CO_2 体积百分比，%；A_1，A_2 为吸收 CO_2 前后标定和滴定氢氧化钡时的取液量，mL；C_1，C_2 为标定和滴定 $Ba(OH)_2$ 时草酸标准液的消耗量，mL；20 为吸收液的用量，mL；0.509 为 CO_2 由质量换算为容量的系数；V_0 为换算成标准状态下的采样体积，L。

3）空气中氨的测定（滴定法）

（1）原理

空气中氨吸收在硫酸溶液中，根据硫酸吸收氨前后的浓度之差（用氢氧化钠滴定），求得空气中氨的含量。

（2）试剂

0.005 mol/L 硫酸溶液；0.01 mol/L 氢氧化钠溶液；1% 的酚酞酒精液。

（3）操作

①采样

采样点的高度：一般以畜禽呼吸带为准，离地高度与温度测量相同。

采样方法：用 5 mL 移液管在 2 个 U 形气泡吸收管中分别装入 5 mL 0.005 mol/L 硫酸溶液（干燥条件下一次加入，不能外流），将 2 个管串联起来，正确地接到大气采样器上，采样 2 L，然后把靠近采样器的 2 号管反接于 1 号管，用洗耳球将 2 号管中的吸收液压入 1 号管，摇匀后进行滴定。记录采样当地的气温和气压，校正大气采样体积。

②硫酸的标定 用20 mL移液取管吸0.005 mol/L硫酸20 mL于三角瓶中,滴入1~2滴酚酞指示剂,用0.01 mol/L氢氧化钠滴定至出现微红色并在1~2 min内不褪色,记录氢氧化钠用量(A_1)。

③滴定 用移液管吸取5 mL吸收氨后的硫酸液,放入三角瓶中,加1~2滴酚酞指示剂,用0.01 mol/L氢氧化钠滴定至出现微红色为止,记录氢氧化钠用量(A_2)。

(4)计算结果

$$\rho(NH_4) = [(A_1/20 - A_2/20) \times 10 \times 0.17]/V_0 \times 1\,000$$

式中,$\rho(NH_4)$为空气中氨的含量,mg/m³;A_1,A_2为标定硫酸和滴定吸收液时氢氧化钠的用量,mL;20为标定时取硫酸量,mL;5为滴定时取硫酸量,mL;10为吸收液总量,mL;0.17为氨的摩尔数,即1 mL 0.005 mol/L硫酸可吸收0.17 mg氨;V_0为换算成标准状态下的采样体积,L。

4)空气中硫化氢的测定

(1)原理

硫化氢通过碘溶液形成碘氢酸,用硫代硫酸钠测定碘溶液吸收硫化氢前后之差,求得空气中硫化氢的含量。

(2)试剂

①0.1 mol/L碘液 称取碘化钾2.5 g溶于15~20 mL蒸馏水中,再精确称取碘1.269 2 g倒入1 000 mL容量瓶中,将碘化钾液也倒入同一容量瓶中振摇,使碘全部溶解后,加蒸馏水至刻度,保存于褐色玻璃瓶中备用。

②0.005 mol/L硫代硫酸钠 称取硫代硫酸钠2.481 0 g,倒入1 000 mL容量瓶中,加部分蒸馏水使其全部溶解后,再加蒸馏水至刻度。硫代硫酸钠能吸收空气中的二氧化碳,应定期用0.01 mol/L碘液进行标定。

③0.5%淀粉溶液 称取可溶性淀粉0.5 g,溶于10 mL凉蒸馏水的试管中,再倒入装有90 mL煮沸的蒸馏水的烧杯中,煮沸,冷却后即可使用。最好在用前配制。需要保存时可加入0.5 mL氯仿防腐。

(3)测定步骤

采样方法与氨的测定相同。

3个气泡吸收管中各装碘液20 mL。以1 L/min的流量采气40~60 L。采气完毕,将3个吸收管中的碘吸收液倒入200 mL容量瓶中,用少量蒸馏水分别洗涤3个洗气瓶后,一起倒入容量瓶中,最后加蒸馏水至刻度。

取上述稀释后的吸收液50 mL于锥形瓶中,用0.005 mol/L硫代硫酸钠液滴定至红褐色消褪为淡黄色时,加入淀粉液0.5 mL,振荡后继续滴定至完全无色为止,记录硫代硫酸钠的用量(V_2)。用未吸收过硫化氢的0.01 mol/L碘液15 mL按上述方法,记录硫代硫酸钠的用量(V_1)。

(4)计算结果

$$\rho(H_2S) = [(V_1 - V_2) \times n \times 0.34/V_0] \times 1\,000$$

式中，$\rho(H_2S)$ 为空气中硫化氢的含量，mg/m^3；V_1，V_2 为空白滴定与吸收液的滴定中硫代硫酸钠的用量，mL；n 为吸收液容量总量为取液量的倍数（即 $200\ mL/50\ mL$）；0.34 为 1 mL 碘液，相当于 0.34 mg 硫化氢；V_0 为换算成标准状态下的采样体积，L。

四、实训作业

按照实训要求，请对你所在周边相关场所气体成分进行检测，完成实训报告。

项目 4　水体卫生与畜禽健康生产

【项目提要】

　　掌握水源选择的原则与卫生防护方法，了解水质卫生标准，掌握饮用水卫生评价方法，以及掌握水的净化与消毒技术。

【教学案例】

　　某市新农村养猪专业合作社自 2016 年正式投入生猪养殖，常年存栏量在 300 头以上，但因资金与场地限制，水源采自地下水，且供水处理系统简单。在生产过程中，该场猪只长期出现痢疾、腹泻等消化道疾病，使其生长速度缓慢，饲料消耗成本增加，但动物体重却没有增加，大大影响了该养殖场的经济效益。

　　请问：1. 该场猪只常年出现消化道疾病的原因可能是什么？

　　　　　2. 如何正确选择水源？养殖场如何保证水源的卫生？

　　水是畜禽赖以生存的重要的环境因素之一，也是畜禽有机体的重要组成部分。畜体内的一切生理活动，如体温调节、营养输送、废物排泄等都需要有水来参与完成。水不仅是维持生命的必需物质，而且是体内微量元素的供给来源之一；此外，畜牧业生产过程中畜舍及用具的清洗、饲料调制、畜体清洁和改善环境都需要大量的水。当水质不好或水体受到污染时，轻则影响畜禽健康、生长发育和生产性能，严重时会危及畜禽生命。

任务 4.1　水源的选择

4.1.1　水源的种类与卫生特征

1）地面水

　　地面水是由降水沿地面坡度径流汇集而成，包括江、河、湖、塘、水库及海水等。但其水质与水量受自然条件影响大，受污染的机会多，水质浑浊，含微生物较多。用作饮用水源时，一般要经过净化和消毒处理,不宜直接饮用。未经特别保护的地面水,一般不便于卫生防护。由于受到流域生活污水、农业废水、工业废水的污染,常引起中毒性疾病的发生和介水传染病的传播。

地面水一般含矿物质较少,水质较软,水量充足,取用方便。一般来讲,流动性大、水量大的水体自净能力也强,所以地面水是畜禽生产中使用最广泛的水源。

2)地下水

地下水是由地面水与降水渗透到土壤和地壳而形成的。由于渗透时经过地质层过滤,水中所含悬浮物、有机物及微生物等大部分被清除,因此水质比较清洁透明,杂质少,含微生物量少,尤其是深层地下水,因不透水层的覆盖,不易受到污染,水质较好。但地下水溶解了部分的矿物质,所以含矿物较多,硬度较大,甚至有可能某些有害物质严重超标。

浅层地下水水位较高,污染物可能通过土壤渗透,所以仍然存在污染的可能。深层地下水层存在溶洞、断层、裂隙等情况时,仍有可能受到污染。因此地下水的卫生防护问题,仍不能忽视,应该定期进行水质监测,了解其卫生学特点,以便作相应的净化和消毒。

3)降水

降水包括雨水、雪水,是天然形成的清洁、质软的水源,但当它从大气中降落时,往往吸收了空气中的各种杂质及可溶性气体,可能受到相应的污染。降水收集困难,储存不便,水量少或不稳定,除个别非常缺水的地区外,一般不用作人畜饮用水源。

4.1.2 水源的选择及卫生要求

养殖场应具有充足、品质良好的水源,场址的选择尽量远离化工厂、造纸厂、屠宰场等,以免水源受到污染,饮用水必须经过卫生检验后才能给动物饮用。规模化养殖场要自建机井、水塔,统一净化消毒处理达标后以管道直通各栋猪舍。比较理想的水源是干净无毒的地下水、地面水。自繁自养年出栏1万头的猪场每天用水量可按100~150 t计;小规模养户可于各取水点分散取水,净化消毒处理达标后给畜禽饮用(图4.1—图4.3)。

图4.1 养殖场水塔图   图4.2 养殖场抽水机

图4.3 水塔与送水管道

1)水源选择的原则

①水量充足 必须能满足牧场内职工生活、牧场生产用水的需要,以及消防和灌溉用水,并应考虑长期规划发展需要的用水量。

职工的生活用水量可按每人每天20～40 L计算,夏天考虑高限,冬天可按低限计算。畜禽用水量是指每日每头畜禽平均用水量(表4.1),其中包括饮用、调制饲料、清洁畜体、刷洗饲槽及用具、冲洗畜舍等所消耗的水,其大小与饲养种类、阶段、数量、性质、饲养管理方式以及是否使用循环水有关。

表4.1 各种畜禽每日用水量/(L·头⁻¹)

畜禽种类	舍饲用水量	放牧用水量
奶牛	70～120	60～75
育成牛	50～60	50～60
犊牛	30～50	30
种母马	50～75	50～60
种公马、役马	60	50
马驹	40～50	25～35
带仔母猪	75～100	40～50
妊娠母猪、公猪	40～45	40
育成猪	30	25
断奶仔猪、肥育猪	15～20	15
成年母羊	10	5
羔羊	5	3
成年鸡、火鸡	1	
雏鸡	0.5	
水禽	1.25	

②水质良好　经过处理后的水源水,应符合生活饮用水的卫生要求。

③取用方便　选择水源还要考虑取水方便、节省投资。

④便于防护　水源周围的环境卫生条件应较好,没有大的污染源,便于进行卫生防护。取水点应设在城镇和工矿企业的上游。

2)水源的水质要求

2006 年底,我国正式颁布了新版《生活饮用水卫生标准》(GB 5749—2006),规定自 2007 年 7 月 1 日起全面实施。水质标准中的感官性状和一般化学指标主要是为了保证饮用水的感官性状良好,毒理学指标和放射指标是为了保证水质对人不产生毒性和潜在危害,细菌学指标是为了保证饮用水在流行病学上安全而制定的。标准规定:

①为防止介水传染病的发生和传播,要求生活饮用水不含病原微生物。

②水的感官性状和一般化学指标,经净化处理后,应符合生活饮用水水质标准。

③水中所含毒理学指标和放射性物质不得对人体健康产生危害,不引起急性和慢性中毒及潜在的远期危害(致癌、致畸、致突变作用),必须符合生活饮用水水质标准的规定。

④若只经过加氯消毒即作生活饮用的水源水,总大肠菌群平均每升不得超过 1 000 个;经过净化处理及加氯消毒后供作生活饮用的水源水,大肠菌群平均每升不得超过 10 000 个。

4.1.3　水源的卫生防护

1)地面水源的防护

用河、湖、水库水作为水源时,应选好取水点,周围半径 100 m 水域内不得有任何污染源,取水点上游 1 000 m、下游 100 m 水域内不得有污水排放口。在取水处可设置汲水踏板或建汲水码头伸入河、湖、水库中,以便能汲取远离岸边的清洁水。也可在岸边修建自然渗滤或砂滤井,对改善地面水水质有很好的效果。

（1）自然渗滤井

河、湖、塘、水库岸边为砂土、沙壤土时,则可修建自然渗滤井,如图 4.4 所示。即在离岸边 5 ~ 30 m 处打井,利用土质的自然渗滤作用使地面水中悬浮的杂质及微生物得以清除,使水质得到改善。

（2）砂滤井

砂滤井(沟、层)用细砂、粗砂及矿石铺成,利用砂石的过滤作用改善水质,如图 4.5 所示。一方面,水流经砂滤层时,悬浮的杂质被隔滤下来;另一方面,在砂石层表面有大量的微生物存在,并形成一层薄层生物膜。生物膜有隔滤作用和吸附作用,可以滤除并吸附水中细小的杂质与微生物。

另外,以池塘水作为水源时,应采取分塘取水的方法,将水质较好的作为专门饮用水,不准作其他用途,以防污染。

2)地下水源的防护

在地面水稀缺地区,主要以水井方式利用地下水水源。水井不应离住宅或畜舍太远,也不宜建在低凹或沼泽地带,以免暴雨时雨水和山洪污染水源。水井周围环境要清洁,水井周围 30 m 范围内不得有粪坑、渗水厕所、渗水坑、垃圾堆等污染源。在水井周围 3~5 m 范围内划为卫生防护带,并建立卫生检查制度。为了便于防护,可就地取材,修建各种密封井,均可避免或减少井水污染。

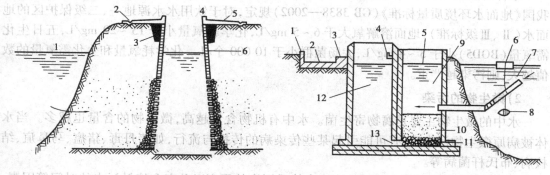

图 4.4 自然渗滤井
1—河塘水;2—排水沟;3—黏土;
4—井栏;5—井台;6—井筒

图 4.5 岸塘边砂滤井
1—井台边栏;2—井台;3—踏步;4—挂桶钩;
5—最高水位线;6—竹或木浮子;7—水塘;
8—坠石;9—砂滤井;10—砂;
11—石子;12—贮水井;13—连通管

任务 4.2 水体污染与自净

自然界的水在其不断循环的过程中,常因天然的或人为的原因而受到污染,从而有可能给畜禽健康带来直接或间接的危害。但水体受到污染以后,由于物理、化学和生物学等多种因素的综合作用,在一定条件下,可使污染逐渐消除,这个过程叫水的自净。

4.2.1 水体的主要污染物及对畜禽的危害

1)有机物的污染

生活污水、畜产污水以及造纸、食品工业废水等都含有大量的腐败性有机物,其涉及范围广,排出量大,如不经处理,污染范围也非常大。腐败性有机物在水中首先使水混浊,当水中氧气充足时,在好气细菌的作用下,含氮有机物最终被分解为硝酸盐类的稳定无机物。水中溶解氧耗尽时,有机物进行厌氧分解,产生甲烷、硫化氢、硫酸之类的恶臭,使水质恶化,不适于饮用。有机物分解的产物有的是水生生物的优质营养素,造成水质过肥而形成水体富营养化,水生生物大量繁殖,更加大了水的浑浊度,大量消耗水中的氧,威胁贝类和藻类的生存,造成鱼类死亡,水中死亡的水生动植物残体在缺氧条件下厌氧分解,水质变黑,产生恶臭。

此外,在粪便、生活污水等废弃物中往往含有某些病原微生物及寄生虫卵,而水中大量的有机物为其提供了生存和繁殖条件,可能由此造成疾病的传播和流行。

水体有机物质污染可用溶解氧(DO)、化学耗氧量(COD)和生化需氧量(BOD)表示。我国《地面水环境质量标准》(GB 3838—2002)规定,对于饮用水水源地一、二级保护区的地面水(Ⅱ、Ⅲ级标准),地面溶解氧大于6~5 mg/L,化学耗氧量小于15~20 mg/L,五日生化需氧量(BOD5)小于3~4 mg/L,大肠菌群小于10 000 个/L。化学耗氧量和生化需氧量的数值越大,则污染越严重。

2)微生物的污染

水中的微生物主要是腐物寄生菌。水中有机物含量越高,微生物的含量也越多。当水体被病原微生物污染后,有可能引起某些传染病的传播与流行,如猪丹毒、猪瘟、马鼻疽、结核病、布氏杆菌病等。

介水传染病的发生和流行,取决于水体受污染的程度以及畜禽接触污水的时间等因素。在自然条件下,由于水体的自净作用(如稀释、日光照射、生物拮抗作用等),水体中的病原微生物会很快死亡。偶然的一次污染,不一定会造成传染病的流行,但绝不能因此忽视可能引起传染、流行的危害性。所以,对动物尸体及排泄物以及可能受到病原微生物污染的水,应经过消毒处理,不可污染水源。

3)有毒物质的污染

污染水体的有毒物质种类很多,主要来自工业废水和农药。常见的无机毒物有铅、汞、砷、铬、镉、氰化物以及各种酸与碱等;有机毒物有酚类化合物、有机氯农药、有机磷农药、合成洗涤剂等。

有毒物质对畜禽的危害程度,取决于毒物性质、浓度和作用时间等因素。在一般情况下,水中毒物浓度不会很高,因此饮水引起急性中毒的比较少见。但如果水源长期受到污染,往往能导致慢性中毒。

水体受污染后,还可造成很多间接危害,如恶化水体的感官性状,使水产生异臭、异味,妨碍水体的自净作用。

4)致癌物质的污染

水中致癌物质主要来自石油、颜料、化学、燃料等工业废水,常见的如砷、铬、镍、苯胺、芳香烃等。

5)放射性物质的污染

天然水中放射性物质的含量极微,一般是由人为的污染引起,当有人工放射性元素进入水体时,放射性物质含量急剧增加,而危害畜禽健康。

4.2.2 水体的自净作用与卫生学意义

1)水体的自净

水体受到污染后,可以通过物理、化学、生物学等多种因素的综合作用,使污染逐渐消除的过程称为自净。但是,水体的自净是有一定限度的,当污染物浓度超过水体的自净能力时,其污染不能自行消除。

水体的自净与污染物种类、性质、排入量、浓度和水体本身的物理、化学、生物等因素有密切关系。水体的自净作用从净化的机制来看,可以分为几类:

（1）物理净化过程

污染物质进入水体后,由于被混合稀释、沉降与挥发（逸散）等物理过程,使其在水中浓度降低,最后达到不能引起毒害作用的程度。

（2）化学净化过程

污染物质由于氧化还原、酸碱反应、分解、化合等过程,使其在水中的浓度降低。比如水中溶解的二氧化碳,能中和进入水体的少量碱性废水。同时酸性废水和碱性废水相互之间也可互相中和一部分。但是这些中和作用是有限度的,如排入过多的酸性或碱性废水,仍可使水的 pH 值改变。

（3）生物净化过程

通过生物活动可引起污染物质降低,尤其是水中微生物对有机物的氧化分解作用特别重要。比如进入水体中的有害微生物,由于日光紫外线的照射（表层）、水生生物间的拮抗作用、噬菌作用以及不适宜的生活环境（如营养、pH 值、温度）等因素的影响,可能逐渐死亡。

2）水体自净的卫生学意义

被污染的水体通过水的自净过程,逐渐变为在卫生学意义上无害的水体。具体表现为:有机物转变为无机物;致病微生物死亡或发生变异;寄生虫卵减少或失去其生活力而死亡;毒物的浓度下降或对机体不发生危害。

水体的自净能力是有限度的,如果无限制地向水体中排放污水,就会使水体的自净能力降低或丧失,造成严重的污染。因此,尽管水体有自净的能力,我们依然要重视水源的卫生防护工作。

任务 4.3　水质卫生标准与评价

我国现已公布和贯彻执行的水质卫生标准有:《生活饮用水卫生标准》（GB 5749—2006）、《地表水环境质量标准》（GB 3838—2002）、《污水综合排放标准》（GB 8978—1996）等。生活饮用水卫生标准是对人畜饮用水水质评价和管理的依据,与人畜健康有直接关系;地面水水质卫生标准是对地面水污染状况和对废水排入地面水进行监测工作的依据;废水排放标准是对工厂或车间排出口的废水水质必须达到的要求,以保证地面水水质不致受到过多的污染的法律规定。

4.3.1　水质卫生标准

1）畜禽饮用水水质标准

关于畜禽饮用水的水质标准,可参照《无公害食品畜禽饮水水质标准》（NY 5027—

2008)（表4.2）。

2）地表水环境质量标准

在《地表水环境质量标准》中，对全国的江河、湖泊、水库等具有使用功能的地表水水域，按不同功能，提出了环境质量要求，它是管理、评价和保护水源的依据。

3）废水排放标准

为了全面贯彻地面水水质卫生标准，我国在《污水综合排放标准》（GB 8978—1996）中，按地面水域使用功能要求和污水排放去向，对向地面水水域和城市下水道排放的污水分别执行一、二、三级标准。根据工业废水中有害物质影响的大小，将目前排放的工业废水分为两类，并分别规定了最高容许排放浓度。

第一类，能在环境或动植物体内蓄积，对机体健康产生长远影响的有害物质，在车间或车间处理设备排出口的废水中，其含量应符合规定，并不得用稀释的方法代替必要的处理。

第二类，其长远影响小于第一类的有害物质，在工厂排出口的水质应符合规定。

我国环保总局 2001 年发布了《畜禽养殖业污染物排放标准》（GB 18596—2001），其中规定了养殖废水排放标准。

4.3.2 畜禽饮用水水质卫生评价

水体污染包括水质、底质、水生生物三方面的污染。对水质卫生评价应从水质本身、底质、水生生物三个方面进行综合观察和分析，主要通过流行病学调查、环境调查、水质检验来进行水质卫生评价，见表4.2。

表 4.2 无公害食品畜禽饮水水质标准（NY 5027—2008）

项 目		标准值	
		畜	禽
感观性状及一般化学指标	色，（°）	色度不超过30°	
	浑浊度，（°）	不超过20°	
	臭和味	不得有异臭、异味	
	肉眼可见物	不得含有	
	总硬度（以 CaCO₃ 计），mg/L	≤1 500	
	pH 值	5.5～9	6.4～8.0
	溶解性总固体，mg/L	≤4 000	≤2 000
	氯化物（以 Cl⁻ 计），mg/L	≤1 000	≤250
	硫酸盐（以 SO₄²⁻ 计），mg/L	≤500	≤250
细菌学指标	总大肠菌群，个/100 mL	成年畜≤10　幼畜和禽≤1	
毒理学指标	氟化物（以 F⁻ 计），mg/L	≤2.0	≤2.0
	氰化物	≤0.2	≤0.05

续表

项　目		标准值	
		畜	禽
毒理学指标	砷, mg/L	≤0.2	≤0.2
	汞, mg/L	≤0.01	≤0.001
	铅, mg/L	≤0.1	≤0.1
	铬（六价）, mg/L	≤0.1	≤0.05
	镉, mg/L	≤0.05	≤0.01
	硝酸盐（以 N 计）, mg/L	≤30	≤30

1）感官性状

（1）水温

水的比热很大，水温不容易发生较大的波动，如果改变超过正常的变动范围，表明水体有被污染的可能。水温可影响水中细菌繁殖、氧气在水体中的溶解量，水的自净作用。在水质检验中，采水样的同时，必须记录水温。

（2）颜色

清洁的水浅时无色，深时呈浅蓝色。被污染的水，可出现各种各样的颜色。一般用钴铂比色法测定，用"度"表示。如水体含腐殖质时呈棕或棕黄色；大量藻类在水体中繁殖时呈绿色或黄绿色；含大量低价铁的深层地下水，汲出地面后氧化成高价铁而呈现黄褐色。

（3）浑浊度

浑浊度是表示水中所含悬浮物多少的指标，以 1 kg 蒸馏水中含有 1 mL 二氧化硅为一个浑浊度单位。泥沙、有机物、矿物、生活废水、工业废水都可使浑浊度增加。水的浑浊度可影响水的感官性状和净化消毒效果。

（4）臭和味

清洁水无异臭、异味。当水中含有人畜排泄物、垃圾、生活污水、工业废水或硫化氢时，可出现不同程度的臭气。水中溶解的各种盐类和杂质，可产生异味。如铁盐带涩味、硫酸镁带苦味等。

臭的强度，一般用嗅觉判断分为六级，并同时记录臭的性质，如鱼腥臭、泥土臭和腐烂臭等。味的表示法与臭类同。但在检验有污染可疑的水时，须经煮沸后才能尝味。

（5）肉眼可见物

水中的肉眼可见物是水质不清洁的标志，饮用水中不得含有。

2）化学指标

（1）pH 值

天然水的 pH 值多为 7.2～8.6。水体被工业废水和生活污水污染时，pH 值可能发生明显的变化。我国《无公害食品畜禽饮水水质标准》规定，pH 值为 6.5～8.5。如水被有机物严重污染时,有机物被氧化分解而产生大量二氧化碳,使水体的 pH 值大大降低。

（2）总硬度

水的硬度是指水中钙、镁离子的含量。能够经煮沸生成沉淀而除去的碳酸盐硬度称为暂时硬度,煮沸后仍存在于水中的非碳酸盐硬度称为永久硬度,二者之和称为总硬度。以 1 L 水中含有相当于 10 mg 氧化钙的钙、镁离子量为 1°,小于 8° 为软水,大于 17° 为硬水。我国《无公害食品畜禽饮水水质标准》规定水的总硬度（以 $CaCO_3$ 计）不超过 1 500 mg/L,即 25°。

地面水的硬度随水流经过的地区的地质不同而不同,地下水的硬度往往比地面水高,其程度随地质而异。水体被工业废水和含大量有机物的生活污水污染后,其硬度可能增高。

畜禽可以饮用不同硬度的水,主要是长期的饮用习惯和适应过程。但饮用软水的畜禽如突然改饮硬水,或由饮硬水改饮软水时,则畜禽暂不适应,会引起胃肠功能紊乱,出现消化不良性腹泻（所谓"水土不服"）,经过一段时间后即可逐渐适应。过软的水质不能使畜禽获得必要的无机盐类,畜禽也不喜爱饮用。

（3）氮化合物

氮化合物包括氨氮、亚硝酸盐氮和硝酸盐氮,简称"三氮"。氨氮是含氮有机物氧化分解的初级产物。人、畜粪便中含氮有机物不稳定,容易分解为氨,故水中氨氮含量增高时,表明人畜粪便的新近污染。当水中有氧存在时,氨可进一步被微生物转化为亚硝酸盐（亚硝化细菌的作用）、硝酸盐（硝化细菌的作用）。因而水中亚硝酸盐氮含量增高,表明有机物分解过程还在继续,污染危险依然存在。硝酸盐是含氮有机物分解的最终产物,如水中仅有硝酸盐含量增高,氨氮、亚硝酸盐氮含量均低甚至没有,说明污染时间已久,现已趋于自净。一般认为畜禽饮用水中硝酸盐氮含量不应超过 10 mg/L,含量过高（超过 20~30 mg/L）,会引起人畜血红蛋白血症,使血红蛋白失去结合氧气的能力,发生组织缺氧,甚至窒息死亡。

水中的"三氮"还有其他可能的来源,分析来源时必须区别对待。

"三氮"在水体检测中的卫生学意义,在于可以根据它们的含量变化规律了解水体的污染与自净状况（表 4.3）。

表 4.3　"三氮"在水体检测中的卫生学意义

氨　氮	亚硝酸盐氮	硝酸盐氮	卫生学意义
+	-	-	表明水新近受到污染
+	+	-	水受到较近期污染,分解在进行中
+	+	+	一边污染,一边自净
-	+	+	污染物分解,趋向自净
-	-	+	分解已完成（或来自硝酸盐土层）
+	-	+	过去污染已基本自净,目前又有新近污染
-	+	-	水中硝酸盐被还原成亚硝酸盐
-	-	-	清洁水或已自净

（4）溶解氧（DO）

溶解于水中的氧，称为溶解氧。水温越低，溶解氧含量越高；反之亦然。在正常情况下，清洁地面水的溶解氧接近饱和状态。水生植物由于光合作用而放出氧，使水中溶解氧呈过饱和状态。地下水由于不接触空气，溶解氧较少。

溶解氧是水中有机物进行氧化分解的重要条件。大量有机物污染水体时，溶解氧急剧消耗，水中溶解氧急剧降低，故溶解氧可以作为判断水体是否受到有机物污染的间接指标。

（5）生化需氧量（BOD）

水体有机物在微生物作用下，进行生物氧化分解所消耗溶解氧量称为需氧量。水中有机物越多，生化需氧量就越大。在一定范围内，温度越高，生物氧化作用越剧烈，完成全部过程所需的时间也越短。在实际工作中，常以20 ℃条件下，培养5天后1 L水中减少的溶解氧量（BOD_5）来表示。

BOD_5相对地反映出水中有机物的含量，是评价水体污染的重要指标。因为当有机物刚污染水体不久，或由于水体温度较低，有机物分解缓慢，即使污染较严重，水中氨氮量和溶解氧量也可能反映不出污染状况，而生化需氧量则能反映出来。但是，水体中如存在亚硝酸盐、亚硫酸盐等还原性无机物质时，也会增加水体的生化需氧量，这时必须作全面具体分析，结合其他指标，进行综合评价。清洁水、河水 BOD_5 一般不超过2 mg/L。

（6）化学耗氧量（COD）

化学耗氧量是指用化学氧化剂氧化1 L水中的有机物所消耗的氧量。水中有机物含量越多，耗氧量也越高。被氧化的物质包括水中能被氧化的有机物和还原性无机物，但不包括化学上较稳定的有机物，因此只能相对地反映出水中有机物含量。同时因其测定完全脱离有机物在水体中分解的条件，故不如生化需氧量准确。

（7）氯化物与硫酸盐

天然水中一般都含有氯化物和硫酸盐，含量因地质条件不同而差异很大，但在同一地区内，水中氯化物与硫酸盐含量通常是相对恒定的。如果突然发生变化，可怀疑水体污染。水中硫酸根离子的增加会影响水味，并可使畜禽胃肠机能失调，引起腹泻。

3）毒理学指标

（1）氟化物

地面水一般含氟较少，有的地区则地下水含氟较多。水体中的氟来自磷灰石矿层和工业废水，水中含氟低于0.5 mg/L时会引起人畜龋齿，而高于1.5 mg/L时可致人畜地方性氟中毒（斑釉齿、骨氟症）。我国《无公害食品畜禽饮水水质标准》规定氟化物含量不得超过2.0 mg/L。

（2）氰化物

水体中的氰化物多来自工业废水污染。氰化物有剧毒，作用于呼吸酶，引起组织内窒息，并可使水呈杏仁臭。我国《无公害食品畜禽饮水水质标准》规定氰化物含量家畜和家禽分别不得超过0.20 mg/L和0.05 mg/L。

（3）重金属离子

水体中的有毒重金属离子主要有砷、硒、汞、镉、六价铬、铅等。它们在水体中的含量与土壤、工业废水、农药污染等有关。往往极少的含量也会造成人畜中毒。

砷是传统的剧毒药,俗称砒霜。成年人口服 100～300 mg 即可致死,产生急性中毒;长期饮用含砷量为 0.2 mg/L 的水可导致慢性中毒,表现为肝肾炎症、神经麻痹、皮肤溃疡。硒可破坏一系列酶系统,对肝、胃、骨髓和中枢神经系统发生不良作用。汞的毒性很强,在机体内不易分解,排泄较慢,有机汞的毒性远高于无机汞,主要作用于神经系统、心肾和胃肠道。六价铬主要蓄积在肝、肾、脾脏中,引起慢性中毒和致癌。铅进入机体内,引起神经系统和血液系统的病变。铅可在体内蓄积,随同钙一同代谢,引起慢性铅中毒等。

4) 细菌学指标

水体受到工业废水、生活废水和人畜粪便污染时,可使水体细菌大量增加,通常引起人畜肠道传染病的介水传播和流行。但水中细菌很多,直接检验水中各种病原菌方法复杂,时间长,而且得到的阴性结果也不能绝对保证流行病学上的安全。通常检查水中的细菌总数、总大肠菌群、游离性余氯来间接判断水质受到细菌污染的状况。

(1) 细菌总数

细菌总数是指 1 mL 水在普通琼脂培养基中,于 37 ℃,经 24 h 培养后所生长的细菌群落总数。水中细菌总数越多,说明水体污染越严重,同时也说明水体中存在着有利于细菌生长繁殖的条件。但是水中细菌总数的增加,并不能直接说明全是病原菌的存在,细菌总数指标只能相对地评价水质是否受到污染。

(2) 总大肠菌群

总大肠菌群是指一群需氧及兼性厌氧、在 37 ℃生长时能使乳糖发酵,在 24 h 内产酸产气的呈革兰氏阴性无芽胞杆菌的统称。通常有大肠菌群指数和大肠菌群值两种表示方法。

大肠菌群指数是指 1 L 水样中所含有大肠菌群的数目。大肠菌群值是指发现一个大肠菌群的最小水量,即多少毫升水中发现一个大肠菌群数。

两种指标的关系是:

$$大肠菌群指数 = \frac{1\ 000}{大肠菌群值}$$

大肠菌群在肠道内数量最多,检验技术较简单,能直接反映水体受人、畜粪便污染的状况。我国《无公害食品畜禽饮水水质标准》规定成年畜饮水水中总大肠菌群数不得超过 10 个/100 mL。

(3) 游离性余氯

水的消毒一般多用氯化法。为了保证饮用水的安全,氯化消毒后水中必须剩余一定的氯,称为余氯。若水中测不出余氯,表明水的消毒还不彻底,水中有余氯,则消毒已经基本安全,杀菌能力有余。所以,余氯是用来评价氯化消毒效果的一项指标。我国《饮用水卫生标准》规定,在氯与水接触 30 min 后,游离余氯含量不应低于 0.3 mg/L,自来水管网末梢的水余氯含量不应低于 0.05 mg/L。

任务4.4 饮用水的净化与消毒

一般水源水质不能直接达到生活饮用水水质标准的要求。为了保证饮用安全,使饮用水的水质符合卫生要求,必须对水源水进行净化与消毒处理。净化的目的是除去悬浮物质和部分病原体,改善水质的物理性状;消毒的目的是杀灭水中的病原体,防止介水传染病。一般来讲,浑浊的地面水需要沉淀、过滤和消毒;较清洁的地下水只需经消毒处理即可;如受到特殊有害物质的污染,则需采取特殊净化措施。

4.4.1 净 化

水的净化处理方法有沉淀(自然沉淀与混凝沉淀)、过滤、特殊的净化处理等。

1)混凝沉淀

地面水中常含有泥沙等悬浮物和胶体物质,因而使水的浑浊度较大,当水流速度减慢或停止时,水中较大的悬浮物质可因重力作用而逐渐下沉,从而使水得到初步澄清,称为自然沉淀。一般在专门的沉淀池中进行,需要一定的时间。

但是,悬浮在水中的微胶体粒子多带有负电荷,胶体粒子彼此之间互相排斥,不能凝集成比较大的颗粒,故可长期悬浮而不沉淀。如果加入一定量的混凝剂,使之与水中的重碳酸盐生成带正电荷的胶状物,带正电荷的胶状物与水中原有的带负电荷的胶体粒子互相吸引,凝集形成较大的絮状物而沉淀,称为混凝沉淀。这种絮状物表面积的吸附力均较强,可吸附一些不带电荷的悬浮微粒及病原体共同沉降,因而使水的物理性状大大改善,可减少病原微生物90%左右。常用的混凝剂有铝盐(硫酸铝、碱式氯化铝、明矾)、铁盐(硫酸亚铁、三氯化铁)。

(1)硫酸铝(或明矾)混凝沉淀法

混凝剂的用量与水的混浊度有关,可根据情况适度增减。硫酸铝的一般用量为50~100 mg/L,即每50 kg水加硫酸铝2.5~5.0 g。集中式给水可建自然沉淀池与混凝沉淀池,分散式给水可将明矾碾碎加入水中,用棍棒顺一个方向搅动,待出现絮状物(矾花)时,静置约0.5 h后,水即可澄清。

硫酸铝要与水中的重碳酸盐作用后才可生成氢氧化铝胶体,因此,当水中的碱度不足和重碳酸盐的含量很低时,需加入适量的熟石灰才能保证有良好的混凝效果。熟石灰的用量约为硫酸铝的1/3。

(2)碱式氯化铝法

碱式氯化铝是一种新型净化剂,其特点是使用方便、用量少,因其分子量较大,故吸附力强,形成的絮状物多、沉淀快、净化效率高,对温度及pH值的适应范围宽,不需要加入其他碱性助凝剂。使用时可将碱式氯化铝液体逐滴滴入水内,当水中出现絮状物时即可,静置后水便可澄清,或按 30 ~ 100 mg/L 的用量加入水中,数分钟即可形成絮状物沉淀。

2)过滤

过滤是使水通过滤料得到净化。通过过滤,可除去 80% ~ 90% 以上的细菌及 99% 左右的悬浮物,也可除去水中臭味、色度及寄生虫卵等。

常用的滤料是砂,所以也叫砂滤。另外,也可掺入矿渣、煤渣等。但应注意,用这些物质做滤料时,不应含有对机体有害的化学物质和致病的微生物。

集中式给水需修建各种形式的砂滤池。分散式给水水源在河、塘岸边可修建砂滤池或砂滤井。砂滤井底应铺有约 1.5 m 厚的卵石层,0.7 m 厚的黄砂层。砂滤井和清水井最好都要加盖。使用 2 ~ 3 个月后,将井中表层的黄砂清洗干净后再填入,重新放水过滤。每隔 2 ~ 3 年必须将全部滤料取出洗净后再用,以确保良好的过滤效果。

4.4.2 消毒

水经过混凝沉淀和砂滤处理后,病原菌仍有可能存在。为了确保饮用水的安全,必须要再经过消毒处理。饮用水消毒有两大类,即物理消毒法(如煮沸消毒、紫外线消毒、超声波消毒等)和化学消毒法(臭氧法、高锰酸钾法、氯化法等)。化学消毒法的种类最多,目前我国主要采用氯化消毒法,因为此法安全、经济、有效。

1)氯化消毒原理

氯化消毒法是用氯或含有效氯的化合物进行消毒的一种方法。各种氯化消毒剂在水中水解生成次氯酸,次氯酸可破坏微生物生物膜蛋白质,使膜的通透性发生障碍,细胞渗透压改变,从而致细胞死亡。同时,次氯酸的氧化能力强,可破坏微生物细胞中含巯基酶的活性,使微生物很快死亡。

常用氯化消毒剂在水中产生次氯酸的反应式如下:

$$Cl_2 + H_2O \longrightarrow HOCl + HCl$$

$$HOCl \longleftrightarrow H^+ + OCl^-$$

2)氯化消毒剂

常用的氯化消毒剂有漂白粉、漂白粉精和液态氯等。小型水厂和一般分散式给水多用漂白粉或漂白精,集中式给水主要用液态氯。漂白粉的杀菌能力取决于所含"有效氯"。新制的漂白粉含有效氯 35% ~ 36%,放置一段时间后,有效氯减少,一般为 25% ~ 30%。漂白粉的性质不稳定,易受日光、潮湿、二氧化碳的作用使有效氯含量减少,当含量减少到 15% 时,即不适于供饮水消毒用。故应避光、密封,于阴暗干燥处保存。漂白粉精的有效氯含量为 60% ~ 70%,性质较漂白粉稳定,多制成片剂,以方便投料使用。

3)氯化消毒方法

根据不同水源及不同的供水方法,消毒方法可以多种多样,现介绍分散式给水消毒法。

(1)常量氯化消毒法

即按常规加氯量进行饮水消毒的方法(表 4.4)。

表 4.4　对不同水源进行消毒的加氯量

水源种类	加氯量/(mg·L^{-1})	水中加漂白粉量/(g·t^{-1})
深井水	0.5~1.0	2~4
浅井水	1.0~2.0	4~8
土坑水	3.0~4.0	12~16
泉水	1.0~2.0	4~8
河、湖水(清洁透明)	1.5~2.0	6~8
河、湖水(水质混浊)	2.0~3.0	8~12
塘水(环境较好)	2.0~3.0	8~12
塘水(环境不好)	3.0~4.5	12~18

①井水消毒　直接在井中按井水量加入氯化消毒剂。首先根据井的形状测量井水的水量,公式如下:

$$圆井水量(m^3) = 水深(m) \times [水面半径(m)]2 \times 3.141\ 6$$
$$方井水量(m^3) = 水深(m) \times 水面长度(m) \times 水面宽度(m)$$

根据井水量及井水加氯量(表 4.4),计算出应加的漂白粉,放入碗中,先加少量水调成糊状,再加水稀释,静置,取上清液倒入井中,用水桶将井水搅动,使其充分混匀,0.5 h 后,水中余氯为 0.3 mg/L 时,即可取用。

②缸水消毒　将水库、河、湖或塘水放入水缸中,若水质混浊应预先经混凝沉淀或过滤后再进行消毒。先将漂白粉配成 3%~4% 消毒液(每 mL 消毒液约含有效氯 10 mg),按每 50 kg 水加 10 mL 计算,将配好的漂白粉液加入缸中,搅拌混匀经 30 min 后,即可取用。

漂白粉液应随用随配,不应放置过久,否则药效将受损失。若用漂白粉精片进行消毒,按 100 L 加 1 片(每片含有效氯 200 mg)即可。

(2)持续氯化消毒法

为了减少每天对井或缸水进行加氯消毒的烦琐手续,可用持续氯消毒法,在井或缸中放置装有漂白粉或漂白粉精片的容器,装漂白粉的容器可因地制宜地采用塑料袋、竹筒、广口瓶或青霉素玻璃瓶等,容器上钻孔,由于取水时水波振荡,氯液不断由小孔溢出,使水中经常保持一定的有效氯量。加到容器中的氯化消毒剂量可为一次加入量的 20~30 倍;一次放入,可持续消毒 10~15 天,效果良好。

(3)过量氯化消毒法

本法主要适用于新井投入使用前,旧井修理或淘洗后,居民区或畜牧场发生介水传染病时,井水大肠菌值或化学性状发生显著恶化时或者水井被洪水淹没或落入异物等情况下,加入常量氯化消毒加氯量的 10 倍(即 10~20 mg/L)进行饮用水消毒。在处理消毒污染井水时,一般在投入消毒剂后,等待 10~12 h 再用水。若此时水中氯气味太大,可用汲出旧水不断渗入新水的方法,直至井水失去显著氯味方可使用。

4)影响氯化消毒效果的因素

(1)加氯量和接触时间

要保证氯化消毒的效果,必须向水中加入足够的消毒剂及保证有充分的接触时间。加入水中氯化消毒剂的用量,通常按有效氯计算。一般情况下,清洁水的加氯量为 1 ~ 2 mg/L,使药物和水接触 30 min 后,水中仍有余氯 0.2 ~ 0.4 mg/L,即可收到较为满意的消毒效果。

（2）水的 pH 值

次氯酸是一种弱酸,当 pH < 7 时,主要以次氯酸形式存在;pH > 7 时,则次氯酸可离解成次氯酸根。次氯酸的杀菌效果可超过次氯酸根 80 ~ 100 倍。消毒时水呈弱酸性效果较好。

（3）水温

水温高时,杀菌效果好;水温低时,加氯量应适当增加,才会收到应有的消毒效果。

（4）水的混浊度

当水质混浊时,水中含有较多的有机物和无机物,它们可以消耗一定的氯量,而且悬浮物内部包藏的细菌也不易被杀灭,故混浊度高的水必须预先经过沉淀和过滤处理,再行氯化消毒后才可确保饮水安全。

5）饮水消毒的注意事项

选用安全有效的消毒剂;正确掌握浓度;检查动物的饮水量;避免破坏免疫作用,在饮水中投放疫苗或气雾免疫前后各 2 天,计 5 天内,必须停止饮水消毒;供水系统的清洗消毒,供水系统应定期冲洗(通常每周 1 ~ 2 次),可防止水管中沉积物产生,饮水槽和饮水器也要定期清理消毒。

6）水的特殊处理

（1）除铁

水中的溶解性铁盐,通常是以重碳酸亚铁、硫酸亚铁、氯化亚铁等形式存在,有时为有机胶体化合物(腐殖酸铁)。重碳酸亚铁可用氧化法使其成为不溶解的氢氧化铁;硫酸亚铁或氯化亚铁可加入石灰石,在高 pH 值条件下氧化为氢氧化铁,再经沉淀过滤清除;有机胶体化合物可用硫酸铝或聚羟基氯化铝等混凝沉淀法去除。

（2）除氟

可在水中加入硫酸铝(每除去 10 mg/L 的氟离子,需投加 100 ~ 200 mg/L 的硫酸铝)或者碱式氯化铝(0.5 mg/L),经搅拌、沉淀而除氟。在有过滤池的水厂,可采用活性氧化铝法。

（3）软化

水质硬度超过 25° ~ 40° 时,可用石灰、碳酸钠、氢氧化钠等加入水中,使钙、镁化合物沉淀而除去硬度。也可采用电渗析法、离子交换法等。

（4）除臭

活性炭粉末作滤料将水过滤可除臭,或在水中加活性炭混合沉淀后,再经砂滤除臭,也可用大量氯除臭。若地面水中藻类繁殖发臭,可投加硫酸铜(1 mg/L 以下)灭藻。

7）简易自来水

在无自来水的地方,为了改善人、畜饮用水的卫生条件,可建立各种小型的简易自来水系统。即在深井口上建井房,将水送上清水塔,用管道将水送到用水点。如以地面水为水源的地方,则需经过净化和消毒处理,可因地制宜修建简单的沉淀池、砂滤池、加氯池和清水贮水池,然后再送入供水管道。以深层地下水为水源的地方,不需特殊净化处理,仅需氯化消毒即可供饮用。

畜牧场简易自来水厂,应选在地势较高、附近无污染的地方。若以江河水做水源,应建在居民区的上游,进水口附近应围以竹篱或木柱作为卫生防护区;进水管口要安装筛网,以阻挡较大的悬浮物进入水泵。

项目小结

本项目阐述了水体卫生与畜禽健康生产的关系,明确了水源选择的方法、畜禽饮水的卫生标准,重点在于饮水的净化和消毒,使之能保证畜禽饮水的健康。需要掌握水源选择的方法、饮水的净化与消毒方法、水质卫生标准的检测等技能。

小常识

常用饮水消毒剂

1. 氯制剂:养殖场常用的有漂白粉、二氯异氰尿酸钠、漂白粉精、氯氨 T 等,前两者用得较多。漂泊粉价格低,但稳定性差,遇光、热、潮湿等分解加快;二氯异氰尿酸钠性质稳定,易溶于水,杀菌能力强。

2. 碘制剂:有碘片、有机碘和碘伏等。碘片溶解度差,碘伏是一种含碘的表面活性剂。碘及其制剂有光谱杀灭细菌病毒的作用,但对细菌芽孢、真菌的杀灭力较差。

3. 二氧化氯:目前其是消毒饮用水最理想的制剂。其消毒效果不受水质、酸碱度、温度的影响,不与水中的氨化物反应,能脱掉水中的色和味,改善水的味道,但价格较高。二氯异氰尿酸钠由于价格适中,易于保存,最适合用于规模化养殖场对饮水的消毒。

复习思考题

一、名词解释

水的自净、水的硬度、三氮、细菌总数、总大肠菌群、余氯。

二、填空题

1. 水源的种类分为_____、_____、_____。

2. 水体的自净作用从净化的机制来看,可以分为_____、_____、_____3 类。

3. 水体污染包括＿＿＿＿＿＿、＿＿＿＿＿＿、＿＿＿＿＿＿3个方面的污染。主要通过＿＿＿＿＿＿、＿＿＿＿＿＿、＿＿＿＿＿＿来进行水质卫生评价。

4. 水的净化处理方法有＿＿＿＿＿＿、＿＿＿＿＿＿、＿＿＿＿＿＿等。一般来说,混浊的地面水需要＿＿＿＿＿＿＿＿＿＿＿＿＿＿;较清洁的地下水只需要经＿＿＿＿＿＿即可。

5. 饮用水常用的消毒方法分为＿＿＿＿＿＿和＿＿＿＿＿＿。

6. 化学消毒法种类繁多,其中最常用＿＿＿＿＿＿。它的消毒剂有＿＿＿＿＿＿、＿＿＿＿＿＿、＿＿＿＿＿＿。

三、判断题

1. 水温不容易发生较大的波动,如果改变超过正常的变动范围,表明水体有被污染的可能。 （　　）

2. 我国《无公害食品畜禽饮水水质标准》规定水中总大肠菌群数,成年畜不超过 100 个/100 mL,幼畜和禽不超过 10 个/100 mL。 （　　）

3. 大量有机物污染水体时,溶解氧急剧消耗,水中溶解氧急剧降低,表明水体受到有机物污染。 （　　）

四、简答题

1. 水体从哪些方面对畜禽健康和生产力造成影响?

2. 水体的自净作用表现在哪些方面,有何卫生学意义? 自净以后的水有哪些具体表现?

3. 检查水中的"三氮"有何意义?

4. 混凝沉淀、过滤、消毒的原理是什么? 影响饮用水氯化消毒的因素有哪些?

五、计算题

有一圆形浅井,水深 3 m,水面直径 1 m。另一方形浅井,水深 2 m,水面长度 2 m,水面宽度 1.5 m。现要用常量氯化消毒法对饮水进行消毒,每个井需用的漂白粉(含有效氯25%)的范围是多少?

六、思考题

调查当地养殖场水源情况制订一个选择水源及保护水源卫生的方案。

【实训操作】

技能　水质卫生指标检验

一、技能目标

掌握水样的采集、保存和化学分析的方法,为选择水源和评定水质打好基础。

二、技能准备

①材料　池塘水、溶解氧测定试剂盒;pH 值测定试剂盒;氨氮测定试剂盒;亚硝酸盐测定试剂盒。

②用具　溶氧仪、pH 计、取水装置、胶头滴管等。

三、方法步骤

1)水样的采集和保存

(1)水样采集

供理化检验用的水样应有代表性,采集、贮运过程不改变其理化特性。一般采集 2 ~ 3 L。

采集水样的容器,以硬质玻璃瓶或塑料瓶为宜。水样中含油类时用玻璃瓶,测定金属离子时用塑料瓶为好。供细菌卫生学检验用的水样,所用容器必须先消毒杀菌,并需保证水样在运送、保存过程中不受污染(图实 4.1)。

采集自来水及具有抽水设备的井水时,应先放水数分钟弃之不用,使积留于水管中的杂质流去,然后再将水样收集于瓶中。采集无抽水设备的井水或江河、水库等地面水的水样时,可将采样器浸入水中,使采样瓶口位于水面下 200 ~ 300 mm,然后拉开瓶塞,使水进入瓶中。

图实 4.1　水样采集器

(2)水样保存

采样和分析的间隔时间尽可能缩短,某些项目的测定,应现场进行,如 pH 值和混浊度等。有的项目则需在采集的水样瓶中加入适当的保存品,或在低温保存。如加酸保存可防止重金属形成沉淀和抑制细菌对一些项目影响,加碱可防止氰化物等组分挥发,低温保存可以抑制细菌的作用和减慢化学反应的速率等。

2)水的物理性状指标的检测

(1)颜色

以烧杯盛水样于白色背景上,以肉眼直接观察水的颜色。若水样混浊,应先静置澄清或离心沉淀后观察上清液的颜色。一般以描述法表示,如无色、淡黄色、黄色、深黄色、棕黄色、黄绿色等。定量测定可用铂钴标准比色法或铬钴标准比色法,以“度”表示。

(2)臭和味

取 100 mL 水样,置于 250 mL 三角瓶中,振荡后从瓶口嗅水的气味。必要时将水样加热至沸腾,稍冷后嗅气味和尝味。记录在常温与煮沸时有无异臭和异味。如有,则用适当词句描述:臭——泥土臭、腐败臭、鱼腥臭、粪便臭、石油臭等;味——苦、甜、酸、涩、咸等;也可按六级表示其强度。

（3）混浊度

取水样直接观察，按透明、微混浊、混浊、极混浊等情况加以描述。也可取水样于比色管中，与混浊度标准液进行比较，用相当于1 mg白陶土在1 L水中所产生的混浊程度作为1个混浊度单位，以"度"表示。

（4）肉眼可见物

将水样摇匀，直接观察并记录。

3) 水的化学指标的测定

（1）pH 值测定

pH值是水中氢离子活度倒数的对数值。水的pH值可用pH电位计法和比色法测定。pH电位计法比较准确，比色法简易方便，但准确性较差。

①pH 电位计法　具体如下。

[仪器]　精密酸度计。

[试剂]　pH标准缓冲溶液甲（苯二甲酸氢钾在105 ℃烘干2 h，称取10.21 g溶于纯水，稀释至1 000 mL）；pH标准缓冲液乙（称取磷酸二氢钾355 g、磷酸二氢钠346 g，溶于纯水中，并稀释至1 000 mL）；pH标准缓冲液丙（称取3.81 g硼酸钠，溶于纯水中，并稀释至1 000 mL）。在20 ℃时，三种标准缓冲溶液的pH值分别是4.00、6.88、9.22。

[步骤]　玻璃电极在使用前放入纯水中浸泡24 h以上；用pH标准缓冲溶液甲、乙、丙检查仪器和电极是否正常；用接近于水样pH的标准缓冲溶液校正仪器刻度；用纯水淋洗两电极数次，再用水样淋洗6~8次，然后插入水样中，1 min后直接从仪器上读出pH值。

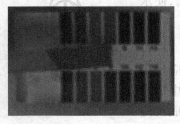

图实 4.2　pH 试纸法

②pH 试纸法　使用广泛pH试纸（pH值范围1~12）或者精密pH（pH值范围5.5~9.0）试纸，伸入水样数秒钟，与标准色板对照，即可测出水样pH值，方法简易，但不够精确（图实4.2）。

③pH 试剂盒法　具体如下。

[材料]　pH值测定试剂盒。

使用pH值测定试剂盒（图实4.3），先用池水冲洗取样管两次，再取水样至管的刻度线，往管中加入pH试剂（1）5滴，或者加入pH试剂（2）5滴，摇匀后与标准色阶自上而下目视比色，与管中溶液色调相同的色标即水样的pH值。

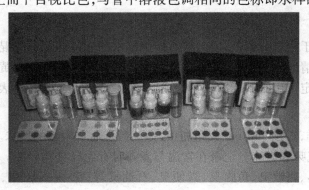

图实 4.3　水质快速分析盒

取样时,池水混浊可过滤或放置澄清后取上层清液再按上述方法测试。色卡与 pH 值对照。

(2)总硬度测定

[原理] 乙二胺四乙酸二钠(EDTA)在 pH 值为 10 的条件下,与水样中钙、镁离子生成无色可溶性络合物,指示剂络黑 T 则与钙、镁离子生成紫红色络合物。用 EDTA 滴定使络黑 T 游离出来,溶液即由紫红色变为蓝色。

[仪器] 10 mL 或者 25 mL 滴定管,125 mL 三角瓶。

[试剂] 0.01 mol/L EDTA 标准溶液(称取 3.72 g EDTA,溶于纯水中,稀释至 1 000 mL);锌标准溶液(称取 0.6~0.8 g 的锌粒,溶于 1:1 盐酸中,水浴溶解,计算锌的摩尔浓度);Mg-EDTA 缓冲溶液(16.9 g 氯化铵溶于 143 mL 浓氢氧化铵中配成 pH 值为 10 的缓冲溶液,称取 0.78 g 硫酸镁及 1.178 g EDTA 溶于 50 mL 纯水中,加入 2 mL 上述 pH10 缓冲溶液和 5 滴络黑 T 指示剂。用 EDTA 溶液滴定至溶液由紫红色变为天蓝色,加入余下 pH10 缓冲溶液,并用纯水稀释至 250 mL,如溶液又变为紫色,在计算结果时应扣除试剂空白)。

[步骤]

①EDTA 溶液标定 吸取 25 mL 锌标准溶液于 150 mL 三角瓶中,加入 25 mL 纯水,加氨水调至近中性,再加 2 mL 缓冲溶液及 5 滴络黑 T 指示剂,用 EDTA 溶液滴定至溶液由紫红色变为蓝色,按下式计算 EDTA 溶液浓度:

$$\text{EDTA-2Na 溶液的浓度}(\text{mol/L}) = mV_1/V_2$$

式中,m 为锌标准溶液的浓度,mol/L;V_1 为锌标准溶液的体积,mL;V_2 为 EDTA 溶液体积,mL。

②水样测定 吸取 50 mL 水样于 150 mL 三角瓶中,加入 0.5 mL 盐酸羟胺溶液及 1 mL 硫化钠溶液。加入 1~2 mL Mg-EDTA 缓冲溶液及 5 滴络黑 T 指示剂,立即用 EDTA 标准溶液滴定,溶液由紫红色变成蓝色即为终点。

③计算

$$TH = cV_1 \times 50.05/V_2$$

式中,TH 为水样的总硬度,mg/L;c 为 EDTA 溶液浓度,mol/L;V_1 为 EDTA 溶液的消耗量,mL;V_2 为水样体积,mL。

(3)氨氮测定

水样中的氨氮极不稳定,除加入适合的保存剂并且在冷藏条件下运输,还必须在最短时间内完成分析。

①纳氏比色法(简化)

[原理] 在碱性条件下,水中氨与纳氏试剂生成黄至棕色化合物,其色度与氨氮含量成正比。

[仪器] 500 mL 全玻璃蒸馏器、试管、标准色列。

[试剂]

a.氨氮标准液 将氯化铵在 105 ℃烘烤 1 h,冷却后称取 0.381 9 g,溶于纯水中,定容至 100 mL。吸取 1 mL 此溶液,用纯水定容到 100 mL,此溶液 1.00 mL 含 0.01 mg 氨氮。

b.酒石酸钾钠(粉)。

c. 纳氏试剂 称取50 g碘化钾,溶于50 mL无氨蒸馏水,向其中逐滴加入氯化汞饱和溶液(25 g氯化汞溶于热的无氨蒸馏水中),直至生成的碘化汞红色沉淀不再溶解为止。再向其中加入氢氧化钾溶液(150 g氢氧化钾溶于300 mL无氨蒸馏水中),最后用无氨蒸馏水稀释至1 L。再追加0.5 mL氯化汞饱和溶液。盛于棕色瓶中,用橡皮塞塞紧,避光保存。静置后,使用其上层澄清液。

d. 无氨蒸馏水 每升蒸馏水中加入2 mL浓硫酸和少量高锰酸钾,蒸馏,收集蒸馏液。

[步骤]

a. 取水样4 mL于小试管中。

b. 另取小试管6支,分别加入氨氮标准溶液0、0.1、0.2、0.4、0.8、2.0 mL,加无氨蒸馏水至刻度(4 mL)。

c. 加入酒石酸钾钠粉末1小匙(2~3粒大米体积),混匀使其充分溶解。

d. 向各管加入纳氏试剂1~2滴,混匀,放置10 min后比色。

e. 按表实4.1确定水样中氨氮含量。如现场测定无条件配制标准色列,可按表实4.1第4、5列试管侧面和上面观察的颜色,以概略定量符号表示。

表实4.1　氨氮测定比色列

管号	加标准溶液量/mL	氨氮含量/(mg·L^{-1})	从试管侧面观察	从试管上面观察	概略定量符号
1	0	0	无色	无色	-
2	0.1	0.25	无色	极弱黄色	+/-
3	0.2	0.50	极弱黄色	浅黄色	+
4	0.4	1.00	浅黄色	明显黄色	++
5	0.8	2.00	明显黄色	棕黄色	+++
6	2.0	5.00	棕黄色	棕黄色沉淀	++++

②试剂盒法

[仪器] 氨氮测定试剂盒。

使用氨氮测定试剂盒对水质进行测定(图实4.4)。先用池水冲洗取样管两次,再取水样至管的刻度线(若水样需过滤应先加几滴稀酸)。往管中加入氨氮试剂(1)10滴,盖上瓶盖颠倒摇均,打开瓶盖再加入氨氮试剂(2)10滴,盖上瓶盖摇均放置5 min与标准色阶自上而下目视比色,与管中溶液色调相同的色标即是池水氨氮的含量。(参考指标:氨氮不超过0.2 mg/L)

若取池底水样,取样后放置数分钟,待试样澄清后取上层清液再按上述方法测试。若试剂加完后立即出现混浊应弃掉,将池水中过滤后再测试。

图实4.4　氨氮测定比色

(4)亚硝酸盐氮测定

水中亚硝酸盐氮是标志水体被有机物污染的指标之一。它是含氮化合物分解的中间产物,不稳定,易氧化成硝酸盐,也可被还原成氨。它的含量与硝酸盐和氨的含量结合考虑,可推出水体污染程度及净化能力。

①重氮化偶合比色法(简化)

[原理]　亚硝酸盐与格氏试剂生成紫红色化合物,其颜色深浅与亚硝酸盐氮量成正比。

[用具]　试管、移液管、标准色列。

[试剂]

a. 亚硝酸盐氮标准溶液　称取干燥分析纯亚硝酸钠 0.246 2 g,溶于少量水中,倾入 1 L 容量瓶内,加蒸馏水至刻度。临用时取此溶液 1.0 mL,加蒸馏水稀释至 100 mL。此溶液 1.00 mL 相当于 0.000 5 mg 亚硝酸盐氮。

b. 格氏试剂　称取酒石酸 8.9 g,对氨基苯磺酸 1 g、α-萘胺 0.1 g、磨细混合均匀,保存于棕色瓶中。

c. 无亚硝酸盐氮的蒸馏水　取普通蒸馏水,加氢氧化钠呈碱性,蒸馏,收集蒸馏液。

[步骤]

a. 取水样 4 mL 于小试管中。

b. 另取小试管 6 支,分别加入亚硝酸盐氮标准溶液 0、0.05、0.16、0.8、2.4、4.0 mL,加无亚硝酸盐氮的蒸馏水至刻度(4 mL)。

c. 向各管加入格氏试剂一小匙,摇匀,使其溶解,放置 10 min 后观察颜色。

d. 按表实 4.2 确定水样中亚硝酸盐氮含量;如现场测定无条件配置标准色列,可按表实 4.2 第 4、5 列试管侧面和上面观察的颜色,以概略定量符号表示。

表实 4.2　亚硝酸盐氮测定比色列

管号	加标准溶液量/mL	亚硝酸盐氮含量/(mg·L⁻¹)	从试管侧面观察	从试管上面观察	概略定量符号
1	0	0	无色	无色	-
2	0.05	0.006	无色	极弱玫瑰红色	+/-
3	0.16	0.02	极弱玫瑰红色	浅玫瑰红色	+
4	0.80	0.1	浅玫瑰红色	明显玫瑰红色	+ +
5	2.40	0.3	明显玫瑰红色	深红色	+ + +
6	4.00	0.5	深红色	极深红色	+ + + +

②试剂盒法

[仪器]　亚硝酸盐氮测定试剂盒。

使用亚硝酸盐氮测定试剂盒对水质进行测定(图 4.2)。先用池水冲洗取样管两次,再取水样至管的刻度线,向管中加入一玻璃勺亚硝酸盐试剂,摇动使其溶解。5 min 后,自上而下与标准色卡目视比色,色调相同的色标即是水样的亚硝酸盐量含量(以氮计:mg/L)。

若水样混浊应过滤后再取样;若亚硝酸盐量超过色所指色标,可用不含水量亚硝酸盐水(如凉开水)冲稀一定倍数,再按上述方法测试;若试剂结块,压碎后再用不影响测试结果。(参考指标:亚硝酸盐不超过 0.01 mg/L)

(5)硝酸盐氮测定(马钱子碱比色法)

[原理]　在浓硫酸条件下,硝酸盐与马钱子碱作用,产生黄色化合物(初显樱红色,冷

却后转变为黄色）。黄色的深浅基本上和硝酸盐浓度成正比例关系。

[用具]　试管、移液管、标准色列。

[试剂]　浓硫酸和马钱子碱。

[步骤]

a. 取水样 2 mL 于小试管中。加入约 1.5 mL 浓硫酸,混合,冷却。

b. 投入少量马钱子碱结晶,用力振荡。此时在水样中形成明显的红色,经过一些时间转变为黄色。

c. 按表实 4.3 确定硝酸盐氮概略含量。

表实 4.3　硝酸盐氮测定比色列

从侧方观察时水样颜色	硝酸盐氮含量/(g·L^{-1})
与蒸馏水比较时则能识别出的淡黄色	0.5
刚能看见的淡黄色	1.0
很浅的淡黄色	3.0
浅淡黄色	5.0
淡黄色	10.0
浅黄色	25.0
黄色	50.0
深黄色	100.0

(6)溶解氧测定

①碘量法

[原理]　水样中加入硫酸锰和碱性碘化钾,水中溶解氧将低价锰氧化成高价锰,生成四价锰的氢氧化物棕色沉淀。加酸后,氢氧化物沉淀溶解形成可溶性四价锰 $Mn(SO_4)_2$,后者与碘离子反应释出与溶解氧量相当的游离碘,以淀粉作指示剂,用硫代硫酸钠滴定释出碘,可计算溶解氧的含量。

[用具]　250 mL 溶解氧采样瓶,250 mL 碘量瓶,25 mL 滴定管。

[试剂]

a. 浓硫酸。

b. 硫酸锰溶液　称取 48 g 硫酸锰($MnSO_4 \cdot 4H_2O$ 或 36.4 g$MnSO_4 \cdot H_2O$)溶于蒸馏水中,过滤后稀释至 100 mL。

c. 碱性碘化钾溶液　称取 50 g 氢氧化钠及 15 g 碘化钾,溶于蒸馏水中,稀释至 100 mL。静置 1~2 天,倒出上层澄清液备用。

d. 高锰酸钾溶液　称取 6 g 高锰酸钾,溶于蒸馏水中,并稀释至 1 000 mL。

e. 2% 草酸钾溶液　称取 2 g,溶于蒸馏水中,并稀释至 100 mL。

f. 5% 淀粉溶液称取 0.5 g 可溶性淀粉,用少量水调成糊状,再加入刚煮沸的蒸馏水冲稀至 100 mL。冷却后加入 0.1 g 水杨酸或 0.4 g 氧化锌保存。

g. 0.25 mol/L 硫代硫酸钠标准溶液　将经过标定的硫代硫酸钠溶液用适量蒸馏水稀释

至 0.025 mol/L。

[步骤]

a.水样采集和保存 采集水样时,先用水样冲洗溶解氧瓶后,沿瓶壁直接注入水样至瓶口,立即加入 2 mL 硫酸锰溶液。加试剂时应将吸管的末端插入瓶中,然后慢慢往上提,再用同样的方法加入 2 mL 碱性碘化钾溶液。盖紧瓶塞,将样瓶颠倒混合数次,此时会有黄色至棕色沉淀物形成。水样应在 4~8 h 内分析。

b.样品的测定 将现场采集的水样加以震荡,待沉淀物尚未完全沉至瓶底时,加入 2 mL 浓硫酸,盖好瓶塞,摇匀至沉淀物完全溶解为止。用移液管吸取 100 mL 经过上述处理的水样,加入 250 mL 碘量瓶中,用 0.025 mol/L 硫代硫酸钠溶液滴定,至溶液呈淡黄色,加入 1 mL 0.5% 淀粉溶液,继续滴定至蓝色褪尽为止,记录硫代硫酸钠溶液用量 V(mL)。

c.计算

$$溶解氧 = [M \times V \times (1/2) \times 16 \times 1\,000]/V_水$$

式中,M 为硫代硫酸钠溶液浓度,mol/L;V 为滴定时消耗硫代硫酸钠体积,mL;16 为氧摩尔质量,g/mol;$V_水$ 为水样体积,mg。

②仪器测定法

[仪器] 便携式溶氧仪器(图实 4.5)。

便携式溶氧仪器的使用方法和操作规范可参考仪器所附说明书。

③试剂盒法

[仪器] 溶解氧测定试剂盒。

使用溶解氧测定试剂盒对水质进行测定(图实 4.6)。先用池水冲洗取样管两次,再用池水充满取样管,依次往取样管中加入溶解氧试剂(1)和(2)各 5 滴,立即盖上瓶盖,上下颠倒数次,静置 3~5 min,打开瓶盖,再加入溶解氧试剂(3)5 滴,盖上瓶盖颠倒摇动至沉淀完全溶解(若不全溶解可再加溶解氧试剂(3)1~2 滴,用吸管取出部分溶液至比色管的刻度处,然后与标准卡自上而下目视比色,色调相同的色标即是溶解氧含量(mg/L)。

若池水混浊,待反应完后比色前过滤,然后再与标准色卡比色。

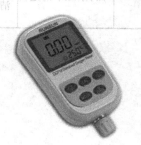

图实 4.5 便携式溶氧仪

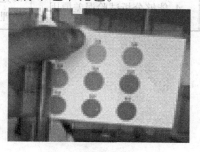

图实 4.6 溶解氧测定比色

四、实训作业

通过采集周边水源样品,进行相关水质检验,以此为基础进行技能考核,并完成报告。

技能考核方法及评分标准

考核方法	考核内容与要求	评分等级与标准			
		优	良	合 格	不合格
现场操作及实习报告评分	1. 会正确采集和保存水样 2. 会检查水的物理性状(色、味、浑浊度),并能正确描述 3. 掌握水的化学指标(pH值、总硬度、三氮、溶解氧等)的测定方法 4. 能够根据"三氮"测定结果,分析水质污染情况	操作熟练、规范,结果正确,仪器名称识别正确;口述全面,条理清楚	操作较熟练,结果正确,仪器名称识别有误;口述全面	操作不熟练,结果不正确,仪器名称识别欠正确;经指导后能纠正错误;口述不全面,条理不清楚	操作错误,结果错误,仪器名称识别不正确;口述不清楚、不全面

测试时,若水样碱度过高而余氯含量浓度较低时,会产生淡绿色或浅蓝色,此时可多加 1 mL 邻联甲苯胺溶液,会出现正常颜色。若加试剂后,出现橘色,表示水样余氯含量过高,可改用 1 ~ 10 mg/L 的标准系列。

技能考核方法及评分标准

考核方法	考核内容与要求	评分等级与标准			
		优	良	合 格	不合格
现场操作及实习报告评分	1. 掌握漂白粉中有效氯含量的测定方法与计算 2. 掌握水的加氯量的测定与计算 3. 掌握水中余氯的测定 4. 能够分析试验误差原因	操作熟练、规范,结果正确,仪器名称识别正确;口述全面,条理清楚	操作较熟练,结果正确,仪器名称识别有误;口述全面	操作不熟练,结果不正确;经指导后能纠正错误;口述不全面,条理不清楚	操作错误,结果错误,仪器名称识别不正确;口述不清楚、不全面

项目5 土壤、饲料卫生和畜禽运输及放牧卫生

【项目提要】

本项目主要包括土壤的组成、土壤质地类型特点、土壤污染及防治的基本方法、饲料中霉菌污染的特点和常见霉菌及其毒素对畜禽的危害及预防技术、饲料中常见有毒有害成分和对畜禽的危害、饲料中有毒有害成分去毒、中毒,以及病原微生物的防治措施、畜禽运输应激防治、放牧卫生等。

【教学案例】

2016年6月23日,保山市隆阳区瓦马乡河东村朱某某从山东省梁山县某养牛场引进西门塔尔肉母牛56头(主要用于繁殖商品肉),体重平均120 kg。6月20日早上10:00启运,6月23日下午16:00到场(时长78 h)。运输车辆用大货车,分2层,每层装26头。购进后第5天牛只陆陆续续发病,并出现死亡,到6月3日养牛户朱某某急邀笔者到场就诊时已死亡11头。发病牛表现为体温升高至40.5 ℃以上,精神沉郁,体瘦毛糙,食欲减退或反刍停止,有的牛痉挛性咳嗽、咳声低沉、有痛感、呈胸咳,两鼻孔流脓性鼻液,鼻孔张大,呼吸困难,呈腹式呼吸。有的牛便秘,有的牛腹泻下痢,呈粪水样并有恶臭,个别出现血便,有的大便带有肠黏膜。眼结膜发炎。胸部叩诊有实音及痛感,听诊肺泡音减弱,心跳加快。有的牛出现角弓反张等神经症状。有的牛出现关节炎,虚弱无力,个别站立不起,头反转腹下,痛苦呻吟,病程2~3天,最后窒息或衰竭死亡。有的牛注射针药时倒地死亡。

任务5.1 土壤卫生、组成及卫生学意义

土壤是地球陆地表面具有肥力的疏松层,是由矿物质、有机质(固相)、土壤水分(液相)和土壤空气(气相)三相物质组成的,是一种有孔隙结构的环境介质,具有独特的组成结构和功能。它和空气、水一样,是畜禽生活的基本外界环境之一,其卫生状况直接或间接地影响着畜禽机体的健康和生产性能。

5.1.1 土壤质地及卫生学特征

土壤是由地壳表层岩石、矿物质经过长期的风化和生物学作用形成的,由许多大小不同

的颗粒和颗粒间存在的孔隙所组成。根据土壤机械分析,土壤中各粒级土粒含量的相对比例或质量分数称为土壤机械组成。土壤质地是根据土壤机械组成划分的土壤类型,通常分为沙土、黏土和壤土三大类。其分类标准见表5.1。

表 5.1 土壤质地的分类

土壤机械组成	土壤质地类型							
	黏土类			壤土类			沙土类	
	重黏土	黏土	轻黏土	重壤土	壤土	轻壤土	沙土	砂砾
≤0.01 mm 粉粒含量/%	>80	80~50	50~40	40~30	30~20	20~10	10~5	<5
>0.01 mm 沙粒含量/%	<20	20~50	50~60	60~70	70~80	80~90	90~95	>95

土壤质地不同,其物理特性如土壤的热容量、透气性、透水性、容水量和毛细管作用等有很大的差异,因而也有着不同的卫生学意义。

1)沙土类

沙土类土壤的颗粒粒径较大,粒间孔隙大,透气性、透水性能力强,容水量、吸湿性小,毛细管作用弱,所以不容易滞水,易于干燥,有利于土壤中有机物的分解,便于自净。但其热容量小,导热性能大,易增温也易降温,昼夜温差大,温度随着季节性的变化明显,不利于畜禽的健康和生长。

2)黏土类

黏土类土壤的颗粒粒径较小,粒间孔隙极小,透气性、透水性弱,容水量大、吸湿性强,毛细管作用强,所以容易滞水、泥泞,同时由于黏土类土壤透气性差,不易干燥,土壤自净能力较弱,不利于有机物的分解,容易孳生病原微生物,对畜禽机体也不利。

3)壤土类

壤土是介于沙土与黏土之间的土壤质地类型,兼具有沙土和黏土的优点,它既具有一定数量的大孔隙,又含有较多的毛细管孔隙。因此,透气性、透水性都很好,持水性小,易于保持干燥,雨后也不会泥泞,可防止病原微生物、寄生虫(卵)和蚊蝇等的孳生和繁殖。同时,由于透气性好,有利于土壤本身的自净作用。这种土壤导热性小,热容量较大,土壤温度相对稳定,对畜禽机体健康和生长生产有利,是作为畜牧场场址的较为理想的土壤质地类型。

5.1.2 土壤组成及卫生学意义

土壤的组成成分很复杂,包括固、液、气三相物质。畜禽机体的化学组成元素主要是从饲料中获得,而饲料中的营养元素主要来自土壤。因此,土壤中的化学元素与畜禽的健康及生长发育有着密切的关系。生物地球化学性疾病的发生:①具有明显的地区性;②与地质中某种化学元素之间有着明显的剂量反应关系。

1)土壤中的常量元素与畜禽

（1）钙

畜禽缺钙时，表现为食欲减退，生长缓慢，易患幼畜佝偻病和成年畜禽软骨症。而过量的钙可使日粮消化率降低，使钙、磷平衡受到破坏，体内铁、锰、镁和碘等元素的代谢紊乱，出现骨畸形。大部分土壤不会缺钙，但酸性土壤中含钙量较低，可通过施用石灰等进行调解。畜禽机体缺乏钙时，可在日粮中添加石粉、贝壳粉或蛋壳粉等。

（2）磷

畜禽缺磷时，表现为食欲不振、废食和异食癖等，也会引起幼畜佝偻病和成年畜禽软骨症。一般多发于牧草含磷量0.2%以下的地区。在土壤中施用磷肥可提高饲料作物中磷的含量。当畜禽日粮中磷不足时，可添加骨粉或脱氟磷酸盐等高磷饲料添加剂。

（3）钠

在畜禽机体钠缺乏时，表现为食欲不振，饲料报酬降低，幼畜生长缓慢，成年畜禽体重减轻，生产性能下降及异嗜癖等。植物性饲料中钠的含量一般都比较低，尤其是山地土壤中生长的农作物。畜禽可通过在饲料中添加食盐等来满足需要。

（4）镁

畜禽缺镁时，可导致畜禽物质代谢紊乱，引起外周血管扩张，脉搏次数增加，严重者可导致神经过敏，肌肉痉挛，甚至昏迷而死亡。家畜缺镁痉挛症主要是由于土壤和饲料中镁含量不足而造成的，尤其是湿润多雨地带的沙质土。当畜禽日粮中的镁缺乏时，可补饲硫酸镁、氧化镁或碳酸镁等。

（5）钾

畜禽机体钾的不足可引起食欲异常，消化不良，生长受阻和异食癖等。通常畜禽日粮中不会缺钾，仅见少数含钾量很低的地区。但钾的过量可影响钠镁等元素的吸收，甚至引起"草痉挛"症。

2)土壤中的微量元素与畜禽

（1）土壤中微量元素的来源与转移

成土母质（岩石等）是土壤中微量元素的主要来源。在不同成土母质上形成的土壤其微量元素的种类和含量的差异很大。土壤质地和有机质含量的不同，微量元素含量亦有所不同。通常沙质土壤中微量元素的含量较低，黏土和含腐殖质较多的黑钙土中微量元素的含量较高，且黑钙土中的微量元素常富集于有机质丰富的表层土中。许多自然因素（如地热、降水、气候等）亦影响土壤微量元素的分布。如地质淋溶作用，可使迁移能力较强的微量元素（如碘、氟等）转移，导致某些湿润气候的山区土壤中缺乏相应的微量元素，而在一些干旱地区的土壤中微量元素则过多。

土壤中微量元素的存在形态也可影响微量元素的转移，可溶性微量元素容易转移。而有些土壤（如酸性土壤）虽然某些元素含量较高，但因其被土壤有机质牢固地结合而难以被植物所吸收，也可能导致动物和植物对某些微量元素的缺乏。因此，植物对土壤微量元素的吸收利用，其有效含量又受到土壤酸碱性、氧化还原状态、有机质含量及土壤质地等多种因素的影响。

（2）土壤中微量元素与畜禽健康

畜禽主要从饲料或饮用水中获取微量元素，而土壤是饲料与饮用水中微量元素的源泉。因此，由于某些地区的生物地球化学特性，使土壤中某种微量元素含量过多或过低，而且长期得不到改善，往往成为某些生物地球化学性地方病的主要原因。

①碘　碘是畜禽机体甲状腺素的组成成分。动物（尤其是幼龄动物）碘缺乏可引起生长发育缓慢，甲状腺肿，降低畜禽的基础代谢，繁殖能力和生产性能下降。此病主要分布在远离海洋的内陆地区及高原地带。不同土壤类型碘的含量也不同。在缺碘地区，可给畜禽补饲碘化食盐（碘化钾与食盐的比例为（1∶10 000～1∶30 000）。

②锌　锌是畜禽必需的微量元素之一。锌缺乏可引起食欲降低，皮肤粗糙，生长发育缓慢，免疫力下降。种畜、种禽的睾丸明显萎缩，精子生成减少，繁殖力降低等。在酸性土壤中，能被饲料作物利用的有效锌较多，但在碱性土壤中，有效锌供给量较少。饲料中一般不会缺锌，当日粮中锌不足时，可给畜禽补饲硫酸锌、氧化锌或碳酸锌等。

③铁　铁是动物机体合成血红蛋白和肌红蛋白的原料，是体内多种酶的组成部分。大部分饲料中的含铁量能满足畜禽的需要，但哺乳幼畜尤其是仔猪体内贮存量较少，容易引起缺乏症，表现为精神萎靡，食欲减退，被毛粗乱，皮肤和黏膜苍白，生长停滞，轻度腹泻，严重者死亡。缺铁时可补给硫酸亚铁、氯化亚铁等铁盐或肌注右旋糖酐铁制剂，也可补饲黄土作为铁源。

④铜　缺铜时，可影响畜禽正常的造血功能，表现为贫血，生长受阻，免疫力下降，繁殖力降低等。我国土壤含铜量适中，仅见少数土壤如沼泽土和泥炭土等容易发生缺铜症。缺铜地区可向土壤中施用硫酸铜化肥或直接给畜禽补饲硫酸铜等。

⑤氟　家畜机体缺氟时，易发生龋齿。但在生产中，多见机体长期摄入过量的氟，引起地方性氟中毒。主要表现为斑釉齿和氟骨症。斑釉齿即氟齿病，其特点是牙釉质出现白垩、黄褐色斑点和牙齿缺损等，氟骨症主要表现颌骨和长骨长出外生骨疣关节粗大僵硬、跛行等。

⑥钴　钴是机体必需的微量元素之一，是维生素 B_2 和酶的组成部分。它参与核糖核酸及与造血有关的物质代谢。具有促进生长发育，预防贫血等功能。机体缺钴时，表现为食欲减退、被毛粗乱、易折断、体弱消瘦、黏膜苍白、生长停滞、体重下降、贫血等。

⑦硒　硒是谷胱甘肽过氧化物酶的组成成分，具有抗氧化功能。硒缺乏时，畜禽生长缓慢，可引起猪营养性肝坏死、雏鸡渗出性素质病、羔羊白肌病、繁殖机能紊乱等。硒过多可引起中毒。急性中毒常表现视觉障碍或瞎眼，痉挛瘫痪，肺部充血、出血，严重者窒息而死亡；慢性中毒表现为食欲降低，反应迟钝，消瘦、贫血，脱毛蹄壳变形乃至脱蹄，关节僵硬变形和跛行等症状。

（3）微量元素类产品应用的有关问题

动物生产者不但用微量元素产品来预防和治疗许多疾病，而且用其提高畜禽的生产性能。在考虑微量元素对畜禽健康与生产力的影响和具体应用时，需注意以下问题。

①饲养制度和饲养方式　畜禽在人为控制条件下生活和生产，其是否会发生生物地球化学性疾病，取决于饲养制度和饲养方式。分散传统的畜牧业养殖方式畜禽的饲料和饮水

完全受该地区土壤条件的影响,而现代工厂化、集约化及规模化的饲养方式,饲料的种类和来源较为广泛,因此,即使当地土壤中微量元素含量异常,也不一定会发生地方病。

②微量元素的影响　畜禽种类、品种、年龄和个体不同,对各种微量元素的需要量与敏感性有所差异。如牛羊等反刍动物对钴的缺乏比单胃动物敏感,仔猪较成年猪更容易患缺铁性贫血症等。

③拮抗或协同作用　在畜禽体内,各种微量元素之间存在着各种拮抗或协同作用。因此,微量元素过多或不足以及彼此之间比例不协调,均可引起体内微量元素的变化,从而导致生理、生化过程异常,使畜禽生产力降低,乃至引发疾病。

④其他　在研究微量元素需要量和确定补给标准时,首先要考虑当地土壤及饲料中各种微量元素的含量,同时还要注意土壤施肥、环境污染等因素而导致的微量元素的变动。

5.1.3　土壤的污染和土壤的自净与防治

土壤是一切废弃物的容纳者和处理场所。天然的污染物或人类活动产生的污染物进入土壤,经过复杂的生物转化和迁移,最终成为无害状态,标志着土壤自净过程的基本完成。但对废弃物卫生管理不善、处理或利用不当,会使土壤中存在病原微生物和寄生虫(卵),有毒有害物质蓄积,改变土壤的构成和性状,破坏土壤的功能,从而造成土壤污染。

1)土壤污染的特点

(1)土壤污染影响的间接性和隐蔽性

土壤污染对畜禽所产生的危害是间接的。土壤污染后主要通过饲料植物或水源对机体产生影响,通过检查饲料及地下水(或地面水)被影响的情况来判断土壤污染的程度。从土壤污染开始到导致危害后果,是一个漫长的、间接的和逐渐累积的隐蔽过程,因此土壤污染问题通常都不太容易受到重视。

(2)土壤污染转化的复杂性

污染物进入土壤后,其转化过程比较复杂,比大气和水中的污染物的转化过程要复杂得多。例如,有毒重金属进入土壤后,有的被吸附,有的变为难溶盐类而在土壤中长期滞留,当土壤理化性质改变时,又会发生新的变化。

(3)土壤污染影响的长期性

多数有机化学污染物质需要一个较长的降解时间,因此土壤被一些污染物污染后其影响是长期的。土壤一旦被污染,很难短时间内消除,特别是有机氯农药、有毒重金属和某些病原微生物等,对畜禽可产生长期持续的危害。

(4)土壤污染的难治理性与水体污染、大气污染的相关性

土壤污染一旦发生,仅仅依靠切断污染源的方法往往很难消除,有时要靠换土、淋洗土壤等方法才能解决问题。土壤污染还与水体污染、大气污染密切相关,三者相互影响。土壤的主要污染源及危害土壤污染物的种类繁多,主要有重金属污染、农药、化肥和有机物污染、放射性污染、生物性污染等。按土壤污染物的来源将土壤污染源分为自然污染源和人为污染源。其中人为污染源包括生产性污染源和生活性污染源,是目前土壤污染的主要来源。

①工业"三废"的污染 工业"三废"的污染主要来源于采矿、冶金、火力发电、化工、造纸纺织印染、屠宰、食品等工业。排入大气中的工业废气、粉尘、烟尘、金属飘尘中含有很多有毒物质，它们受重力作用或随降雨落入土壤中，造成土壤污染。

②化学农药成分的影响 农业生产中农药、化肥等污染化学农药的种类很多，都含有有毒有害物质，长期使用或施用不当，均可造成土壤等环境的污染。目前，污染土壤较为严重的农药，主要有有机氯农药和含汞砷和铅等重金属的农药。其中有机氯农药包括六六六、滴滴涕、氯丹、毒杀酚、狄氏剂等。这些有机氯农药，化学性质稳定，不容易分解，在土壤中可长期保存。一些含汞、砷和铅等重金属的农药，施用后经分解，可转变为无机元素，但仍具有元素本身的毒性，在土壤中积累后，短时间很难消除。

农业生产中滥用化肥对土壤的污染，主要是造成土壤中硝酸盐等物质大量积累，使饲料中含有过量的硝酸盐，被畜禽采食后，可在胃中还原为亚硝酸盐，引起动物中毒。施用未经科学处理的人、畜粪尿，会使土壤受到病原微生物和寄生虫（卵）的污染，病原体可在土壤中生存较长的时间，尤其是能形成芽孢的杆菌。土壤也是蠕虫病（钩虫病、蛔虫病、鞭虫病等）传播的必经之路，因为这些土源性蠕虫的生活史中有一阶段必须在土壤中发育，然后才能感染畜禽。某些劣质化肥（粗制磷肥等）含有较多的氟、镉、砷等有毒元素，如过量施用，会使土壤中有害物质增加，造成污染。如砷类化合物进入畜禽体内，与细胞氧化酶巯基结合，破坏酶的结构和功能，阻碍细胞氧化和呼吸，导致组织细胞死亡。砷类化合物还能侵害神经系统，破坏神经细胞，引起一系列神经症状，侵袭血管，破坏血管壁通透性，引起出血或淤血。

③生产生活废弃物污染 畜产废弃物及生活废弃物的污染，畜牧生产及人类生活产生的垃圾、粪便和污水等废弃物都含有大量的有机物及有毒有害成分。据调查，生活污水的排放量占到了污水排放总量的一大半，而且在数量、污染物的排放比例上远远超过了工业污水的排放量。其中对土壤的主要污染是病原性微生物及寄生虫（卵）的污染。病原微生物进入土壤后，虽然一部分可能被多种不利因素灭活，但还有多种病原微生物和寄生虫（卵）能长期生活在土壤中或继续繁殖，保持或扩大了传染源。如非洲猪瘟病毒可在土壤中存活至少4个月，肠道病原菌可在土壤中存活100～170天，结核杆菌能生存1年左右，而需氧芽孢杆菌，如炭疽杆菌的芽孢生存时间可达15年之久，厌氧芽孢杆菌、产气荚膜杆菌也能长期生存。土壤还是许多寄生虫（卵）生长、发育所需要的环境。这些病原体污染土壤后可直接或间接地引起相应的疾病，从而危害畜禽乃至人体的健康。

④交通污染 随着经济的快速发展，我国汽车等交通工具数量不断增加，其污染也日益加剧。由于汽车尾气大量排放，通常公路两旁土壤中的铅含量很高，畜禽采食交通流量大的公路两边30 m以内的饲草，铅进入动物体内，可沉积于骨髓，破坏卟啉的结构，导致血红蛋白的合成受阻，使幼红细胞数量增多，出现贫血。铅还可侵入畜禽的神经系统，引起中毒，表现一系列神经症状。大气污染物中二氧化硫，氮氧化物形成的酸雨落入土壤中，使土壤酸化，可提高有害金属元素的活性，加重对畜禽的危害。

⑤放射性污染物的影响 土壤放射性物质的污染是指人类活动排放出的放射性污染物，使土壤的放射性水平高于天然放射本底值。放射性污染物可通过多种途径污染土壤。放射性废水排放到地面上，放射性固体废物埋藏处置在地下，核企业发生放射性排放事故等，均可造成局部地区土壤的严重污染。

2）土壤的自净与防治

（1）土壤的自净作用

土壤受到污染后，通过其物理、化学和生物学的作用，使病原体死亡，各种有害物质转化到无害的程度，土壤可逐渐恢复到污染前的状态，这一过程称为土壤自净。土壤自净与土壤特性和污染物在土壤中的转归有着非常密切的关系。

①物理净化作用　土壤是一个多相的疏松多孔体，进入土壤中的难溶性固体污染物可被土壤机械阻留；可溶性污染物可被土壤水分稀释，降低其毒性，或被土壤固相表面吸附，但随水迁移至地表水或地下水层；某些污染物也可挥发或转化成气态通过孔隙迁移至大气中。物理净化作用只能使土壤污染的浓度降低或使污染物迁移，而不能使其从自然界消失。

②化学净化作用　污染物进入土壤后，可发生一系列化学反应，如凝聚与沉淀反应、氧化还原反应、络合-螯合反应、酸碱中和反应、水解反应，或经紫外线照射引起的光化学降解作用等，使污染物分解为无毒等物质。

③生物净化作用　土壤中存在大量依靠有机物生存的微生物，它们具有氧化分解有机物的能力。各种有机污染物在微生物及其酶的作用下，通过生物降解，可被分解为简单的无机物而消散。

（2）土壤污染的防治

①控制和消除土壤污染源

a.控制和消除工业"三废"的排放　通过大力推广闭路循环，无毒生产新工艺等对工业"三废"进行回收，变废为宝，开展综合利用，使其化害为利。对不能综合利用的"三废"，要进行净化处理，使之达到国家规定的排放标准。对于重金属污染物，原则上不准排放。对污灌区要加强监测，控制污灌数量，避免盲目污灌。污水必须经过污水处理设施处理后才能进行灌溉。灌溉前应进一步检测水质，加强监测，防止超标，以免污染土壤。

b.加强对生活废弃物的处理　生活废弃物包括生活垃圾、人畜粪便和生活污水等。其不但含有大量的细菌、病毒、寄生虫（卵）等病原体，还含有一些有毒有害的化学物质。因此，对生活废弃物科学的处理、利用，是防治土壤污染的重要措施。对于人畜粪尿，应采用堆肥、发酵等方法，以杀灭其中的病原微生物和寄生虫（卵）；对于生活垃圾，要经过严格机械分选和高温堆腐处理。

c.合理地施用农业肥料　根据土壤条件、农作物的营养要求、肥料本身的性质及在土壤中的转化，确定化肥的最佳施用标准、施用期限与方法等。同时对人、畜粪尿等有机肥要妥善进行处理，保证其施用的安全性。

d.开展农药污染的综合防治　首先，应进行农业上的综合防治。这种防治以农业防治为基础，化学防治为主导，因地制宜，科学合理地运用化学、生物、物理机械等防治手段，充分利用植物检疫的有效措施，以达到安全、经济、有效地控制管理病、虫和杂草等危害的目的。其次，要严格执行施药的安全间隔期。所谓施药的安全间隔期是指最后一次施药到作物收获之间的最低限度的间隔天数。为防止化学农药污染，最终还是要积极研究、筛选、施用高效、低毒、低残留的农药新品种，积极推广应用生物防治措施，大力发展生物高效农药，以取代剧毒、有害的化学农药。

②治理土壤污染的措施

a.生物防治　土壤污染物质可以通过生物降解或植物等吸收而被净化。蚯蚓是一种能提高土壤自净能力的环境动物,利用它还能处理城市垃圾和工业废弃物以及农药、重金属等有害物质。其次,积极推广使用降低农药污染的微生物降解菌剂,以减少农药残留量。此外,可利用植物吸收去除污染。严重污染的土壤可改种某些非食用的植物如花卉、树木、纤维作物等,也可种植一些非食用的吸收重金属能力强的植物,如羊齿类、铁角蕨属植物,它们对土壤重金属有较强的吸收聚集能力,如对镉的吸收率可达到10%,连续种植多年则能有效降低土壤的含镉量等。

b.施加抑制剂　对于重金属轻度污染的土壤,使用化学改良剂可使重金属转变为难溶性物质,减少植物对它们的吸收。酸性土壤施用石灰,可提高土壤的 pH 值,使镉、锌、铜、汞、铅等形成氢氧化物沉淀,从而降低它们在土壤中的浓度,减少对植物的危害,同时可加速绝大多数有机农药的降解。对于硝态氮积累过多并已流入地下水体的土壤,可通过施用脲酶抑制剂、硝化抑制剂等化学抑制剂,以控制硝酸盐和亚硝酸盐的大量累积。

c.增施有机肥料　增施有机肥料可增加土壤有机质和养分含量,既能改善土壤理化性质,特别是土壤胶体性质,又能增大土壤环境容量,提高土壤的净化能力。如受到重金属和农药等污染的土壤增施有机肥料,可增加土壤胶体对其的吸附能力,同时土壤腐殖质可络合污染物质,显著提高土壤钝化污染物的能力,从而减弱其对植物的危害。

d.加强水田管理　加强水田管理可减少重金属的危害,如淹水可明显抑制水稻对镉的吸收,放干水则相反。除镉外,铜、铅、锌等均能与土壤中的硫化氢反应,产生硫化物沉淀。

e.改变耕作制度　改变耕作制度会引起土壤环境条件的变化,可消除某些污染物的毒害。据研究,实行水旱轮作是减轻和消除农药污染的有效措施。如滴滴涕、六六六农药在棉田中的降解速度很慢,残留量大,而棉田改水田后,可大大加速滴滴涕和六六六的降解。

f.深翻、客土　对于轻度污染的土壤,可采取深翻或客土的方法;对于污染严重的土壤,可采取铲除表层土或客土的方法。这些方法的优点是土壤改良较彻底,适用于小面积改良。但对于大面积污染土壤的改良,非常费事,代价较高,难以推行。

任务 5.2　含有有毒有害成分的饲料及饲料厂生物安全控制

家畜饲料中毒有 20% 是硝酸盐和亚硝酸中毒,而且中毒死亡率高达 50%。硝酸盐和亚硝酸盐中毒在我国一年四季均可发生,但以春末、秋冬发病较多,特别是在白菜上市时发病最多。

5.2.1　含有硝酸盐的饲料

蔬菜类饲料、牧草、树叶类和水生饲料、青绿饲料等均含有不同程度的硝酸盐。其中以叶菜类饲料如小白菜、白菜、萝卜叶、苋菜、牛皮菜、甘蓝、菠菜、莴苣叶、甜菜茎叶、南瓜叶等含量较多,燕麦草和玉米中含量也很高。通常,新鲜青绿饲料中富含硝酸盐,不含亚硝酸盐或含量甚微。但在天气干旱的条件下或菜叶黄化后,其含量显著增加;少数植物由于亚硝酸盐还原酶的活性很低,也可能使亚硝酸盐含量增加。

1)硝酸盐和亚硝酸盐对畜禽的危害

（1）亚硝酸盐中毒（高铁血红蛋白血症）

硝酸盐不能直接引起高铁血红蛋白血症,必须在一定条件下转变为亚硝酸盐,亚硝酸盐被吸收后,亚硝酸根离子与血红蛋白结合,使正常的低铁血红蛋白氧化为高铁血红蛋白（MHb）,使血红蛋白失去携带氧的能力,造成机体组织缺氧,从而引起畜禽机体高铁血红蛋白血症。动物表现为皮肤及可视黏膜发绀,体温降低,呼吸加强,心率加快,肌肉震颤,行走摇摆,严重者昏迷而死亡等一系列症状。

$$Hb \cdot Fe^{2+} \xrightarrow{NO^{2-}} Hb \cdot Fe^{3+}$$

饲料植物中的硝酸盐转化为亚硝酸盐的途径有两条:

①体外形成　即硝酸根离子在进入畜禽机体之前就已经转化为亚硝酸根离子。常见于青绿饲料长期不合理地堆放而发热、腐烂或小火焖煮及煮后长时间焖置于锅中时,使混杂于饲料中的硝酸盐还原菌（如沙门氏杆菌、大肠杆菌等）得到适宜的水分和温度等条件而大量繁殖,于是迅速将硝酸盐还原为亚硝酸盐。

②体内形成　即饲料中的硝酸盐被家畜采食后,经胃肠道中硝酸盐还原菌的作用而转化为亚硝酸盐。正常情况下,牛、羊等反刍动物能将硝酸盐还原为亚硝酸盐,再进一步还原为氨而被机体吸收利用。但当反刍动物采食了大量的含硝酸盐较高的青饲料或其瘤胃还原氨的能力下降时,即使是采食新鲜青饲料也很容易发生亚硝酸盐中毒。单胃动物摄入的硝酸盐通常在肠道上部被吸收,很少形成亚硝酸盐。但在胃酸不足或发生消化机能障碍等胃肠道疾病时,也可促使硝酸盐还原菌的大量繁殖,将进入机体的硝酸盐快速还原为亚硝酸盐,在亚硝酸盐尚未进一步还原氨之前被吸收而导致中毒。

亚硝酸盐对畜禽毒害的程度,与亚硝酸盐的含量、动物的种类、个体差异和不同的年龄等因素有关。各种畜禽中以猪对亚硝酸盐最为敏感,马、牛和羊次之。

（2）参与合成致癌物质——亚硝胺

亚硝胺是亚硝胺类化合物的简称,具有很强的致癌作用,其中二甲基亚硝胺（DMNA）致癌性最强。当饲料中胺类或酰胺类与硝酸盐或亚硝酸盐共存时,可形成亚硝胺。

2)预防措施

①做好青绿饲料的保存工作,注意饲料的调制和饲喂方法。青绿饲料要按照饲喂计划采摘供应,不要长时间堆放;短时间存放时,应选在干燥、阴凉和通风良好的地方,薄层摊开。叶菜类的青绿饲料应新鲜生喂,若需蒸煮,宜大火快煮,现煮现喂。已腐败变质的青绿饲料禁止饲喂。

②在饲喂含硝酸盐较多的饲料时,要严格控制其饲喂量,同时可适当喂些含碳水化合物较高的易消化的饲料,以提高反刍动物瘤胃的还原能力。此外,在饲料中添加维生素 A,也可减弱硝酸盐和亚硝酸盐的毒性。

③在种植饲料作物或牧草时,应科学合理地施肥,注意控制氮肥的用量和施用时间,尤其是在临近收获或放牧时期,不要过多地施用。

④积极选育低富集硝酸盐饲料植物品种。研究认为,硝酸盐还原酶的活性强度是高遗传的。因此,通过作物育种途径进行筛选低富集硝酸盐饲料植物品种是预防硝酸盐和亚硝酸盐危害的有效途径。

5.2.2　含氰甙类饲料

1)含有氰甙的饲料种类及含量

含有氰甙的植物有 200 多种。常用作饲料的主要有生长期的高粱(尤其是高粱幼苗及再生苗)、玉米、苏丹草(幼嫩的苏丹草及再生草含量较高)、木薯、亚麻籽饼和箭舌豌豆等。

2)氰甙对畜禽的危害

畜禽采食富含氰甙的饲料后,易引起氢氰酸中毒。通常氰甙对机体无害,但氰甙进入畜禽机体后,在胃内由于胃液中盐酸的作用和与氰甙共存的酶的水解,可产生游离的氢氰酸,氢氰酸被机体吸收后,CN^-能迅速与氧化型细胞色素氧化酶中的 Fe^+ 结合,形成氰化高铁细胞色素氧化酶,从而抑制该酶的活性,阻止了组织对氧的吸收而导致机体缺氧。

3)氢氰酸中毒的预防措施

①合理利用含氰甙的饲料　高粱、玉米等饲料茎叶在幼嫩时不能饲用,应在抽穗时晾干后加以利用;利用苏丹草时,第一茬适于刈割或青贮、晒制干草,其再生草可用于放牧。放牧时,以草丛高度达 50～60 cm 为宜。

②严格控制喂量　饲喂时可与其他饲料饲草搭配饲喂。

③减毒处理　氢氰酸的沸点很低,加热后很容易挥发,可采用水浸泡法和加热蒸煮法等进行减毒处理。如木薯去皮后,用水浸泡煮熟(煮时将锅盖打开),然后弃去汤汁,熟薯再用水浸泡;亚麻籽饼应打碎,用水浸泡后,再加入食醋,敞开锅盖煮熟使氢氰酸挥发掉等。此外,采用磨碎、发酵和焙炒等措施,也可除去饲料中部分氢氰酸。

5.2.3　菜籽饼(粕)中的有毒成分

菜籽是油菜、甘蓝、芥菜和萝卜等十字花科芸薹属植物的种子。菜籽中含有硫葡萄糖甙(即芥子甙)、芥子碱和芥子酸等有毒物质,限制了菜籽饼(粕)的应用价值。

1)菜籽饼(粕)中的有毒物质及其毒性

(1)硫葡萄糖甙及其降解产物

菜籽中含有硫葡糖糖甙(即芥子甙),是由苷元和葡萄糖部分通过硫苷键连接而成。其本身对畜禽无毒。但在榨油过程中,由于菜籽细胞受到破坏,芥子甙可与其共存的芥子酶接触,在适宜的温度、湿度和 pH 值等条件下,由于芥子酶的催化作用,使芥子甙水解而生成异硫氰酸酯类(即芥子油)和噁唑烷硫酮等有毒物质。芥子油有辛辣味,具挥发性和脂溶性,高浓度的异硫氰酸酯对皮肤和黏膜有强烈的刺激作用,长期或大量饲喂畜禽菜籽饼(粕),可引起胃肠炎、肾炎及支气管炎。同时芥子油中的硫氰离子(SCN^-)是与碘相似的单价阴离子,在血液中含量较多时,可与碘离子进行竞争,能抑制甲状腺滤泡细胞浓集碘的能力,从而导致甲状腺肿大,噁唑烷硫酮是致甲状腺肿物质,其作用机理为阻碍甲状腺素的合成,引起垂体前叶促甲状腺素的分泌增加,导致甲状腺肿大。

（2）芥子碱

菜籽饼(粕)中含有1%～1.5%的芥子碱。芥子碱富含苦味,影响适口性和畜产品品质。此外菜籽饼(粕)中还含有1.5%～3.5%的单宁、2%～5%的植酸等抗营养因子,不仅影响畜禽的适口性,而且还会影响钙、磷等营养素的吸收。

2）菜籽饼（粕）的去毒处理方法

（1）水浸泡法

硫葡萄糖苷具水溶性,用冷水或温水(40 ℃左右)浸泡2～4天,每天坚持换水一次,可除去部分芥子苷。用水浸泡法去毒处理简单易行,但水溶性营养物质损失较多。

（2）加热处理法

利用蒸、煮等加热处理方法,使芥子酶失去活性而不能水解芥子苷,并可使已形成的芥子油挥发掉。但经此法处理后,饼(粕)中蛋白质的利用率下降,且由于芥子苷仍存留于饼(粕)中,饲喂后可能在畜禽肠道或饲料等其他来源的芥子酶或微生物的作用下,继续分解而产生有毒成分。

（3）化学处理法

化学处理法即采用氨、碱或硫酸亚铁等化合物进行处理。氨处理法即每100份菜籽饼(粕)用浓氨水(含氨28%)4.7～5.0份,用水稀释后,均匀地撒在饼(粕)中,覆盖堆放3～5 h,然后置蒸笼中蒸40～50 min,即可饲喂。碱处理法可破坏芥子苷和绝大部分芥子碱,最好每100份菜籽饼(粕)加碳酸钠3.5份,用水稀释后,均匀地撒在饼(粕)中,覆盖堆放3～5 h,即可饲喂。硫酸亚铁中的二价铁离子,可与芥子苷及其降解产物分别形成螯合物,从而使它们失去毒性。

（4）坑埋法

坑埋法简单易行且成本较低,对芥子油脱毒效果较好。本法可选择朝阳、地势较高、水位较低、干燥的地方,挖一规格为宽0.8 m,深0.7～1.0 m的长方形的坑(长度可因处理菜籽饼(粕)的数量而定),将菜籽饼(粕)粉碎后按1∶1的比例加水,浸透泡软后装入坑内,顶部和底部均铺一层草,在顶部覆土20 cm以上,2个月后即可饲喂。

（5）培育"双低"油菜品种

所谓"双低"油菜品种是指油菜籽中低硫苷和低芥酸。这是从根本上解决菜籽饼(粕)去毒和提高其营养价值的有效方法。目前,我国在引进和选育"双低"油菜品种方面作出了积极的努力并已取得成效。

3)菜籽饼(粕)合理利用

(1)去毒处理限量饲喂

菜籽饼(粕)中硫葡萄甙及其分解产物的含量,随着菜籽的种类、品种和加工方法的不同而不同。菜籽饼(粕)中芥子油含量超过0.3%,噁唑烷硫酮含量高于0.6%时,应先进行去毒处理后再喂给畜禽。经去毒处理的菜籽饼(粕),其用量以不超过日粮的20%为宜;若去毒效果不佳,则不应超过10%。

(2)与其他饼(粕)搭配饲喂

菜籽饼(粕)与其他饼(粕)(如葵花籽饼、亚麻籽饼、豆饼等)或动物性蛋白质饲料适当搭配,可有效控制其毒物的含量,且有利于营养素的互补。我国饲料卫生标准中规定,菜籽饼(粕)中异硫氰酸酯(以丙烯基异硫氰酸酯计)≤4 000 mg/kg;鸡配合饲料和生长肥育猪配合饲料≤500 mg/kg;肉用仔鸡、生长鸡配合饲料中的噁唑烷硫酮≤100 mng/kg,产蛋鸡配合饲料≤500 mg/kg。

5.2.4　棉籽饼(粕)中的有毒成分

棉籽经榨油后的副产品棉籽饼(粕)含有棉酚及环丙烯类脂肪酸等有毒物质,长期或大量饲喂,可导致畜禽中毒,从而限制了其利用。

1)棉籽饼(粕)中的有毒物质及其毒性

(1)棉酚

棉籽饼(粕)中含有结合棉酚(无毒)和游离棉酚(有毒)两种。其中游离棉酚的毒性大小主要取决于游离棉酚含量的多少。机器压榨因压力大,温度较高,饼(粕)中游离棉酚含量较少,机榨加溶剂浸提,含量更少。传统的土榨法,由于压力小,温度低,棉籽饼(粕)中游离棉酚含量较高。

游离棉酚对畜禽的消化系统、循环系统、神经系统和生殖系统等组织和脏器均会产生危害。大量棉酚进入消化道后,可刺激胃肠黏膜,引起胃肠炎;吸收入血液后,能损害心脏、肝脏、肾脏等实质脏器。棉酚能增强血管壁的通透性,使周围组织发生浆液性浸润和出血性炎症。棉酚呈脂溶性,易积累于神经细胞中,使神经机能紊乱。游离棉酚能影响雄性动物的繁殖性能及禽蛋品质,使蛋黄变成黄绿色或红褐色。

(2)环丙烯类脂肪酸

棉籽饼(粕)中的环丙烯类脂肪酸主要是使母鸡的卵巢和输卵管萎缩,产蛋率下降,孵化率降低,并对鸡蛋品质产生不良影响。当其贮存后,蛋清变为桃红色,有人称之为"桃红蛋"。环丙烯类脂肪酸还可使鸡蛋蛋黄变硬,加热后可形成"海绵蛋"。

2)棉籽饼(粕)的去毒处理方法

(1)加热去毒法

将棉籽饼(粕)经过蒸、煮、炒等加热处理,使游离棉酚与蛋白质结合形成无毒的结合棉酚,可去毒75%~80%。

（2）添加铁制剂处理法

铁制剂可与游离棉酚结合形成不能被畜禽吸收的复合物而随粪便排出体外，从而减少了棉酚对机体的危害。生产中，最常用的棉酚去毒铁制剂是硫酸亚铁。硫酸亚铁等铁制剂不仅可作为棉酚的脱毒剂，而且能降低棉酚在动物肝脏中的蓄积量。去毒时，可根据棉籽饼中游离棉酚的实际含量，按铁元素与游离棉酚呈 1∶1 质量比，向饼（粕）中加入硫酸亚铁。由于硫酸亚铁含有结晶水，实际中硫酸亚铁的用量应按游离棉酚量的 5 倍计算。具体做法是将粉碎过筛的硫酸亚铁粉末按量均匀拌入棉籽饼（粕）中，然后按每千克饼（粕）加 2 ~ 3 kg 水，浸泡约 4 h 后直接饲喂即可。

3）棉籽饼（粕）的合理利用

（1）直接用作饲料

工厂化制油工艺生产的棉籽饼（粕），一般含游离棉酚 0.06% ~ 0.08%。这类棉籽饼（粕）可不经脱毒处理，直接与其他饲料配合使用。

在肉猪、肉鸡饲料中的安全用量为 10% ~ 20%，母猪及产蛋鸡的安全用量为 5% ~ 10%。

（2）脱毒处理，间歇控制饲喂

土榨法生产的棉籽饼（粕），游离棉酚含量一般在 0.2% 左右，有的含量甚至更高，应进行去毒处理后再喂给畜禽。经去毒处理的棉籽饼（粕），其用量以不超过日粮的 20% 为宜。连续饲喂 2 ~ 3 个月，停喂 2 ~ 3 周后再喂。

（3）合理搭配其他蛋白质饲料饲喂

饲粮中高水平蛋白质可降低棉酚的毒性，如果在日粮中适当补充鱼粉、血粉或赖氨酸等饲料，饲养效果会更好。此外，棉籽饼（粕）与其他饼粕（如葵花籽饼、菜籽饼、豆饼等）适当搭配，可达到减少毒素摄入的目的。我国饲料卫生标准中规定，棉籽饼（粕）中游离棉酚≤1 200 mg/kg，产蛋鸡配合饲料≤20 mg/kg，肉用仔鸡、生长鸡配合饲料≤100 mg/kg，生长肥育猪配合饲料≤60 mg/kg。

5.2.5　含有感光过敏性物质的饲料

1）含有感光过敏性物质的饲料

此类饲料有黑麦草、芜菁、油菜、蒺藜、灰菜和车前草等。此外，被蚜虫、葚孢菌等污染的蔬菜、牧草等饲料，饲喂给畜禽也可引发感光过敏症。

2）感光过敏性物质的危害

畜禽采食了含有感光过敏性物质的饲料，受到日光照射后，通过机体的氧化作用，可损伤细胞结构而释放出游离组织胺，使毛细血管扩张，通透性增强，形成红斑和引起组织局部性水肿乃至出现坏死等症状。发生感光过敏症的畜禽多见于绵羊、猪。

3) 预防感光过敏症的措施

在饲养白毛(羽)畜禽的过程中,对含有光过敏物质的饲料要少喂或不喂。若要饲喂,最好在避光阴暗、无阳光直射的封闭式舍内饲喂。

5.2.6　其他饲料中的有毒成分

1) 马铃薯中的有毒成分

(1) 马铃薯中的有毒物质及危害

马铃薯的块根、茎叶及花中含有的有毒成分主要是茄碱(马铃薯素),它是一种碱性配糖体(苷)。因其首先在龙葵中被发现,亦称龙葵素、龙葵碱等。成熟的马铃薯块茎中的毒素含量很少,仅为 0.009% ~0.01%,但当其发芽或被阳光晒绿时,龙葵素含量明显增加,可达 0.5% ~0.7%,而含量达 0.2% 即可引起中毒。畜禽中毒一般多见于神经性,并兼具有胃肠炎。若长期少量吸收毒素会引起机体消瘦。

(2) 马铃薯的合理利用

马铃薯应存放干燥、凉爽和无阳光直射的地方保存,可防止发芽、变绿。对已发芽或变绿的马铃薯最好不饲喂动物。若作为饲料,应将发芽或变绿的部分削掉,用水浸泡 1 h 左右后捞出,再充分蒸煮,才可饲喂,煮时加些食醋效果会更好。经过处理的马铃薯喂量应控制在日粮的 25% 以下,孕畜最好不喂。

2) 蓖麻中的有毒成分

(1) 蓖麻中的有毒物质及危害

蓖麻毒素和蓖麻碱是蓖麻茎叶、蓖麻籽饼(粕)中的有毒成分。其中,蓖麻毒素的毒性最强,多存在于蓖麻籽实中,对动物消化道、肝、肾、呼吸中枢及运动中枢等均可引起危害,严重者可致死亡。通常,马、骡等极为敏感,但反刍动物抵抗力较强。

(2) 蓖麻的合理利用

用蓖麻籽饼(粕)饲喂畜禽时,应经煮沸 2 h 或加压蒸汽处理 30 ~60 min 去毒后再利用,也可破碎加水适量,封缸发酵 4 ~5 天后作为饲料;对于蓖麻茎叶,不可鲜喂,可经加热封缸处理后再利用,饲喂时用量应由少到多,逐渐过渡适应,用量可控制在日粮的 10% ~20%。

5.2.7　霉菌毒素对饲料的污染

霉菌是真菌的重要组成部分,其种类繁多,广泛存在于自然界中。霉菌对饲料和粮食的污染非常普遍,尤其在高温、高湿、阴暗及通风不良的环境中更是能大量繁殖。绝大多数霉菌是非致病性的,对畜禽的健康无害,但部分霉菌(曲霉菌属、青霉菌属、镰刀菌属等)可污染饲料,使饲料霉变,破坏其营养成分,使饲料失去饲用价值,而且少数霉菌污染饲料后,在适宜的条件下可产生毒素,引起畜禽的急、慢性中毒,甚至造成"三致"作用,严重危害畜禽的健康(表5.2)。

表5.2　饲料中主要霉菌毒素及其危害

霉菌毒素	来　源	污染饲料	敏感动物	主要危害
黄曲霉毒素	黄曲霉和寄生曲霉等	玉米、花生、豆类、棉籽及其饼粕	所有动物	肝实质细胞坏死、黄疸、肝出血、肝癌等
赭曲霉毒素	赭曲霉及鲜绿青霉等	玉米、麦类、高粱、豆类及糠麸	鸡、猪等	主要损伤肾、肝,引起管上皮细胞变性、坏死;肝组织脂肪变性、透明变性和灶状坏死等
烟曲霉毒素	烟曲霉菌等	玉米、大米、高粱	猪、马等	肝脏损伤、呼吸道疾病及死胎等
玉米赤霉烯酮	禾谷镰刀菌等	玉米、麦类、豆类、青贮饲料	猪、牛等	雌激素亢进症
T-2毒素	三线镰刀菌、拟枝孢镰刀菌、梨孢镰刀菌等	拟谷、麦类	家禽、牛、猪等	造血机能障碍、组织器官出血等
致呕毒素	镰刀菌等	谷、麦类	猪	造血机能障碍、呕吐、皮肤炎症乃至坏死

1)霉菌毒素的中毒特点

畜禽发生霉菌毒素中毒时,和其他疾病不同,有其共同的特点:

①中毒的发生与某些饲料有关。中毒的畜禽均采食了相同的饲料或其中某相同的成分,在一段时间内相继发病,而同时间、同地点饲喂不同饲料的畜禽不发病。

②检查可疑饲料可发现有某些霉菌和霉菌毒素的污染,通过动物试验可以发生相同的中毒病。

③发病往往具有明显的地区性和季节性。

④霉菌毒素中毒不是由霉菌本身所致。因此,无流行病学上的传染性和免疫性。

⑤摄入霉菌毒素的量不足引起急性或亚急性中毒时,无明显的早期症状,但长期少量摄入可引起慢性毒害,甚至呈现"三致"作用,易被忽视。

2)黄曲霉毒素(AFT)

(1)黄曲霉毒素的产生和种类

黄曲霉毒素主要是由黄曲霉和寄生曲霉中的特定菌株产生的肝脏毒性代谢产物。在自然界中黄曲霉较寄生曲霉存在更为广泛。最适于在玉米、花生上生长繁殖,也常在麦类、豆类、薯干、稻米等上面生长繁殖。适于繁殖的温度在 30 ~ 38 ℃,相对湿度 80% ~ 85% 或85% 以上。这些产毒菌株的产毒最适宜的条件是基质水分在 16% 以上,相对湿度在 85% 以上,温度在 23 ~ 32 ℃。黄曲霉毒素是一类结构极其相似的剧毒化合物。根据其在紫外线照射下所发荧光颜色的不同,可分为 B 族和 G 族。在自然条件下污染饲料的黄曲霉毒素主要有 4 种,即黄曲霉毒素 B、G_1、B_2 和 G_2,其中以黄曲霉毒素 B_1 的毒性最强。

（2）黄曲霉毒素对畜禽的危害

黄曲霉菌具有很强的分解蛋白质和糖化淀粉的能力,能使饲料霉变,降低饲料的品质。其代谢产物具有肝毒性,急性中毒能引起动物肝出血,肝实质细胞坏死,胆管上皮增生,肝细胞脂质消失延迟等。慢性中毒的动物表现消化系统功能紊乱、贫血、繁殖能力降低、饲料利用率降低、生长发育缓慢、生产性能下降、免疫系统和天然防御机能受到破坏,可诱发肝癌、胆管细胞癌、胃腺癌、结肠癌和卵巢癌等。我国饲料卫生标准规定,黄曲霉毒素 B_1 在畜禽配合饲料及浓缩饲料中的允许量(ug/kg):肉用仔鸡、仔鸭前期与雏鸡、雏鸭、仔猪≤10,肉用仔鸡后期与生长鸡、产蛋鸡、鹌鹑、生长肥育猪、种猪≤20,肉用仔鸭后期、生长鸭、产蛋鸭≤15,奶牛精料补充料≤10,肉牛精料补充料≤50。

（3）黄曲霉毒素的预防措施

①防霉　防霉是预防饲料被霉菌及其毒素污染的最根本措施。引起饲料霉变的主要因素是温度和湿度。因此,防止其霉变的方法主要有:

a. 控制水分　在饲料和粮食作物收获时,应及时充分晒干,防止雨淋;在运输、贮存的过程中要注意通风干燥,控制水分。一般谷物的含水量在 13% 以下,玉米在 12.5% 以下,花生仁在 8% 以下,霉菌不容易生长与繁殖。

b. 控制温度　饲料和粮食作物应进行低温贮存,可有效防止霉变。

c. 化学防霉　在仓库定期采用化学熏蒸剂熏蒸或在饲料中添加防霉剂等,可达到防霉的作用。常用的熏蒸剂有氯化苦、磷化氢、环氧乙烷、溴甲烷等。防霉剂有丙酸及丙酸盐、乙酸及乙酸盐和苯甲酸及其钠盐等。

d. 控制粮堆中的气体成分,进行缺氧防霉。

e. 选育抗霉的作物品种　农作物的抗霉能力与遗传因素有关。因此,积极培育抗霉作物新品种也是一项有效、经济、实用的防霉措施。

②去毒　霉菌污染玉米等饲料后,霉变较轻者,可采用去毒处理后再喂给畜禽。若发霉严重者,不宜作为饲料应用。目前,去毒处理的方法主要有:

a. 剔除霉粒法　对于霉变轻微的,毒素主要集中在霉坏、破损、变色及虫蛀的粮粒中,可采用手工、机械或电子挑选的办法,拣除霉粒后再利用。

b. 碾压加工法　霉菌污染粮粒的部位主要在种子的皮层和胚部。通过碾轧加工,除糠去胚,可减少大部分毒素。

c. 水洗法　先将霉玉米等饲料用清水淘洗,然后磨碎,加入 3~4 倍清水搅拌,静置,浸泡 12 h 后,除去浸泡液,再加入等量清水同法反复进行,每天换水 2 次,直至浸泡水无色为止。

d. 微生物脱毒法　利用微生物进行生物转化作用,可使霉菌毒素破坏或转变为低毒物质,达到脱毒的目的。研究表明,无根根霉、米根霉、橙色黄杆菌和亮菌等对除去粮食中的黄曲霉毒素有较好的效果。

e. 吸附法　铝硅酸盐类、甘露低聚糖、纳米材料等吸附剂可不同程度地吸附黄曲霉毒素。

因此,在饲料中酌情添加使用,可除去其部分有毒成分,降低对畜禽的危害性。

3) 赤霉菌毒素

(1) 赤霉菌毒素的产生和种类

赤霉菌毒素是由赤霉菌或镰刀菌产毒菌株的代谢产物。主要有赤霉烯酮和赤霉病麦毒素两类。

(2) 赤霉菌毒素对畜禽的危害

①赤霉烯酮(F2 毒素) 具有雌激素样作用,可使畜禽发生雌激素亢进症。在各种畜禽中,猪最为敏感,雏鸡不敏感。猪急性中毒表现为阴户肿胀,乳头潮红,乳腺增大,妊娠母猪流产,严重的可出现直肠和阴道垂脱,子宫增大、增重甚至扭曲,卵巢萎缩。亚急性中毒可使猪不育,产仔数减少,仔猪体弱或产后死亡,生存的小公猪表现为睾丸萎缩、乳腺增大等雌性化作用。

②赤霉病麦毒素 即脱氧雪腐镰刀菌烯醇(DON,又称致呕毒素),采食赤霉病麦(或玉米)能使猪食后致吐,对马还伴有醉酒状神经症状,又称醉谷症。

(3) 赤霉菌毒素中毒的预防措施

①防霉 赤霉菌主要以田间浸染为主。因此,应从田间防霉着手。首先,选育抗赤霉菌小麦、玉米等品种;开沟排渍,降低田间湿度;花期喷洒杀菌剂等。其次,在收获时采取快收、及时脱粒和晒干,并储存于干燥通风场所。最后,病粮与好粮最好要分开,实行单收、单打和单存。

②去毒

a. 水洗法 先将 1 份霉变小麦等饲料加入 3 ~ 4 倍清水,搅拌均匀,静置,浸泡 12 h,除去浸泡液,再加入等量清水同法进行 2 次后,可将大部分毒素洗掉。

b. 去皮法 被污染的谷物等饲料,毒素往往仅存在于表皮。碾去表皮,可脱去大部分毒素,饲喂畜禽。

c. 稀释法 将少量未经去毒的病麦等饲料掺入其他饲料中饲喂。病麦用量对猪一般不超过日粮的 6% ~ 10%;牛、羊和家禽用量可适当增加。

d. 吸附法 目前,市场上霉菌毒素吸附剂很多,有单一制品,也有复合产品。有选择地在饲料中添加吸附剂,可除去其有毒成分,减轻赤霉菌毒素对畜禽的影响。

③合理利用 对含赤霉菌毒素的小麦等饲料可控制喂量,并增喂青绿多汁饲料。

5.2.8 农药对饲料的污染

1) 农药残留的产生

农药残留是指在农业生产中,由于施用农药而存留于动植物体、农副产品、饲料和环境中的农药及其具有毒性的代谢物、降解转化产物和反应杂质等的总称。农药进入饲料大致有三条途径:一是直接喷洒于植物体的农药被植物吸附或吸收;二是施入或落入土壤等环境中的农药被植物根部吸收;三是可通过动物性饲料原料等食物链,在生物体内富集,最后影响畜禽健康。农药残留量的大小,与不同的农作物种类、农药的品种、性质、施用浓度、施用方法、施用时间和不同土壤质地等因素有关。目前,我国的农药以杀虫剂为主。因此,农药对农作物及饲料的污染主要由杀虫剂所引起。

2)主要杀虫剂

(1)有机氯杀虫剂

有机氯农药为广谱高效杀虫剂。其代表药有六六六、滴滴涕、林丹、绿丹、七氯、狄氏剂、三氯杀虫酯、硫丹、灭蚁灵等。此类农药化学性质稳定,脂溶性强,在自然条件下不易降解,残效期长,大量或长时间地使用,可在农产品、动物和人体内大量蓄积,对健康造成潜在的危害。大多数有机氯农药的毒作用为神经毒和细胞毒,主要侵害中枢神经系统的运动中枢、小脑、肝和肾等。其具体表现为刺激中枢神经系统,使中枢神经系统兴奋,骨骼肌震颤;损害肝脏组织与肝功能,影响细胞氧化磷酸化过程,肝变性坏死;影响生殖机能,使性周期紊乱,通过胎盘影响胎儿生长发育等。

(2)有机磷杀虫剂

有机磷杀虫剂是分子结构中含有磷元素的一类高效广谱杀虫剂,是继有机氯农药停用后的最主要的农药。常用有机磷类农药有敌百虫、敌敌畏、对硫磷、久效磷、马拉硫磷、乐果、甲拌磷、甲胺磷、辛硫磷等。大多数有机磷杀虫剂对畜禽的急性毒性较强。进入机体后,主要抑制动物体内胆碱酯酶(AchE)的活性,发生与胆碱能神经机能亢进相似的神经症状。主要表现为流涎,瞳孔缩小,呕吐,腹泻,呼吸困难,肌肉震颤、痉挛,先兴奋不安后抑制,重者发生昏迷甚至死亡。

(3)氨基甲酸酯类杀虫剂

氨基甲酸酯类杀虫剂具有选择性、杀虫效力强,作用迅速,杀虫谱广等特点,是当今杀虫剂中的第二类农药,其产量仅次于有机磷农药。目前,主要品种有西维因、速灭威、灭多威及呋喃丹等。氨基甲酸酯类杀虫剂难溶于水,易溶于有机溶剂,在碱性环境中易分解,化学性质较有机磷稳定,可在土壤中存留1个月左右。它对畜禽等的毒性属中等毒性,进入机体内,能够抑制神经组织、红细胞及血浆中的胆碱酯酶,形成氨基甲酰化酶,使胆碱酯酶失去水解乙酰胆碱的能力,造成体内乙酰胆碱大量蓄积,表现与有机磷类农药中毒相同的症状,但中毒时间较短,恢复较快。此外,氨基甲酸酯类杀虫剂还可阻碍乙酰辅酶A的作用,使糖原的氧化过程受阻,导致肝、肾病变等。

(4)拟除虫菊酯类杀虫剂

拟除虫菊酯类杀虫剂具有高效、用量少等特点。市场上品种很多,如溴氰菊酯(敌杀死)、氰戊菊酯(速灭杀丁)、氯菊酯(除虫精)等。拟除虫菊酯类杀虫剂的作用机理是通过对细胞膜钠泵的干扰,使神经膜动作电位的去极化期延长,周围神经出现重复动作电位,导致肌肉的持续收缩,增强脊髓中间神经元和周围神经的兴奋性。

3)防止残留农药危害畜禽的措施

(1)积极发展高效、低毒、低残留的农药,禁用和限用部分剧毒和稳定性强的农药

随着人们环保和食品安全意识的增强,大力发展高效低毒、低残留的新型杀虫剂已成为全球杀虫剂工业的发展方向。由于国家禁用高毒、高残留农药的力度不断加大,高效安全的

杀虫剂尤其是生物杀虫剂已得到飞速发展,如苏云金杆菌、阿维菌素和病毒杀虫剂等已在一些主要农作物上得到广泛应用。

（2）合理制定并执行农药在农产品中的残留极限

残留极限（即农药允许残留量或农药残留限度）是指农副产品中允许不同农药的最高限度的残留量。低于这个残留限度,即使长期食用,仍可保证食用者健康。绝大多数的农药,均允许有限度地残留。在生产中,应严格执行其标准。

（3）科学制定并执行农药的安全间隔期

安全间隔期是指最后一次施药到农作物收获时农药残留量达到允许范围的最低间隔天数。安全间隔期的长短与农药品种、植物种类、地区条件和季节气候等因素有关。如有机氯农药（滴滴涕、六六六等）一般为 1 个月;大多数有机磷农药为 2 周。

（4）规范地使用农药,控制农药的用量浓度、次数

农作物中农药的残留量与农药的性质、剂型施用量、浓度、次数和施用方法等有关。通常残留量与施用量、浓度和施用次数等呈正相关。乳剂的黏着性和渗透性较大,残留量较多,残效期较长;可湿性粉剂的水悬液次之;粉剂最少。喷雾在农作物上的残留量比喷粉的多。接近农作物收获时停止施药。

（5）严格执行饲料中农药残留标准

我国饲料卫生标准中规定,米糠、小麦麸、大豆饼（粕）、鱼粉中的六六六的允许含量 $\leqslant$ 0.05 mg/kg;肉用仔鸡、生长鸡、产蛋鸡配合饲料的允许含量 $\leqslant$ 0.3 mg/kg;生长肥育猪配合饲料 $\leqslant$ 0.4 mg/kg。米糠小麦麸、大豆粕、鱼粉中的滴滴涕的允许含量 $\leqslant$ 0.02 mg/kg;鸡配合饲料、猪配合饲料 $\leqslant$ 0.2 mg/kg。

5.2.9 饲料厂的生物安全防控

1）饲料中病原微生物的产生途径

饲料是一个种类繁多的微生物载体。非洲猪瘟病毒等病原微生物污染饲料的方式有通过带有病毒的动物粪便直接污染谷物如玉米、小麦等植物原料,从而造成谷物原粮及副产物受到污染,动物源性饲料如血浆制品、骨粉、肉粉、肠膜等的引入,以及加工环境造成的交叉污染（猪瘟病毒可在粪便中存活 11 天、带骨肉中存活 150 天）。因其耐受性在各种环境条件下的广泛传染性和稳定性,使非洲猪瘟病毒特别容易发生饲料源传播。

2）饲料企业生物安全防控措施

①从饲料源头控制 饲料生产过程中应把对养殖业威胁大的病原微生物指标检测与豆粕蛋白含量、玉米能量检测一样重视起来,并且制定具体防控策略。

②饲料生产加工环节 饲料生产加工过程中,全价配合饲料应经过高温制粒。因为所有的病原微生物,包括非洲猪瘟病毒,对热的抵抗力较弱。有资料表明,非洲猪瘟病毒在 100 ℃环境中 2～3 min 就会失活。饲料经过高温制粒后,虽然不能保证 100% 杀灭病原微生

物,但至少可以减少病毒载量,降低感染风险。

③饲料产品出厂环节 饲料厂必须对每批产品抽检并进行病原学检测。猪场在购买饲料时,不仅应关注饲料质量,还应关注饲料产品中病原微生物含量。

④饲料运输环节 运输饲料的车辆消毒要与运输猪的车辆消毒程序一致,包括车辆洗消、烘干等。饲料进入猪场仓库或饲料中转库后,应进行熏蒸消毒。因为熏蒸消毒不仅可以消毒饲料外包装,还可以对饲料中的病原微生物起到杀灭作用,同时熏蒸消毒烟雾还能够渗入到饲料颗粒中。当然,如果猪场直接用料罐车运输饲料,则无须熏蒸消毒环节,但需做到专车专场使用。

任务 5.3　畜禽转运卫生

随着畜禽业的发展,跨省跨地区转运已成为畜禽间疾病传播的重要途径之一,如在非洲猪瘟流行期间,为阻隔非洲猪瘟,保护中国养猪业,农业农村部发布了《关于进一步加强生猪及其产品跨省调运监管的通知》,划定了禁调区,要求与发生非洲猪瘟疫情省相邻的省份暂停生猪跨省调运,并暂时关闭省内所有生猪交易市场。因此,熟悉畜禽的运输卫生知识,积极创造良好的运输条件,使畜禽在转运途中以及到达运输目的地保持原有的健康水平、体重和生产性能,同时有效地预防疾病的传播有着重要的意义。根据交通工具的不同,畜禽的运输包括铁路、公路、水路和航空运输 4 种方式。

5.3.1　铁路运输

铁路运输具有运输速度快、运输量大、运输成本较低、安全可靠和受天气条件的影响小等特点,成为畜禽长途转运的主要方式。

1)装运前准备

(1)做好运输计划

运输计划的主要内容包括运输日期、押运人员的配备、中途休息、饮水地点以及途中所需要的各种物品,如篷布、垫草、料槽、水桶、扫帚、铁锹、手电筒、消毒用具和常备药品等。

(2)备足饲料和垫草

一般每天每头家畜的干草的用量约为牛 12 kg、马 8 kg、羊 3 kg;猪的精料可按每头每天4 kg 计算。大家畜垫草每天约 1 kg。

(3)运输畜禽的准备

首先,转运的畜禽应在启运前 5~10 天开始由普通饲料逐渐过渡为运输饲料,即减少饲料的数量,增加优质干草和多汁饲料的量。其次,对运输畜群要进行卫生检疫,确认健康无病的由铁路兽医检疫站发给检疫证明书,然后凭证明书向火车站办理托运手续。最后,家禽装载前要充分饮水,切勿饲喂过饱。一般在车站停留 6 h 后,即可进入车厢启运。

（4）车厢的准备

装运畜禽的车厢要根据当时的气候、畜禽种类、路途远近而定,普通货车多采用中等吨位（30 t）的货车。车厢两侧应有窗户;若必须用无窗车厢装运时,应打开车门,再将车门口用木条钉成 1～1.5 m 高的木栅,以利于通风和安全。敞篷车皮在冬季不能使用,夏季使用时须搭棚,防止烈日暴晒。家畜转运最好使用栅栏式的牲畜专用运输车,这种车厢上有棚顶,两侧为木条栅栏,空气流通,光线良好,能满足畜禽转运的需要。装载牛、马等大家畜的车厢应设置拴系缰绳用的铁环或横杠;装载猪的车厢最好用木栅栏分隔成 2～4 间。运输猪、羊时,也可用木笼等装运,采用双层装载法,能增加装载量,节省运输费用。若采用双层装载时,必须上层地板不漏水,并在两层地板间设排水沟,在下层车厢的适当位置设置容器,承接上层流下的粪水。凡无通风设备、车架不牢固、铁皮车厢以及装运过腐蚀性物质、化学试剂、矿物质、散装食盐及农药等货物的车厢,都不可用来装运畜禽。

2）装运时的注意事项

①装车地点应保持安静,防止动物应激。

②认真检查装车台或踏板（一般长 2.2～2.4 m,宽 1 m 左右）与车厢的接合状况及坚固性,要求平整不滑,以免发生挫伤。

③装载时,须按车厢装载头数分批进行。每节车厢装载畜禽的数量,应根据车辆种类及车厢载质量、畜禽的种类、运输季节、运输路程的长短等情况来确定。铁路部门规定:通常 30 t 的货车装运体高 1.16 m 以上的大家畜为 16 头,犊牛不超过 40 头,种马不超过 12 匹;羊单层装 80 只,双层装 150 只;猪单层装 50 头,双层装不超过 100 头。目前,商业系统规定的家畜装载量见表 5.3。

表 5.3　铁路运输车厢的装载量

畜　种	家畜毛重/kg	冬、春季装载量/(头、只)		夏秋季装载量/(头、只)	
		单层车	双层车	单层车	双层车
猪	60～100	80	150	70	130
	100 以上	70	130	60	110
牛	150～250	24			
	250～350	20			
	350～450	18			
	450 以上				
羊		100～110		80～90	

④在家畜进入车厢时,应让温驯的家畜带头先上车,必要时用食物引诱或强制性驱赶上车。切忌采用硬拉、抓鬃、拉尾、鞭打、脚踢等粗暴的方法。在车厢内安排家畜时,应尽可能将常在一起饲养的拴在一起,以免相互踢咬,造成外伤。

⑤家畜上车以后,应拴系在车厢内固定的铁环或横杠上,最好采用纵列顺装法,即头朝

向车厢中门的空隙部分。这样,既便于饲喂、管理,也利于家畜休息。同时纵列顺装,家畜在火车开动或紧急停车时,易于保持身体平衡,减轻火车行驶振动对家畜四肢和蹄部的影响。在家畜长途运输中,其体重的减轻程度也比横列装运法低。研究表明横列装运,运行1 500 km,体重减少2.17%,而纵列装运仅为0.3%。

⑥猪、羊可采用双层或多层装载法,可不必拴系。通常,成年猪、羊在夏季可装2~3层,冬季可装3层。装运仔猪、羔羊可用木笼,其规格为长100 cm,宽80 cm、高60 cm,每个木笼可容纳6~8头(只);成年猪、羊木笼高为100~120 cm,长和宽可根据实际需要灵活掌握。装运时,要留出人行通道,便于检查和饲喂。

3)运输途中饲养管理

在畜禽运输途中,每节车厢实行专人(熟悉动物生物学习性和饲养管理的基本知识)押运,加强饲养管理,畜禽不会减轻体重或降低不明显。

①合理饲喂　畜禽在运输途中每天饲喂2~3次,每次间隔8 h,要保证充足清洁的饮水,每天应饮水2次以上(夏天气温高时,应增加饮水次数)。

②加强车厢卫生管理　车厢应每天清扫2~3次,收集的粪便和垫草等废弃物不得沿途随意抛弃,应到铁路指定车站或到站后再将其全部清除。注意车厢的通风换气,夏季可将窗户及车厢后门全部打开。冬季要防止畜禽聚堆挤压。天气炎热时,除加强通风换气外,还可在车厢内喷洒冷水,予以降温。天气寒冷时,应关闭门、窗,铺设垫草做好保温。对于种畜及贵重动物在运输途中还要进行刷拭畜体。

③及时进行健康检查　在运输途中应经常观察畜禽的健康状况,发现病畜要进行隔离,并及时予以治疗、护理。病畜所用过的饲槽、水桶等器具,须经严格冲洗消毒处理后,方能供其他畜禽使用。

④严格执行兽医卫生法规　在运输中途,停靠车站不准私自装载未经兽医检疫的其他畜禽。病死的畜禽必须到指定车站卸下后按兽医卫生法规处理,不准沿途出售或随意抛弃。对路途较长的运输,可选择适当的车站休息一天。

4)终点站处理

①全卸下畜禽　到达运输终点站后,应保持卸车地点的安静。首先检查踏板与车厢的接合状况,以免畜禽发生意外伤害。一般让健康畜禽先下车,再卸病、弱畜禽,最后按车站兽医卫生管理规定处理病死的畜禽。对于多层装载的猪、羊应先卸下层再卸上层。

②禽卸车后的管理　牛、马等畜禽卸车后,应用干草擦拭躯体及四肢,然后让其慢慢走动,安排在适当的场所饮水和喂给干草。对于新引进的种畜到达目的地后,要到指定的检疫隔离场进行为期1个月的隔离饲养与检疫。

③彻底清理、消毒车厢　在装卸畜禽较集中的车站都设有消毒站。可将装运畜禽的车厢,按清理、消毒的要求的不同分为三级进行处理:

一级车厢:到达站点后,没有发现病畜和可疑病畜,这种车厢只需进行一般清扫与洗涤。

二级车厢:曾运载过一级传染病(如口蹄疫丹毒、布氏杆菌病等)患畜,或可疑的非恶性传染病畜的车厢,这种车厢除清扫洗涤外,尚需进行消毒处理。

三级车厢:曾运载过恶性传染病患畜的车厢,应在兽医人员监督下反复消毒两次。

5.3.2　公路运输

1) 运输特点

汽车运输机动灵活、简捷便利,但途中颠簸振动较大,运输费用较高。一般远离铁路线的偏远地区,将畜禽运往火车站或肉品联合加工厂多采用此种运输方式,适合畜禽的短途转运。

2) 运输前准备

①运输车辆的准备　运输畜禽多用卡车。首先应根据装运的畜禽的种类数量等情况,选择适宜吨位的车辆。一般在车厢两侧和后面设有较高的车厢板。通常,装猪的卡车,车厢板不得低于 1 m,装载大畜禽的不得低于 1.7～2.0 m。车厢底部要求严密不漏水。车厢内不得有尖锐的突出物。凡装运过农药、化学试剂、化肥及其他剧毒物品的车厢,在未经清扫、刷洗、消毒前,不得用以装运畜禽。装运大家畜时,应设有隔木,固定在两畜之间,以防止意外伤害。在驾驶室顶部设置横木以供拴系。装车前,在车厢前部留出一块空隙用木板拦住,以供放置草料及押运人员休息用。同时,车辆最好配备帆布篷或随车携带防雨器具,以备雨天使用。

②装卸地点的选择　装卸畜禽最好选择在环境安静,防疫安全,并设有装车台的固定地方。若临时装卸,可修建一临时土堤,堤面应与车保持齐平,以方便畜禽进入车厢内。

③装载畜禽的准备　装载畜禽应提前做好运输的适应工作,如在饲料中添加维生素 C 等抗应激剂,以减少汽车运输的应激。对于运载畜禽要到当地兽医部门进行检疫,确认健康无病的由兽医检疫站发给检疫证明书,然后凭证明书办理运载手续。畜禽装载数量,可根据汽车的载质量、畜禽的种类、体重和气候等条件而确定。一般载质量 5 t 的汽车,可装载 60～100 kg 的猪 30～35 头,100 kg 以上的猪 25～30 头,羊 40～50 只,牛、马 3～5 头(匹)。大家畜最好采用纵向装载法(即头朝向驾驶室)。如果道路平坦,运输距离较短,也可采用横装法。但横装时应采用互相颠倒方式,以防止家畜头或尾都朝向一方,致使车厢不稳。对大家畜应用缰绳拴系;对猪、羊等可在车厢上面用绳网罩住,以防逃脱。

3) 途中注意事项

①运输时间安排要合理　汽车行驶以白天为好。若在夏天可安排在早上或晚间进行。由于汽车颠簸振动较大,畜禽容易疲劳,每天行车时间不宜过长,一般以 7～8 h 为宜。

②行驶车速控制要适宜　运载畜禽车辆速度不宜过快,控制在 50 km/h 为好。在转弯和上下坡时,注意不要突然启动和紧急刹车,以免造成畜禽相互挤压而受伤或死亡。

③选择路线应安全　汽车运载畜禽时,要提前了解沿途疫情,最好选择路途短,无疫病发生的路段运输。如有疫病流行地区,应绕道而行,若无法绕行时,应加速通过,途中不准停车。

4) 终点站处理

运输的畜禽到达目的地后,应进行严格检疫,经检疫合格后,方能屠宰、销售或进一步隔离观察饲养(种畜)。车辆应根据疾病发生情况进行清扫、冲洗和消毒处理。

5.3.3 水路运输

1) 运输特点

水路运输畜禽不仅运载量大,运输成本较低,安全可靠,而且管理方便,使畜禽好似处于舍似状态,可减少应激,保持体重不受影响。但水路运输只有在沿海或水面发达的地区适用。

2) 运输前准备

①畜禽的准备　计划运输的畜禽与其他运输方式一样,要做好饲料的过渡,进行全面的兽医卫生检疫,凭证装运。

②运输用具的准备　为防止体重的减轻,应根据畜禽的装运量、航程的远近,备足饲料、水桶和料槽,准备好绳索、照明灯及药品、器械等。海洋运输时还应准备充足的淡水(大家畜每头按 20 ~ 30 L/d,猪、羊 5 ~ 6 L/d 计)。

③应设专用码头　水路运输畜禽,应在装卸港口设置专用码头,备有畜圈或检疫隔离场,供畜禽休息和检疫之用。

④船只的准备　船的船舱宽敞,船底平坦,坚固完整,要有完善的通风和防雨设备,铁质地板应铺垫木或垫料。

3) 装载时的注意事项

①确定船只适宜的装载数量　船只的装载头数可根据畜禽种类、船只吨位、运输季节、航程距离等进行确定。木船每吨船位在春、冬季可装运猪 4 头,夏季 3 头,对不同品种、体重的猪可按具体情况适当装载。轮船和驳船的装载密度(m^2/单位):牛 2.0 ~ 2.5,马 2.5 ~ 3.0,羊 0.75 ~ 1.0,大型猪 2.0 ~ 2.5,一般猪 1.0 ~ 1.25。海轮运输则按吨位计算,以排水量 8 000 ~ 9 000 t 为宜。每排水量 10 t 可装载大家畜 1 头,猪、羊 5 ~ 6 头(只)。注意严禁超载。

②押运人员的配备充足　一般大家畜每 20 头配备押运人员一名,猪、羊等每 60 ~ 120 头(只)配备一人即可。

③细心检查船体与岸堤的接合状况　在畜禽上船之前,应认真检查船体与岸堤的接合状况,要求接合良好,上船跳板的两侧须设栏杆,跳板不应过于光滑,以防止畜禽落入水中。

其他注意事项可参考铁路运输。

4) 途中的饲养管理

水路运输途中的饲养管理基本与铁路运输相同。

①经常观察畜禽的食欲和体况　押运人员在饲喂畜禽时,应认真观察畜禽的饮食和健康状况,发现异常或病畜时,应及时隔离治疗。

②保持船舱内良好的卫生　注意船舱内通风换气,及时清理粪尿,同时注意防暑防寒。

③合理处理废弃物　内河运输时,严禁向河道抛弃粪便及尸体,通常应在收集粪便、尸体的指定码头卸载。海洋运输时,应在航程 12 h 以外的地方抛弃粪便或尸体。运输的畜禽到达目的地后,应进行严格检疫,经检疫合格后,方能屠宰、销售或到指定的检疫隔离场进行隔离观察饲养(种畜)。对于船只应根据情况进行清扫冲洗和消毒处理。

任务5.4　放牧地的卫生要求

5.4.1　放牧地基本选择

①放牧地饲草应充足，无毒、无害　放牧地要求地势平坦，牧草生长茂盛，最好是无毒害植物和拉扯羊毛的荆棘等。放牧之前，要检查放牧地区，若有以上植物，应进行彻底清除。

②放牧地要保证流行病学上的安全。

③曾经发生过传染病的牧地要及时封锁　被蠕虫侵入的低洼或沼泽地区要禁牧。修整好进入牧地的通道，兽墓要与牧地进行隔离。

④放牧地应有安全的水源　放牧宿营地附近水源要充足，清洁卫生。放牧之前，要对水源的卫生状况进行调查，如感官性状指标、化学性状指标、细菌学指标乃至毒理学指标等，以保证放牧地水源的卫生安全。

⑤确定适宜的载畜量　载畜量是指一定草地面积在放牧季节内，放牧适度时能够使畜禽良好生长及正常繁殖的放牧天数与放牧头数。以草定畜就是根据草地的产草量，确定放牧牲畜的头数。

5.4.2　放牧场的基本设备

①在春、冬放牧的草场，应建设简易棚设，以防御低温及风雪的侵袭　棚舍要选择在地势高燥，背风向阳，光线充足的地方。对棚舍的设计，力求简便、实用，而且便于拆卸移动；搭建棚舍可采用当地价廉易得、质地轻便的材料。棚舍的数量要基本满足容纳全部畜禽的需要。在一个大棚舍，最好再分割成若干个小间，以防止畜禽分群过大而拥挤，互相干扰，影响畜禽休息，甚至导致孕畜流产。各种畜禽放牧棚舍通常所需面积为(m²/单位)：奶牛4~5，育成母牛2~3，产羔母羊1.1~1.6，母马12~13，公马13。在春、秋及夏季牧场放牧时，若天气不冷，也可不修建棚舍。

②畜禽进行放牧时，还须设有围栏设备　设立围栏不但可以节省放牧人力，也便于草地的科学利用。一般围栏有固定式和移动式两种。固定式围栏的立柱可采用木柱、水泥柱或角钢等材料，每隔5~15 m竖立一根，在立柱上缠上5~7道刺铁丝(隔层间距30 cm，最下层离地面25 cm左右)，将草场围成各种分区牧地。现在一些畜牧业比较发达的国家，多设置电围栏，使用电瓶或太阳能蓄电池供电，通过脉冲器使低压电流变成几千伏高压脉冲电流，输送到电围栏的铁丝上，利用脉冲电流，以控制畜禽在围栏内采食牧草，便于饲养管理。电围栏结构简单，经济方便，可随意搬动。

5.4.3 放牧前的准备

①畜禽的健康检查与防疫驱虫 在畜禽放牧前,要对所有的畜禽进行健康检查,并对畜群进行接种疫苗和驱虫。

②家畜的修蹄、护蹄 家畜在放牧之前,应进行修蹄、护蹄,以防止由于放牧走路而导致蹄病的发生。

③畜群的分群管理 畜群的划分一般可根据畜种、性别、年龄、生产性能及草地状况等因素来考虑。我国牧区对奶牛可分为奶牛群、干奶牛群、犊牛群、育成牛群、肥育牛群;羊群可分为繁殖母羊群、羯羊群、羔羊群、种公羊群;马群可分为繁殖母群、幼驹群、育成马群、种马群。不同的畜群对牧场的要求有所不同,应根据牧场的特点,固定给适合的畜群利用,如高产奶牛群和肥育后期的肉牛,可分配给产量高的优质牧地。干燥的禾本科草场可固定给马群等。各种畜群的大小,则因各种自然条件的不同,劳动力的多少而有差异,一般牧区畜群大,半农半牧区畜群次之,农区畜群最小。

5.4.4 放牧期的管理

1) 放牧应注意逐渐适应

畜禽从舍饲转为放牧需要逐渐进行,通常要经 7 ~ 10 天的过渡时间。在这段时间里,应逐渐增喂青饲料,相应减少干精饲料的喂量。同时注意逐渐延长畜禽的运动时间及在舍外的停留时间,以增强畜禽禽热的调节机能,使其慢慢适应外界的自然环境,尤其能经受寒冷的刺激。

2) 确定适宜的放牧时间

除了一些草场可常年放牧外,一般放牧从早春开始到晚秋结束。通常在牧草分蘖分支根系稳定后,禾本科牧草开始抽穗,豆科牧草长出侧枝(即牧草高度达 8 ~ 10 cm 时)开始放牧,在下霜前 15 天收牧,使多年生牧草生长一段时间,以利越冬。每天应在早上露水干后出牧,在傍晚露水出现前收牧。雨后不能立即放牧,以防止畜禽感冒、消化不良、腹胀、腹泻、孕畜流产及其他消化道疾病。在炎热的夏季,也可利用晚间放牧。

3) 实行分区轮牧

分区轮牧是一种科学利用草原的方式,它是根据草原生产力和放牧畜群的需要,将放牧场划分为若干分区,规定放牧顺序、放牧周期和分区放牧时间的放牧方式。实行分区轮牧的草地,便于加强草地管理,牧后残余的牧草利于分区刈割,畜禽粪便可得到均匀的撒布,同时可减轻畜禽对牧草的践踏损伤,抑制杂草、毒草的生长,减少粪便污染,科学地限制了畜禽的活动范围,既保护了放牧地,又增加了载畜量,也提高了草地的利用率,增加了放牧的经济效益、社会效益和生态效益。

4) 供给充足卫生的饮水

放牧之前,要对畜禽饮用水的卫生状况进行调查,符合饮用水标准的水源,方可饮用。

放牧奶牛的水源距放牧地不要超过1.5 km,以免往返疲劳,影响生产性能。利用天然水源作为饮用水的,要对水源进行防护,严禁畜禽直接进入水源中饮水,以免畜禽在水中排泄粪尿,造成水源污染。饮用流动的溪水或河水等地面水时,切勿让畜禽的头部迎对着上游的方向,否则会因畜禽口渴暴饮而引起呛水。深秋,孕畜不可在傍晚以后再饮用天然水源,以防因冷水的刺激而导致流产现象。

5)根据牧草的种类和生长状况,按畜禽的不同生产性能,给予适当的补饲

对于牧草生长不良的牧地应以青绿多汁饲料为主;对于牧草生长繁茂的牧地,有条件的可适当补充些精饲料;对于牧地土壤中缺乏碘、铜、钼、钡、硒等微量元素的,应注意补充些矿物质盐。补饲时间可选在白天及晚间休息时进行。为防止畜禽异食癖,要补喂食盐。一般可将盐粒放在补料木槽中任其自由舔食。各种畜禽对食盐的每月需要量:牛1.0~3.0 kg,绵羊0.25 kg,山羊0.15 kg,马2.0 kg。

6)根据天气状况,灵活调整放牧计划

放牧时要密切注意天气状况,天气不良时不可远途放牧。放牧时,要观察风向,天气炎热时,可顶风放牧,即早晚顺风出牧,中午逆风归营,但不能顶着太阳放牧,以免造成日射病和热射病的发生。暴风、雨雪时,要立即停止放牧,如来不及归牧时,应将畜群驱赶于背风处,防止畜群受惊吓而逃散。

7)随时观察畜禽的饮食和健康状况

放牧人员应随时观察畜群的食欲和健康状况,一旦发现病畜,应及时进行诊断、隔离和治疗。机械性的损伤在放牧时也时有发生。因此,应注意牧道的修整,及时清除牧地木桩、突出尖锐物等,深坑悬崖要适当遮拦,以防畜禽发生挫伤、刺伤或跌伤等意外事故。

项目小结

土壤、饲料卫生、动物转运、放牧卫生等都会对畜禽的健康造成较大影响。畜禽的生长与土壤的组成、卫生有密切关系,但对于土壤,它的污染、自净和防治,又有自我属性,必须牢牢掌握。在饲料卫生、动物运转、放牧卫生中,必须要理解饲料中有毒有害成分特别是亚硝酸盐、含氰式类等对畜禽健康的影响,特别是猪瘟流行阶段,病原微生物在饲料中的防控措施应加以重视。同时要理解动物在铁路、公路、水路运输中的方法和管理,以及动物放牧的基本卫生要求。只有综合理解理论知识,才能有的放矢地应用到实际畜禽生产中。

小常识

关于运输应激综合征

运输应激综合征的发生机理涉及神经和内分泌两大调节系统以及物质代谢的变化等方

面。直到 20 世纪 70 年代中期,大多数学者仍然依据垂体——肾上腺皮质系统调控理论来阐述应激的反应机制。即认为各种运输应激原作用于感受器后,通过感觉神经将信号传送到低级中枢,低级中枢方面又将信号向上传送到以下丘脑为中心的信号处理系统。下丘脑受到刺激后分泌促皮质素释放激素(CRH),CRH 经垂体门脉到达垂体前叶,刺激分泌促肾上腺皮质激素进入血液循环后促进肾上腺皮质分泌糖皮质激素包括皮质醇、皮质酮和皮质素分泌。由于应激的性质、强度、时间的不同,糖皮质激素所产生的效果也不同,并具有双向性,若应激原强度小则分泌增加以提高适应性,使动物产生适应力;另一方面,又可促进分解代谢、抑制炎性反应和免疫反应,因而导致抗感染力降低,甚至引起发病和生产性能下降或死亡;与此同时,肾上腺髓质兴奋释放肾上腺素,引起全身器官、组织发生变化,如果应激强度大而短促,肾上腺素可能迅速分布到全身引起机体剧烈反应,甚至急性衰竭死亡。

复习思考题

简答题

1. 土壤质地有哪些类型? 各具什么特点?

2. 土壤污染的特点有哪些?

3. 土壤污染防治的措施有哪些?

4. 简述白菜、再生高粱苗、棉籽饼、菜籽饼、发芽的马铃薯、蓖麻籽饼等饲料中主要含有的有毒成分及其对畜禽的危害。

5. 如何预防由饲料引起的亚硝酸盐和氢氰酸中毒?

6. 霉菌毒素中毒的主要特征有哪些?

7. 如何预防黄曲霉菌毒素的中毒?

8. 防止饲料中残留农药危害畜禽的措施有哪些?

9. 畜禽实行铁路运输,装运前应做哪些准备工作?

10. 铁路运输畜禽途中如何进行饲养和管理畜禽?

11. 畜禽水路运输具有哪些特点?

12. 畜禽放牧地有哪些卫生要求?

13. 怎样做好畜禽在放牧期的饲养管理工作?

14. 如何做好运输卫生以防控非洲猪瘟?

15. 饲料企业如何做好生物安全防控?

项目6 畜禽场规划设计与畜禽健康生产

【项目提要】

畜禽养殖场区的规划与畜禽舍设施及环境设计的科学合理与否直接关系到畜禽养殖的健康和生产效率。畜禽养殖区规划是否合理,主要看场址选择、场区设施设置、功能分区、道路系统设计等。合理的场区规划应能满足畜禽生产的工程防疫要求、畜禽健康养殖与动物福利、畜禽生长环境与清洁生产、集约化和规模化养殖与节能技术等。畜禽养殖场区建设的首要任务就是要保证畜禽的健康和畜产品的安全,这是畜禽高产、优质、高效生产的前提条件。

【教学案例】

2018年5月,问政湖南,关于全体村民请愿叫停浏阳市淳口镇鹤源居委会西山组一个大型养猪场——红头养猪场,围绕红头养猪场超量饲养、环境污染等方面问题提出请愿,淳口镇人民政府给予了及时答复:猪场存栏问题。经核实,长沙市环保局环评批复中限定红头养猪场存栏数不得超过3 000头。浏阳市环保局和淳口镇环保站针对猪场存栏数超量事实,已下达现场监察文书,责令猪场立即整改,在6个月时间内将存栏数控制在3 000头以内。目前存栏数已下降至4 000头左右。如养猪场在规定时间内未能达到要求,将依法立案查处。自红头养猪场建成投产以来,市、镇两级环保部门多次对猪场进行巡查执法,进行过立案查处和行政处罚,下达监察整改文书10多次,督促企业全力整改,抓好污染防治。目前红头养猪场养殖废水已建有雨污分流、干湿分离、管网收集、沼气池厌氧发酵、六级沉淀池净化等处理措施,处理后由粪罐车运输至种植基地进行种养平衡综合利用,养殖粪水严禁对下游淳口河流水体排放。为降低臭气传播,环保部门要求养猪场每天在饲料中添加微生物,每天喷洒除臭剂两次以上,控制水泡粪停留时间,统一收集处理。但进入高温季节或向风方向,猪粪臭气和猪身体味确实对周边群众生产生活带来不良影响。

任务6.1 畜牧场的规划布局

畜牧场生产工艺是指人们利用动物和饲料生产畜产品的过程、组织形式和方法,包括生产工艺流程与生产设备的组装。畜牧场生产工艺设计是进行动物生产的工艺流程和工艺装备设计的总称,包括确定畜牧场性质、规模、主要生产指标、畜群的组成、周转形式、饲养管理的方式和方法、水电和饲料消耗、劳动力的组织安排和对环境的控制和要求、生产设备和装备的选型配套、牧场占地面积、房舍和生产建筑面积、投资概算、成本和效益概算等。畜牧场生产工艺设计一般是用文字材料和图纸阐明畜牧场生产工艺,是进行畜牧场规划和畜舍设计的依据,也是畜牧场投产后指导生产的依据,其中涉及许多畜牧专业知识。因此,工艺设计必须有畜牧工作者参与,或者由他们承担设计。

合理的畜牧场工艺设计应该既适合当地的自然条件、社会条件、市场需求及经济技术水平,又能采用最先进的科学技术,以保证生产工艺的实施和生产水平的提高。为保证畜牧场设计科学合理,在进行畜牧场设计前,必须调查拟建场地的地形、地势、水源、土壤、地质水文资料、历史上的自然灾害和畜禽疫情,当地建筑习惯,场地周围的工厂、居民点和其他牧业情况。必须了解当地自然社会经济状况、畜产品市场状况、饲料及能源供应、粪污处理能力、劳动力市场情况、交通运输条件、建设投资能力及资金来源等情况。合理的场区规划应能满足畜禽生产的工程防疫要求、畜禽健康养殖与动物福利、畜禽生长环境与清洁生产、集约化规模化养殖与节能技术等。畜禽养殖场区建设的首要任务就是要保证畜禽的健康和畜产品的安全,这是畜禽高产、优质、高效生产的前提条件。

6.1.1 工艺设计

设置畜牧场之前,对畜牧场的工艺设计应根据经济条件、技术力量、社会和生产需求,并结合环保要求进行。现代化畜牧场普遍采用的是分阶段饲养和全进全出的生产工艺。在制订畜牧场工艺设计方案时,必须充分考虑现代畜牧场的生产工艺特点,结合当地实际情况,使设计方案既科学、先进,又切合实际,能够付诸实施。工艺设计内容包括:畜牧场的性质和规模、主要生产指标、畜群组成和周转方式、畜牧兽医技术参数和标准、各种畜舍的样式和主要尺寸、畜牧场附属建筑和设施、卫生防疫制度、环境保护措施等。工艺设计方案应既科学先进又切合实际,且可操作性要强。

1)畜牧场的性质和规模

不同性质的牧场,如种畜场、繁殖场、商品场,它们的公母比例、畜群组成和周转方式不同,对饲养管理和环境条件的要求不同,所采取的畜牧、兽医技术措施也不同。因此,在工艺设计中必须明确规定牧场性质,并阐明其特点和要求。

畜牧场的性质必须根据社会和生产的需要来决定。原种场、祖代场必须纳入国家或地方的良种繁育计划,并符合有关规定和标准。确定牧场性质,还须考虑当地技术力量、资金、饲料等条件,经调查论证后方可决定。

所谓畜牧场规模一般是指畜牧场饲养家畜的数量,通常以存栏繁殖母畜头(只)数表示,或以年上市商品畜禽头(只)数表示,或以常年存栏畜禽总头(只)数表示。畜牧场规模是进行畜牧场设计的基本数据。

畜牧场规模的确定除必须考虑社会和市场需求、资金投入、饲料和能源供应、技术和管理水平、环境污染等各种因素,还应考虑畜牧场劳动定额和房舍利用率。例如,某商品蛋鸡场,其管理定额为每人饲养蛋鸡 5 000~6 000 只,则每栋蛋鸡舍容量就应为 5 000~6 000

只,或为其倍数,全场规模也应是管理定额的倍数。此外,鸡场规模还应考虑蛋鸡舍与其他鸡舍的栋数比例,以提高各鸡舍利用率,并防止出现鸡群无法周转的情况。蛋鸡生产一般为三阶段饲养:育雏阶段一般为 0~6 或 7 周龄;育成阶段一般为 7 或 8 周龄至 19 或 20 周龄;产蛋阶段一般为 20 或 21 周龄至 72 或 76 周龄。为便于防疫和管理,应按三阶段设计三种鸡舍,实行"全进全出制"的转群制度,每批鸡转出或淘汰后,对鸡舍和设备进行彻底清洗和消毒,并空舍一段时间后再进新鸡群。工艺设计应调整每阶段的饲养时间(饲养日数加消毒空舍日数)恰成比例,就可使各种鸡舍的栋数也恰成比例。表 6.1 是制订鸡群周转计划和鸡舍比例的两种方案。

表 6.1　蛋鸡场鸡群周转计划和鸡舍比例方案举例

方案	鸡群类别	周龄	饲养天数	消毒空舍天数	占舍天数	占舍天数比例	鸡舍栋数比例
I	雏鸡	0~7	49	19	68	1	2
	育成鸡	8~20	91	11	102	1.5	3
	产蛋鸡	21~76	392	16	408	6	12
II	雏鸡	0~6	42	10	52	1	1
	育成鸡	7~19	91	13	104	2	2
	产蛋鸡	20~76	399	17	416	8	8

2)主要生产指标

主要生产指标包括畜禽公母比例,种畜禽利用年限,情期受胎率,年产窝(胎)数,窝(胎)产活仔数,仔畜初生重,种蛋受精率,种蛋孵化率,年产蛋量,畜禽各阶段的死淘率,耗料定额和劳动定额等,见表 6.2。

表 6.2　猪场主要工艺参数

指　标	参　数	指　标	参　数
妊娠期/天	114	肥育期成活率/%	98
哺乳期/天	28~35	肥育期末重/(kg·头$^{-1}$)	90~100
断奶后至发情期天数/天	7~10	肥育期平均日增重/(g/头·天$^{-1}$)	640~700
情期受胎率/%	85	肥育猪全期耗料量/(kg·头$^{-1}$)	200~250
确认妊娠所需时间/天	21	公母比例(本交)	1:25
分娩率/%	85~95	种猪利用年限/年	3~4
母猪年产仔窝数/头	2.1~2.4	种猪年更新率/%	25
经产母猪窝产仔数/头	11	后备种猪选留率/%	75
经产母猪窝活产仔数/头	10	空怀、妊娠母猪 273 天耗料量/(kg·头$^{-1}$)	800~850
初生仔猪个体重/(kg·头$^{-1}$)	1.1~1.2	哺乳母猪 92 天耗料量/(kg·头$^{-1}$)	450~500
仔猪哺乳天数/天	28~35	种公猪 365 天耗料量/(kg·头$^{-1}$)	1 100

续表

指　标	参　数	指　标	参　数
仔猪哺乳期成活率/%	90	后备公猪180~240天耗料量/(kg·头⁻¹)	210
哺乳仔猪断奶重/(kg·头⁻¹)	8.0~9.0	后备母猪180~240天耗料量/(kg·头⁻¹)	150
哺乳仔猪日增重/(g·头·天⁻¹)	180~190	母猪周配种次数	1.2~1.4
哺乳仔猪全期耗料量/(kg·头⁻¹)	5~7	转群节律计算天数	7
仔猪培育天数/天	35	妊娠母猪提前进产房天数	7
仔猪培育期成活率/%	95	各猪群转圈后空圈消毒天数	7
仔猪培育期末重/(kg·头⁻¹)	20~25	母猪配种后原圈观察日数	21
仔猪培育期日增重/(g·头·天⁻¹)	400~460	每头成年母猪提供商品猪数/(头·年⁻¹)	16~18
仔猪培育期全期耗料量/(kg·头⁻¹)	17~20	生产人员平均养猪数/(头·人·年⁻¹)	450~500
商品猪肥育天数/天	100~110	每平方米建筑提供商品猪数/(头·年⁻¹)	0.9~1.0

　　制订生产指标必须根据畜禽品种的生产力、技术水平和管理水平、饲养人员素质等，使指标高低适中，经努力可以实现。

　　制订畜牧场生产指标，不仅为设计工作提供依据，而且为投产后实行定额管理和岗位责任制提供依据。生产指标一定要高低适中，指标过高，不但不能完成任务，而且依此设计的房舍、设备也不能充分利用；如果指标过低，则不能充分发挥工作人员的劳动生产潜力，据此设计的房舍设备无法满足生产需要。

3) 畜禽组成及周转

　　根据畜禽不同生长发育阶段的特点和对饲养管理的不同要求，分成不同类群。在工艺设计中，应定出各类畜禽的饲养时间和消毒空舍时间，分别算出各类畜禽的存栏数和各类畜舍的数量，并绘出畜群周转图。

　　在集约化畜牧场生产工艺上，应尽量采用"全进全出"的周转模式，一栋畜舍只饲养同一类群的畜禽，并要求同时进舍，一次装满。到规定时间的，又同时出舍。畜舍和设备经彻底消毒、检修后空舍几天再接受新群，这样有利于卫生防疫，可防止疫病的交叉感染。目前，我国的鸡场，大多都采用"全进全出"的饲养制度。

4) 饲养管理方式

　　饲养管理方式包括饲养方式、饲喂方式、饮水方式、清粪方式等。

　　饲养方式是指为便于饲养管理而采用的不同设备、设施(栏圈、笼具等)，或每圈容纳的畜禽数量的多少，或畜禽管理的不同形式。按饲养管理设备和设施不同，饲养方式可以分为笼养、网栅饲养、缝隙地板饲养、板条地面饲养或地面平养；按每圈畜禽数量多少，饲养方式可分为单体饲养和群养；按管理形式，饲养方式可分为拴系饲养、散放饲养、无垫草饲养和厚垫草饲养。

　　饲养管理方式关系到畜舍内部设计及设备的选型配套，也关系到生产的机械化程度、劳动效率和生产水平。在设计牧场时，要根据实际情况，论证确定拟建牧场的饲养管理方式，在工艺设计中应加以详尽说明。

　　饲喂方式是指不同的投料方式或饲喂设备,可分为手工喂料和机械给料,或分为定时限量饲喂和自由采食。饲料料型关系到饲喂方式和饲喂设备的设计,稀料、湿拌料宜采用普通饲槽进行定时限量饲喂,而干粉料、颗粒料则采用自动料箱进行自由采食。

　　饮水方式可分为定时饮水和自由饮水,所用设备有水槽和各式饮水器。饮水槽饮水(长流水、定时给水、贮水)不卫生、管理麻烦,目前多用于牛、羊、马生产,在猪和鸡生产中已被淘汰。饮水器可用于各种畜禽生产,具有干净卫生的优点。

　　清粪方式可分为干清粪、水冲清粪、水泡粪。干清粪是将粪和尿水分离并分别清除。畜床的结构和设施,应能迅速、有效地将粪便与尿水分开,并便于人工清粪或机械清粪。水冲清粪、水泡粪工艺是在漏缝地板下设粪沟,前者沟底有坡,每天多次用水将沟内粪污冲出舍外,后者沟为平底或有坡,沟内积存粪尿和水,即将积满时,提起沟端的闸板排放沟中的稀粪。该两种清粪方式虽可提高劳动效率,降低劳动强度,但耗水耗能较多,舍内卫生状况变差,更主要的是,粪中的可溶性有机物溶于水,使污水处理难度大大提高,难以将粪污进行资源化合理利用,且容易造成环境污染。

5)卫生防疫制度

　　疫病是养殖生产中的最大威胁,积极有效的对策是贯彻"预防为主,防重于治"方针。为了有效防止疫病的发生和传播,畜牧场必须严格执行《中华人民共和国动物防疫法》,工艺设计应据此制定出严格的卫生防疫制度。畜牧场设计还必须从场址选择、场地规划、建筑物布局、绿化、生产工艺、环境管理、粪污处理利用等方面全面加强卫生防疫,并在工艺设计中逐项加以说明。经常性的卫生防疫工作,要求具备相应的设施、设备和相应的管理制度,在工艺设计中必须对此提出明确要求。例如,畜牧场应杜绝外面车辆进入生产区,因此,饲料库应设在生产区和管理区交界处,场外车辆由靠管理区一侧的卸料口卸料,各畜舍用场内车辆在靠生产区一侧的领料口领料。而对于产品的外运,应靠围墙处设装车台,车辆停在围墙外装车。场大门须设车辆消毒池,供外面车辆入场时消毒。各栋畜舍入口处也应设消毒池,供人员出入消毒。人员出入生产区还应经过消毒更衣室,有条件的单位最好进行淋浴。此外,工艺设计应明确规定设备、用具要分栋专用,场区、畜舍及舍内设备要有定期消毒制度。对病畜隔离、尸体剖检和处理等也应做出严格规定,并对应有相关的消毒设备和处理设施。

6)畜牧兽医技术参数与标准

　　畜牧场工艺设计应提供有关的各种参数和标准,作为工程设计的依据和投产后生产管理的参考。其中包括各种畜群要求的温度、湿度、光照、通风、有害气体允许浓度等环境参数;畜群大小及饲养密度、占栏面积、采食及饮水宽度、通道宽度、非定型设备尺寸、饲料日消耗量、日耗水量、粪尿及污水排放量、垫草用量等参数,以及冬季和夏季对畜舍墙壁和屋顶内表面的温度要求等设计参数。

7)畜舍的样式和主要尺寸

　　畜舍样式应根据畜禽的特点,并结合当地气候条件,常用建材和建筑习惯,建成无窗畜舍、有窗畜舍、开放舍、半开放舍等。畜舍主要尺寸是指畜舍的长、宽、高,应根据畜禽种类、饲养方式、场地地形及尺寸确定。

8)附属建筑及设施

　　附属建筑包括行政办公用房、生产用房、技术业务用房、生产的附属用房。附属设施包括地秤、产品装猪台、除粪场等,均应在工艺设计中做出具体要求。

6.1.2　场址选择

家庭饲养少量畜禽可利用现有空闲民房外,具有一定规模的畜牧场均应选择适宜的场地建场。它关系到场区小气候状况、畜牧场和周围环境的相互污染、畜牧场的生产经营等。如选址不当,畜牧场一旦建成就无法更改,由此造成影响生产、污染环境、疫病发生的情况并不少见。场址选择主要考虑场地的地形、地势、水源及社会联系等条件。

1)地形与地势

(1)地形

地形是指场地形状、大小和地面设施情况。作为畜牧场的地形,要求整齐、开阔、有足够的面积。地形开阔,是指场地上原有房屋、树木、河流、沟坎等地物要少,可减少施工前清理场地的工作量或填挖土方量。地形整齐,是指场地不要过于狭长或边角过多,否则不利于场区建筑物的合理布局和对场地的充分利用,还会增加场区防护设施的投资,并给运输、管理造成不便。场地面积可根据拟建畜牧场的性质和规模,按表6.3、表6.4推荐值估算。确定场地面积应本着节约占地的原则,不占或少占农田,还应根据牧场规划,留有发展余地。我国畜牧场一般采取密集型布置方式,建筑系数一般为20%~35%(建筑系数是指畜牧场总建筑面积占场地面积的比例,用百分数表示)。

表6.3　畜禽每圈头数及每头所需地面面积

畜禽种类	每圈适宜头数/头	所需面积/(m²·头⁻¹)
牛:		
拴系饲养的牛床的种公牛	1	3.3~3.5
6月龄以上青年母牛	25~150	1.4~1.5
成年母牛	50~100	2.1~2.3
散放饲养乳牛	50~100	5~6
散放饲养肉牛:		1.86
1岁犊牛		3.72
肥育牛	10~20	4.18~4.65
猪:		
断奶仔猪	8~12	0.3~0.4
后备猪	4~5	1
空怀母猪	4~5	2~2.5
孕前期母猪	2~4	2.5~3
孕后期母猪	1~2	3~3.5
设固定防压架的母猪	1	4
带仔母猪	1~2	6~9
育肥猪	8~12	0.8~1

续表

畜禽种类	每圈适宜头数/头	所需面积/($m^2 \cdot$ 头$^{-1}$)
鸡:		
地面平养蛋鸡:0~6(周龄)		0.04~0.06
7~20(周龄)		0.09~0.11
成年鸡		0.25~0.29
厚垫草地面平养肉鸡:0~6(周龄)	500~1 500	0.05~0.08
7~22(周龄)	≤500	0.12~0.19
成年母鸡	≤500	0.25~0.30
厚垫草地面平养肉用仔鸡:0~4(周龄)	≤3 000	0.05
5~9(周龄)	≤3 000	0.07~0.08

注:所需地面面积不包括运动场、排粪区、饲槽、通道等。

表 6.4　畜牧场所需场地面积估计

牧场性质	规　模	所需面积/($m^2 \cdot$ 头$^{-1}$)	备　注
奶牛场	100~400 头成乳牛	160~180	
繁殖猪场	100~600 头基础母猪	150~250	按基础母猪计
肥猪场	年上市 0.5 万头~2.0 万头肥猪	7~10	按基础母猪计
羊场		15~20	
蛋鸡场	10 万~20 万蛋鸡	0.65~1.0	本场养种鸡,蛋鸡笼养,按种鸡计
蛋鸡场	10 万~20 万蛋鸡	0.5~0.7	本场不养种鸡,蛋鸡笼养,按蛋鸡计
肉鸡场	年上市 100 万只肉鸡	0.4~0.5	本场不养种鸡,蛋鸡笼养,按蛋鸡计
肉鸡场	年上市 100 万只肉鸡	0.7~0.8	本场养种鸡,蛋鸡笼养,按 20 万只肉鸡计

（2）地势

地势是指场地的高低起伏状况。畜牧场场地应地势高燥、平坦。地势高燥,有利于保持地面干燥,防止雨季洪水的冲击。地势低洼容易积水而潮湿泥泞,这将有利于蚊蝇和微生物孳生,降低畜舍使用寿命,提高畜舍外围户结构的导热性。如在山区建场,一般选择稍平缓的向阳坡地,有利于排水。平原地区建场,要处在当地历史洪水线以上,地下水位要距地表 2 m 以下。场地平坦,可减少建场施工土方量,降低基建投资。场地稍有坡度,便于场地排水。在坡地建场宜选择向阳坡,因为我国冬季盛行北风或西北风,夏季盛行南风或东南风,所以向阳坡夏季迎风利于防暑,冬季背风可减弱冬季风雪的侵袭,对场区小气候有利。但场地坡度不宜过大,羊的放牧地坡度可稍大些,否则,会加大建场施工工程量,而且也不利于场内运输。

2）土壤与水源

（1）土壤

畜牧场场地的土壤情况对畜禽影响很大。建场的土壤要求是透水性、透气性好,容水量、吸湿性小,导热性小,保温良好;没有被有机物和病原微生物污染;没有生物地球化学地方病。

作为建场的土壤,在保证没有污染的前提下,以选择砂壤土较为理想,黏土较差。但土壤的选择往往受客观条件的限制,选择最理想的土壤是不易的,不宜过分强调土壤种类和物理特性,可以从建筑物设计以及生产管理上去弥补土壤的缺陷。

(2)水源

在畜牧场的生产过程中,畜禽饮水、饲料调剂、畜舍和用具的洗涤、畜体的洗刷等,都需使用大量的水,而水质好坏直接影响畜禽健康和畜产品质量(见表6.2、表6.3)。因此,畜牧场的水源要达到以下要求:a. 水量充足,满足场内各项用水,还应考虑消防用水以及未来发展的需要;b. 水质良好,符合生活饮用水水质标准;c. 便于防护,不易受污染;d. 取用方便,处理技术简单易行。

3)社会联系

社会联系是指养殖场与周围社会的关系,如与居民区、工厂及其他养殖场的关系,交通运输和电力供应等。

(1)与居民区、工厂及其他养殖场的关系

畜牧场场址的选择,必须遵循公共卫生原则,既要使养殖场的畜产废弃物不污染环境,同时也要防止受周围环境的污染。因此,畜牧场应设在居民区的下风处,且地势低于居民区,但要离开居民区污水排出口,更不应选在化工厂、屠宰场、制革厂等容易造成环境污染企业的下风处或附近。与居民区之间的距离,小中型养殖场应不少于 300 ~ 500 m(禽、兔等小家畜之间距离宜大些),大型养殖场(10 000 头猪场、1 000 头奶牛场。100 000 羽禽场等)应不少于 1 000 ~ 1 500 m。

(2)交通条件

畜牧场的交通运输主要是饲料、畜产品及肥料的运送。特别是大型商品养殖场,进出物资的运输任务繁重,对外联系密切,要求交通运输方便。但交通干线往往又是疫病传播的途径,因此,选择场址时既要考虑到交通便利,又要与交通干线保持一定的距离。一般距一、二级公路与铁路应不少于 300 ~ 500 m,距三级公路(省内公路)应不少于 150 ~ 200 m,距四级公路(县级和地方公路)不少于 50 ~ 100 m,养殖场应有专用道路与主要公路相连接。

(3)供电条件

选择场址时,还应重视供电条件,特别是机械化程度较高的养殖场,更要具备可靠的电力供应。为减少供电投资,应靠近输电线路,尽量缩短新线架设距离。尽可能采用工业与民用双重供电线路,或设有备用电源,以确保生产正常进行。

(4)饲料供应

饲料是畜牧生产的物质基础,饲料费一般可占畜产品成本的 60% ~ 80% 。因此,选择场址时还应考虑饲料的就近供应,草食家畜的青饲料应尽量由当地供应,或本场计划出饲料地自行种植,以避免长途运输而提高饲养成本。

(5)其他社会联系

场址选择还应考虑产品的就近销售,以缩短距离,降低成本和减少产品损耗。同时,也应注意牧场粪污和废弃物的就近处理和利用,防止污染周围环境。

6.1.3　场地规划与建筑物布局

场地选定之后,需根据场地的地形、地势和当地主风向,有计划地安排养殖场不同建筑功能区、道路排水、绿化等地段的位置,这就是场地规划。根据场地规划方案和工艺设计对各种建筑物的规定,合理安排每栋建筑物和各种设施的位置、朝向和相互之间的距离,称为建筑物布局。场地规划与建筑物布局在设计时主要考虑不同场区和建筑物之间的功能关系,场区小气候的改善,以及养殖场的卫生防疫和环境保护。

1)场地规划

(1)畜牧场的分区规划原则

①在体现建场方针、任务的前提下,做到节约用地。

②全面考虑家畜粪尿、污水的处理利用。

③合理利用地形地物,有效利用原有道路、供水、供电线路及原有建筑物等,以减少投资,降低成本。

④为场区今后的发展留有余地。

(2)畜牧场的分区规划

畜牧场通常分为三个功能区:管理区(包括行政和技术办公室、车库、杂品库、更衣消毒和洗澡间、配电室、水塔、宿舍、食堂、娱乐室等),生产区(包括各种畜舍、饲料贮存、加工、调制等建筑物),隔离区(包括病畜隔离舍、兽医室、尸体剖检和处理设施、粪污处理及贮存设施等)。在进行场地规划时,主要考虑人、畜卫生防疫和工作方便,考虑地势和当地全年主风向,来合理安排各区位置(图6.1、图6.2、图6.3)。

图6.1　按地势和风向划分场区示意图

①管理区(生活区)　担负畜牧场经营管理和对外联系的区域,应设在与外界联系方便的位置。场大门设于该区,门前设消毒池,两侧设门卫和消毒更衣室。车库、料库应在该区靠围墙设置,车辆一律不得进入。也可将消毒更衣室、料库设于该区与生产区隔墙处,场大门只设车辆消毒池,可允许进入管理区。有家属宿舍时,应单设生活区,生活区应设在管理区的上风向、地势较高处。

②生产区　畜牧场的核心区域,应设于全场中心地带。规模较小的畜牧场,可根据不同畜群的特点,统一安排各种畜舍。大型的畜牧场,则进一步划分种畜、幼畜、育成畜、商品畜等小区,以方便管理和利于防疫。

图6.2　畜牧场分区示意图

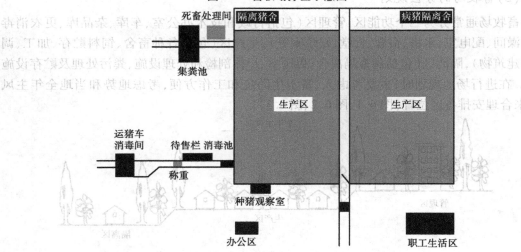

图6.3　隔离猪舍、出猪台、观察室、死畜处理间布局示意图

　　③隔离区　畜牧场病畜、污物集中之地,是卫生防疫和环境保护工作的重点,应设在全场下风向和地势最低处。为运输隔离区的粪尿污物出场,宜单设道路通往隔离区。

2)建筑物布局

　　畜牧场建筑物的布局,就是合理设计各种房舍建筑物及设施的排列方式和次序,确定每栋建筑物的每种设施的位置、朝向和相互之间的间距。布局合理与否,对场区环境状况、卫生防疫条件、畜舍小气候状况、生产组织、劳动生产率及基础投资等都有直接影响。因此,畜牧场建筑布局必须考虑各建筑之间的功能关系、小气候的改善、卫生防疫、防火和节约用地等,根据现场条件进行设计布局。为合理设计畜牧场的建筑物,须先根据所规定的任务与要求(养哪种家畜、养多少、产品产量),确定饲养管理方式、集约化程度和机械化水平、饲料需要量和饲料供应情况(饲料自产、购入与加工调制等),然后进一步确定各种建筑物的形式、种类面积和数量。在此基础上综合考虑场地的各种因素,制订最佳的布局方案。

(1)建筑物的位置

确定建筑物的位置时主要考虑它们之间的功能关系、卫生防疫及生产工艺流程的要求。

①根据功能关系来布局　功能关系是指房舍建筑物和设施在畜牧生产中的相互关系(图6.4)。在安排各建筑物位置时,应将相互有关、联系密切的建筑物和设施靠近安置,以便于生产联系。不同畜群间,彼此应有较大的卫生间距。大型养殖场最好达 200 m以上。

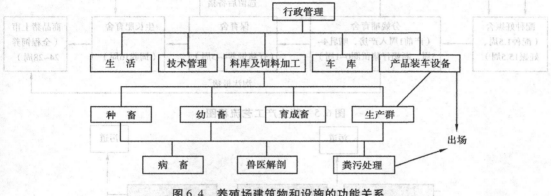

图 6.4　养殖场建筑物和设施的功能关系

a. 商品畜群如奶牛群、肉牛群、肥育猪群、蛋鸡群、肉羊群等。这些畜群的产品要及时出场销售,管理方式多采用高密度和较高机械化水平。这些畜群的饲料、产品、粪便的运送量相当大,因而与场外的联系比较频繁。一般将这类畜群安排在靠近场门交通比较方便的地段,以减少外界疫情向场区深处传播的机会。奶牛群为便于青绿多汁饲料的供给,还应使其靠近场内的饲料地。

b. 育成畜群指青年畜群,包括青年牛、后备猪、育成鸡等。这类畜群应安排在空气新鲜、阳光充足、疫病较少的区域。

c. 种畜群应设在防疫比较安全的场区处,必要时,应与外界隔离。

d. 干草和垫料堆放棚应安排在生产区下风处的空旷地方。注意防止污染,并尽量避免场外运送干草、垫料的车辆进入生产区。

②根据卫生防疫要求来布局　在考虑建筑物位置时,不能只考虑功能的需要,也不能违背卫生防疫的要求。如在场地规划中所述,考虑卫生防疫要求时,应根据场地地势和当地全年主方向,将办公、生活、饲料、种畜、幼畜的建筑物尽量安置在地势高、上风向处。生产群可置于相对较低处,病畜及粪污处理应置于最低且下风处。有的情况不得不牺牲功能联系而保全防疫的需要。如家禽孵化室是一个污染较大的区域,不能强调其与种禽、育雏的功能关系,应主要考虑防疫的需要。大型养禽场最好单独设孵化场,小型养禽场也应将孵化室安置在防疫较好又不污染全场的地方,并设围墙或隔离、绿化地带。育雏舍对防疫要求也较高,且因某些疫病在免疫接种后需较长时间才产生免疫力,如与其他鸡舍靠近安置,则易发生免

疫力产生之前的感染。因此,大型鸡场宜单设育雏场,小型鸡场则应与其他鸡舍保持一定距离,并设围墙严格隔离。

③根据生产工艺流程安排来布局

a. 商品猪场 商品猪的生产工艺流程是:种猪配种→妊娠→分娩哺育→保育或育成→育肥→上市(图6.5)。因此,应按种公猪舍、空怀母猪舍、妊娠母猪舍、产房、断奶仔猪舍、肥猪舍、装猪台等顺序来安排建筑物与设施。饲料库、贮粪场等,与每栋猪舍都发生联系,其位置应考虑"净道"(运送饲料、产品和用于生产联系的道路)和"污道"(运送粪污、病畜、死畜的道路)的分开布置(图6.6),并尽量使其至各栋猪舍的线路最短距离相差不大。

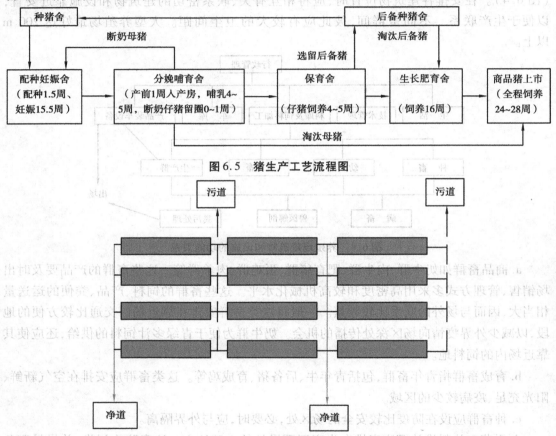

图6.5 猪生产工艺流程图

图6.6 猪舍内部道路布局图

b. 种鸡场 种鸡场的生产工艺流程:种蛋孵化→育雏(又分幼雏、中雏、大雏)→育成→产蛋→孵化→销售(种蛋或鸡苗)。因此,鸡舍的布局根据主风向应当按下列顺序配置,即孵化室、育雏舍、中雏舍、育成鸡舍、产蛋鸡舍。即孵化室建在上风向,成鸡舍建在下风向,这样能使幼雏舍得到新鲜的空气,从而减少发病的机会,同时,也能避免由成鸡舍排出的污浊空气造成疫病传播。

(2)建筑物的排列

畜牧场建筑物一般横向成排(东西),竖向成列(南北)。排列的合理与否,关系到场区的小气候、畜舍的光照、通风、建筑物之间的联系、道路和管线铺设的长短、场地的利用率等,要求尽量做到合理、整齐、紧凑、美观。尽量避免狭长排列,否则会造成饲料、粪污的运输距离加大,管理和工作联系不便,道路、管线加长,增加建场投资。生产区尽量按方形或近似方形排列为好。一般四栋以内,宜单列;超过四栋时,呈双列或多列(图6.7)。

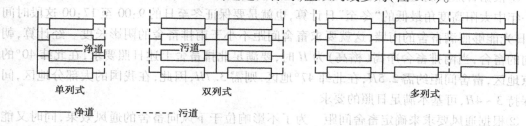

图6.7　养殖场建筑物排列布置模式图

(3)建筑物的朝向

确定养殖场建筑物的朝向主要考虑其日照和通风效果。畜舍建筑物一般为长矩形,纵墙面积比山墙(端墙)面积大得多,门窗也都设在纵墙上。因此,确定畜舍朝向时,冬季为使纵墙接受太阳较多的光照,尽量减少盛行风对纵墙的吹袭;夏季则应尽量减少太阳对纵墙的照射,增加盛行风对纵墙的吹袭,这样的朝向才能使畜舍冬暖夏凉。

①根据日照确定朝向　在我国,冬季太阳高度角小,方位角(指太阳在平面上与正南方向所夹的角)变化范围也小(图6.8)。南向畜舍的南墙接受太阳光多,照射时间相对较长,照进舍内也较深(图6.9),有利于防寒。夏季则相反,南向畜舍的南墙接受太阳照射较少,照射时间也较短,光线照入舍内较浅,因此有利于防暑。所以从防寒和防暑要求来看,畜舍朝向向南或南偏东、偏西45°内为宜。

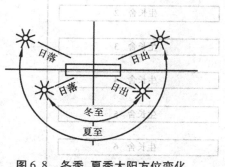

图6.8　冬季、夏季太阳方位变化

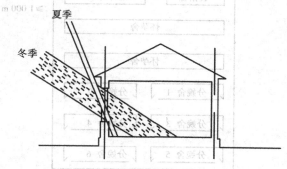

图6.9　南向畜舍日照情况

②根据通风要求确定朝向　我国地处亚洲东南季风区,夏季盛行南风或东南风,冬季多为东北风或西北风。可向当地气象部门了解本地风向频率图。为了防止冬季主风向吹袭畜舍纵墙,减少冷风渗入舍内,畜舍的纵墙应与冬季主风向形成0°~45°夹角。为了增强夏季自然通风,保证舍内通风均匀,纵墙应与夏季主风成30°~45°夹角。

按日照和主风向来确定畜舍朝向时,手续烦琐,有关单位经多年调查研究和实践,总结出我国部分地区民用建筑最佳和适宜朝向(见附录2),以供参考。

(4)建筑物的间距

相邻两栋建筑物的纵墙之间的距离称为间距。间距大,前排畜舍不致影响后排采光,并有利于通风排污、防疫和防火,但会增加占地面积;间距小,可节约占地面积,但不利于采光、通风和防疫、防火,影响畜舍小气候。因而应合理确定。一般从日照、通风、防疫和防火等方面考虑。

①根据日照来确定畜舍间距 为了使南排畜舍在冬季不会遮挡北排畜舍的日照,一般按一年中太阳高度角最低的"冬至"日计算,也就是要保证冬至日的9:00至17:00这段时间内,日光能够照满畜舍的南墙,这就要求畜舍间距不小于南排畜舍的阴影长度。经计算,朝南向的畜舍,当南排畜舍净高(檐高)为 H 时,要满足北排畜舍上述日照要求,在北纬40°的北京地区,畜舍间距约需 $2.5H$,在北纬47°地区,则需 $3.7H$,因此,在我国的大部分地区,间距保持 $3 \sim 4H$,可基本满足日照的要求。

②根据通风要求来确定畜舍间距 为了不影响位于下风向畜舍的通风效果,同时又能免受上风向畜舍排除的污浊空气的污染。在确定畜舍间距时,应避免下风向的畜舍处于相邻上风向畜舍的涡风区内。而实践表明,当风向垂直吹向畜舍纵墙时,涡风区最大,约为其檐高的5倍,当风向与纵墙不垂直时,涡风区缩小。可见,畜舍的间距为 $3 \sim 5H$,即可满足通风排污和卫生防疫要求。在目前广泛采用纵向通风的情况下,因排风口在两侧山墙上,畜舍间距可缩小到 $2 \sim 3H$。

③根据防火间距来确定畜舍间距 防火间距的大小取决于建筑物的材料、结构和使用特点,可参照我国建筑防火规范。畜舍建筑一般为砖墙,混凝土屋顶或木质屋顶,耐火等级为Ⅱ或Ⅲ级,防火间距为 $6 \sim 8$ m。

综上所述,在我国的大部分地区,畜舍间距不小于 $3 \sim 5H$,就可满足日照、通风、排污、防疫和防火等要求,当采用纵向通风时,间距保持在 $2 \sim 3H$ 即可(图6.10、图6.11)。

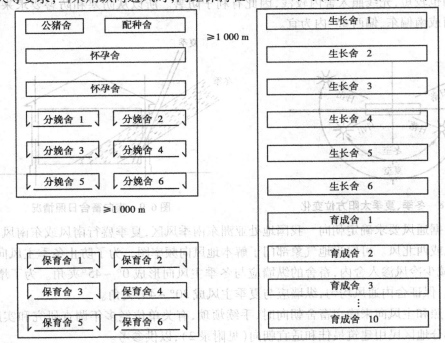

图6.10 猪舍平面布置示意图

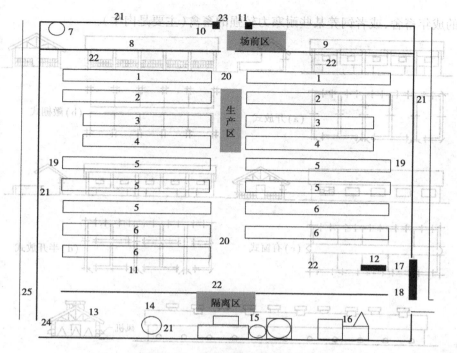

图6.11　规模化猪场总设计图

1—配种舍;2—妊娠舍;3—产房;4—保育舍;5—生长舍;6—育肥舍;7—水泵房;
8—生活、办公用房;9—生产附属用房;10—门卫;11—消毒室;12—厕所;13—隔离舍及剖检室;
14—死猪处理设施;15—污水处理设施;16—粪污处理设施;17—选猪间;18—装猪台;19—污道;
20—净道;21—围墙;22—绿化隔离带;23—场大门;24—粪污出口;25—场外污道

任务6.2　畜禽场环境的改善与控制

6.2.1　不同类型畜舍小气候的特点

　　畜舍根据外墙和窗的设置情况,可分为开放式、半开放式、敞棚式、有窗式、无窗式等多种式样(图6.12);按照其四周墙壁的严密程度不同,又可分为封闭舍、开敞舍和半开敞舍、棚舍等类型。

　　因为畜舍内的温度、湿度、气流和光照等,均受到畜舍外围结构的影响。所以,畜舍的类型不同,其畜舍小气候特点有很大的差异。因此,应结合本地区的气候特点及畜禽的类别,采用有利于畜禽生产的畜舍形式。

1)敞棚式(棚舍)

敞棚式畜舍是指靠柱子承重而不设墙,或只设栅栏、矮墙,用于运动场遮阳棚或南方炎

135

热地区的成年畜舍,或者饲养某些耐寒力较强的畜禽(主要是肉牛)。

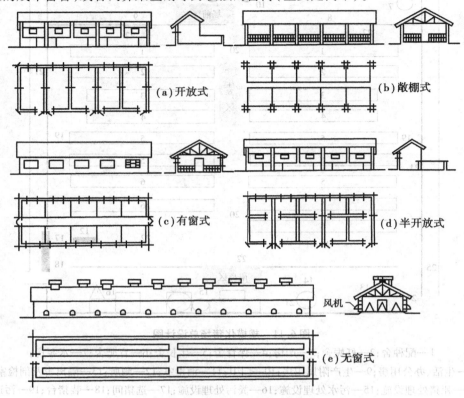

图6.12　畜舍的样式

该畜舍造价低,通风采光好,但保温隔热性能差,只起到遮阳避雨的作用。为了提高棚舍的使用效果,克服其保温能力较差的弱点,可以在畜舍前后设置卷帘,在寒冷季节,用塑料薄膜封闭,利用温室效应,以提高冬季的保温能力。如简易节能开放型畜舍、牛舍、羊舍,都属于此种类型,它在一定程度上控制环境条件,改善了畜舍的保温能力,从而满足畜禽的环境需求。

2)开放式

开放式畜舍指三面设墙,一面不设墙(南侧)而设运动场的畜舍。该样式结构简单,造价低,一般跨度较小,夏季通风及采光好,冬季保温差。北方地区的开放式畜舍,多在运动场南墙和屋檐间设置塑料棚,冬季白天利用阳光温室效应取暖,夜间加盖草帘保温,中午前后打开塑料顶部的气窗通风排湿,可以取得较好效果。但这种方式在北方一般只用作成年畜舍。

3)半开放式

半开放式畜舍指三面有墙,正面上部敞开,下部有半截墙的畜舍。在冬季较开放式散热少,且半截墙上可设塑料薄膜窗框或挂草帘,以改善舍内小气候。

以上三种形式畜舍,均属简易舍。一般跨度小,造价低,采用自然通风和采光,但舍内小气候受外界影响较大,采用供暖降温措施时,耗能多,适用于小规模养殖户选用。

4)有窗式(封闭舍)

有窗式畜舍指四面设墙,且在纵墙上设窗的畜舍,这种畜舍冬季比较暖,夏季比较热。

其可采用自然通风和采光,也可采用机械辅助通风及供暖保温等设备来调节,跨度可大可小,适用于各气候区和各种畜禽。通风换气仅依赖于门、窗和通风管,舍内外温度差异大。舍内温度分布垂直方向是天棚和屋顶附近较高,地面附近较低,如果天棚和屋顶保温能力强,通过它们散失的热量就少,舍内空气垂直温差也小;反之,会出现天棚和屋顶温度较低,地面附近较高。水平方向看舍温从中部向四周方向递减,中部温度较高,靠墙的地方温度较低,保温能力差。

冬季舍内实际温度状况取决于围护结构及其保温能力,在冬季要求天棚和屋顶与地面附近的温差不超过2.5～3 ℃,冬季还要求舍内平均气温与墙壁内表面温度差不超过3 ℃;夏季取决于外围护结构的隔热能力和通风情况。生产中较为可行的温度范围见表6.5。

表6.5　生产中较为可行的温度范围

家畜种类		可行温度/℃	最适温度/℃
猪	妊娠母猪	11～15	17
	分娩母猪	15～20	
	带仔母猪	15～17	
	初生母猪	27～32	
	哺乳仔猪	20～24	
	后备猪		29
	肥猪	15～17	
牛	乳用母牛	5～12	10～15
	乳用犊牛	10～24	17
	肉牛、小阉牛	5～12	10～15
羊	母绵羊	7～24	13
	初生羔羊	24～27	
	哺乳羔羊	5～12	10～15
鸡	蛋用母鸡	10～24	13～20
	肉用仔鸡	21～27	24

5)无窗式

无窗式畜舍又称环境控制式畜舍。畜舍与外界隔绝程度高,墙上只设不透光的保温应急窗,舍内的通风、采光、供暖、降温等均靠环境控制设备调控;舍内小气候完全是人为控制,不受季节的影响,为畜禽创造一个最佳的环境空间,从而有利于畜禽生产。

无窗式畜舍的优点是能有效地控制疾病的传播;便于实现机械化;减轻劳动强度,提高劳动生产率。缺点是建筑物和附属设备要求较高,投资较大,要求保证充足的电力,能源消耗多。

6)组装式

组装式畜舍是为了结合开放式与封闭式畜舍的优点,将畜舍的墙壁和门窗设计为活动的,天热时可以局部或全部取下来,成为半开敞式、开敞式或棚舍;冬季为加强保温可装配起来,成为严密的封闭舍。其优点是适宜不同地区、不同季节,灵活方便,便于对舍内环境因素的调节和控制。缺点是要求畜舍结构各部件质量较高,必须坚固轻便、耐用、保温隔热性能好。

7)联栋式

联栋式畜舍是一种新形式的畜舍,优点是减少畜禽场的占地面积,降低畜禽场建设投资。但要求管理条件高,必须具备良好的环境控制设施,才能使舍内保持良好的小气候环境,以满足畜禽的生理、生产要求。

总之,随着现代化畜牧业的发展,畜舍的形式也在不断变化着,新材料、新技术不断地应用于畜舍,并将温室技术与养殖技术有机结合,在降低建造成本和运行费用的同时,通过进行环境控制,实现优质、高效和低耗生产,使畜舍建筑越来越符合畜禽对环境条件的要求。后几种畜舍是现代畜舍的发展趋势。

建造畜舍是改善和控制畜禽环境的主要手段,但是绝不能认为有了畜舍就可以为畜禽建立理想的环境。只有通过对畜舍环境的有效控制,同时采用先进的生产工艺,合理的设备选型配套,配合日常的精心管理,才能达到防寒、防暑、通风排污、采光、排水和防潮等目的。

6.2.2 畜舍的基本结构与卫生要求

畜舍由基础、墙、屋顶、门窗及地面等组成。其中屋顶和外墙组成畜舍的外壳,由于其将舍内外空间分隔,故称外围护结构。舍内小气候状况,在很大程度上取决于外围护结构的设计。

1)地基与基础

(1)地基

地基是指支持整个建筑物的土层。分天然地基和人工地基。作天然地基的土层必须具备足够的承重能力,足够的厚度,并且组成均匀一致,抗冲刷能力强,膨胀性小,地下水位在 2 m以下,同时无侵蚀作用。砂砾、碎石、岩性土层以及砂质土层是良好的天然地基。黏土、黄土不适宜于做天然地基。人工地基是指在施工前经过人工处理加固的地基。大型畜舍一般使用人工地基更可靠;小型畜舍采用天然地基能节省投资。

(2)基础

基础是建筑物深入土层的部分,是墙的延续和支撑。其作用是接受墙或柱传来的建筑物全部荷载均匀传递到地基上。基础要求必须坚固、耐久、抗机械能力和防潮、抗冻、抗震等。它一般比墙体宽 10 ~ 15 cm。设于墙、柱下的基础分别称条形基础和柱基础。基础底面的宽度和埋置深度必须有专业人员根据房舍的总荷载、地基的承载力、土层的膨胀程度、地下水位、冻土深度等计算确定。北方地区在膨胀土层上建畜舍,应将基础埋置在冻土层之下。基础还应注意防潮、防水,一般在基础的顶部(舍内地平线以下 6 cm)应设防潮层(如石棉水泥板等)。

(3)墙脚

墙脚是基础与墙壁的过渡部分。墙脚的作用是防止墙壁受到降水以及地下水的侵蚀。

墙脚的高度不应低于 20 ~ 30 cm,如果是土墙则应为 50 ~ 70 cm。舍内水汽是墙壁的毛细管将地下水吸入而造成的,因此墙脚的材料应具有防水、防潮作用。

2) 墙壁

墙壁是畜舍外围护结构的主要部分,占畜舍总重量的 40% ~ 65%,总造价的 30% ~ 40%,总散热量的 35% ~ 40%,它对保证舍内必要的温、湿度状况以及通过安装在墙壁上的窗户保证舍内得到适宜的光照起着重要作用。所以墙壁必须具备:坚固、耐久、抗震、防火、防冻、防水冲刷,同时结构要简单,便于清扫和消毒,还要有良好的隔热能力。

墙有不同的功能,承受屋顶重量的墙叫承重墙;起分隔作用的墙叫隔墙;将舍内与舍外隔开的墙叫外墙;不与外界接触的墙叫内墙;沿着畜舍长轴方向的外墙叫长墙或纵墙;沿着短轴方向的外墙叫端墙或山墙。

墙壁的隔热能力的大小取决于所用建筑材料的特性和厚度。干燥泥土的隔热能力要强于石头和砖。同时,墙壁厚的隔热能力大于墙壁薄的。因此要尽可能选用隔热性能力强的材料来做墙壁的建筑材料;同时,在墙壁的设计上要充分利用空气这个因素,因为干燥的空气隔热能力很强。

墙体的常用材料有土、砖、石和混凝土等。现代畜舍建筑多采用双层金属板中间夹聚苯板或石棉等保温材料的复合板块作为墙体,其隔热效果更佳。

3) 门窗

(1) 窗户

设置窗户的目的在于保证舍内有良好的采光和通风换气,窗的散热占总散热的 25% ~ 35%。因此窗户的大小、位置以及窗户的安装形式对舍内的光照与温度状况有很大的相关性。考虑到采光、通风与保温之间的矛盾,在窗户的设置上,寒冷地区必须要统筹兼顾。一般的原则是:在保证采光系数的前提下尽可能地少设窗户,只要能保证夏季通风就可以了。温暖地区可增加窗户面积。

为解决采光和保温的矛盾,国外已采用导热系数小的透明塑料作屋顶。

(2) 门

畜舍的门有外门和内门之分。畜舍通向舍外的门叫外门;舍内分间的门和畜舍附属建筑通向舍内的门叫内门。外门的功能:①保证家畜的进出;②保证生产过程的顺利进行;③在意外情况下能将家畜迅速撤出。专供人出入的门一般高 2.0 ~ 2.4 m,宽 0.9 ~ 1.0 m,供人、畜、手推车出入的门一般高 2.0 ~ 2.4 m,宽 1.2 ~ 2.0 m。每栋畜舍通常应有两个以上的外门,一般设端墙上,正对舍内中央通道,这样便于运输饲料和粪便,同时也便于实现机械化作业。为了保温,在向着冬季主风向的墙壁上,不应开设使用频繁的大门。畜舍不应设门坎、台阶,以免家畜出入和工人进行生产管理操作时不便。但是为防止雨水倒灌,畜舍地面应高出舍外 20 ~ 25 cm,并用坡道相连。畜舍的门应向外开,以防家畜在意外情况下开门方便,从而保证安全。同时应注意门上不应有尖锐突出物,以避免家畜受伤,不设台阶及门槛,而是设斜坡,舍内与舍外的高度差为 30 ~ 40 cm。

4) 地面和畜床

畜舍的地面是家畜的床,是家畜生活和生产的场所。它的散热量占总散热量的 12% ~

15%,但由于家畜与地面接触多,且主要以传导散热散发出去,所以此散热对家畜也很重要,尤其是夏天和冬天。地面的质量如何及其是否能保持正常的性能,都影响舍内小气候、家畜的健康和生产力。

因此,地面必须满足下列基本要求:导热系数小,具有良好的保温性能;不透水,易于清扫和消毒;易于保持干燥、平整、无裂纹,不硬不滑、有弹性;有足够的抗机械能力、防潮能力与抵抗各种消毒液作用的能力;向排尿沟方向应有一定的倾斜度,以便洗刷水和尿水及时排走。不同家畜的畜床倾斜度不同,一般来说,牛、马等大的家畜按1%~1.5%,猪舍按3%~4%设计。

5)屋顶

屋顶是畜舍顶部的覆盖物,其作用为避风雨和保温隔热作用。由于夏季屋顶接受太阳辐射热多,而冬季舍内热空气上升,通过屋顶散失的热量也较多,因此屋顶对舍内小气候的影响程度要比其他外围护结构大得多。屋顶由承重和面层两部分构成,屋架、条、山墙或梁、板等构成承重构件;面层是屋顶的覆盖层,起防水作用,一般由瓦、油毡、草或石棉瓦组成。屋顶形式种类繁多(图6.13),主要有以下几种:

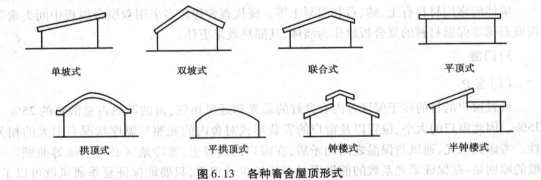

单坡式　　　　　双坡式　　　　　联合式　　　　　平顶式

拱顶式　　　　平拱顶式　　　　钟楼式　　　　半钟楼式

图6.13　各种畜舍屋顶形式

①单坡式　屋顶只有一个坡向,一般跨度较小,结构比较简单。由于高度低不便于操作,只适于单列舍。但有利于采光,适用于规模较小的畜群。

②双坡式　最常用的形式。可适用于较大跨度的畜舍,也可用于各种规模的畜群,同时有利于保温。

③联合式　联合式屋顶适用于跨度较小的畜舍。与单坡式屋顶相比,采光略差,但保温能力较强。

④钟楼式和半钟楼式　在双坡式屋顶上增设双侧或单侧天窗的屋顶形式,以加强通风和采光。但冬季不利于保温,故多用于跨度较大的畜舍和炎热地区。

⑤双折式　这种屋顶下有较大的空间,通常挂顶棚以形成楼阁,用于储存干草和垫草。故保温能力强,适用于多雪、寒冷地区,常用于栓养牛舍。但结构比较复杂,造价较高。

⑥锯齿式　实际是几个单坡式屋顶连栋而成的一种形式,既保留了单坡式屋顶的优点,又加大了跨度,其适用于温暖地区。

⑦拱顶式和平顶拱式　一种省建材的屋顶,一般适用跨度较小的畜舍。这类屋顶造价较低,但屋顶保温性较差,不便于安装天窗和其他设施,对设施技术的要求也较高。

⑧半圆桶式屋顶　这是一种墙与屋顶连在一起的畜舍,其结构简单、造价低,但屋顶较

矮,舍内温度难调节。

⑨平顶式　一般用预制板或钢筋混凝土浇筑,可用于任何跨度,但大跨度畜舍应设梁。其优点是可充分利用平台,缺点是防水问题较难解决。

此外,还有折板式屋顶等。

6)天棚

天棚又称顶棚或天花板,是在屋顶下方与舍内隔开的结构,使该空间形成一个不流动的空气缓冲层,是加强屋顶隔热效果的一种结构,对畜舍的保温、隔热有双重作用。其主要功能是加强夏季的防热和冬季的保温,同时也有利于通风换气。因此,天棚必须具备保温、隔热、不透气、不透水、坚固耐久、防潮、不滑、结构轻便、简单等特点。一般选用隔热性能好的材料,如聚苯乙烯泡沫塑料、玻璃棉、珍珠岩等。

畜舍内的高度通常以净高表示。净高指地面到天棚的高度,无天棚时,指地面至屋架下缘的高。一般畜舍的净高为 $2.0 \sim 2.5$ m(羊棚 $1.5 \sim 1.5$ m)较为适宜,采用厚垫料饲养时,净高应加高 $0.5 \sim 1.0$ m。在实行多层笼养的鸡舍,为保证上层笼的通风,顶层笼面与天棚应保持 $1.1 \sim 1.3$ m 的高度。在寒冷地区,可适当降低净高,以利于保温;在炎热地区,为利于通风,缓和高温的影响,可适当增加净高。

6.2.3　改善与控制小气候的方法

畜舍环境的控制主要取决于舍内温度的控制。畜舍防寒、防暑的目的在于克服大自然寒暑的影响,使舍内的环境温度始终保持在符合各种家畜所要求的适宜温度范围。目前在畜牧业生产先进国家已把控制畜舍温度作为有效提高饲料利用率,最大限度地获得产品的手段之一。通过畜舍外围护结构的隔热,最有效地保住家畜产生的热能,以达到家畜最需要的舍温环境,也是最经济的办法。而在炎热地区,通过良好的隔热设计和采取其他措施,同样是克服高温影响的根本途径。

1)畜舍的防暑与降温

从生理上看,家畜一般比较耐寒而怕热。近年来,在畜牧业生产中为减少高气温对畜牧生产所造成的严重经济损失,采取措施以消除或缓和高气温对家畜健康和生产力所产生的有害影响,越来越引起人们的重视。

我国南方广大地区,包括长江流域的苏、浙、皖、赣、湘、鄂等省和四川盆地,东南沿海的闽、粤、台湾等地区及南海诸岛,还有云、桂、黔等省(区)的大部分或部分地区,属湿热气候类型。其特点是气温高而持续时间长;7 月份最高气温为 $30 \sim 40$ ℃;日平均气温高于 25 ℃的天数每年有 $70 \sim 150$ 天,并且昼夜温差小,太阳辐射强度大,相对湿度大,年降雨多,最热月的相对湿度为 $80\% \sim 90\%$。

但是,与在低温情况下采取防寒保温措施相比,在炎热地区解决夏季防热降温要艰巨、复杂得多。

解决畜舍防热降温的措施包括以下几点:

(1)加强畜舍外围护结构的防暑设计

在炎热地区造成舍内过热的原因有三个:大气温度高;强烈的太阳辐射;家畜在舍内产

生的热。因此,加强畜舍外围护结构的隔热设计,就能防止或削弱高温与太阳辐射对舍温的影响。

①屋顶隔热 强烈的太阳辐射和高气温,可使屋面温度高达 60～70 ℃,甚至更高。可见屋顶隔热好坏,对舍温的控制影响很大。因此屋顶的隔热设计可采取下列措施:

a.选用隔热性能好的材料和确定合理的结构 与解决畜舍保温防寒一样,在综合考虑其他建筑学要求与取材方便的前提下,尽量选用导热系数小的材料,以加强隔热。在实践中一种材料往往不可能保证最有效的隔热,所以人们常用几种材料修建多层结构屋顶。其原则是:在屋面的最下层铺设导热系数小的材料,其上为蓄热系数较大的材料,再上为导热系数大的材料。采用这种多层结构,当屋面受太阳照射变热后,热传到蓄热系数大的材料层蓄积起来,而再向下传导时受到抵制,从而缓和了热量向舍内传播。而当夜晚来临时,被蓄积的热又通过上层导热系数大的材料迅速散失。这样白天可避免舍温升高而导致过热。但是这种结构只能适用于夏热冬暖的地区,而在夏热冬冷地区,则应将上层导热系数大的材料换成导热系数小的材料。

b.增强屋顶反射 增强屋顶反射,以减少太阳辐射热。舍外表面的颜色深浅和光滑程度,决定其对太阳辐射热的吸收与反射能力。色浅而平滑的表面对辐射热吸收少而反射多;反之则吸收多而反射少。若深黑色、粗糙的油毡屋顶,对太阳辐射热的吸收系数值为 0.86;若红瓦屋顶和水泥粉刷的浅灰色大平面均为 0.56;而白色石灰粉刷的光平面仅为 0.26。由此可见,采用浅色、光平屋顶,可减少太阳辐射热向舍内的传递是有效的隔热措施。

②墙壁的隔热 在炎热地区多采用开放舍或半开放舍,墙壁的隔热没有实际意义。但在夏热冬冷地区,必须兼顾保温,因此墙壁必须具备适宜的隔热要求,既要有利于冬季的保温,又要利于夏季的防暑。如现行采用的组装式畜舍,冬季组装成保温的封闭舍,而到夏季则卸去构件改成半开放舍。对在炎热地区的大型全封闭舍的墙壁,则应按屋顶隔热的原则进行处理,特别是太阳强烈照射的西墙。

(2)加强畜舍的通风设计

①通风屋顶或通风屋脊 空气是廉价的隔热材料。由于它导热系数小,不仅用作保温材料,而且由于受热后因密度发生变化而流动的特性,也常用作防热材料(图6.14、图6.15)。

热压通风　　　　　迎风区　背风区　　　　平顶通风
风压通风

图6.14 通风屋顶示意图

空气用于屋面的隔热时,通常采用通风屋顶来实现。所谓通风屋顶是将屋顶做成两层,中间空气可以流动,上层接受太阳辐射后,中间的空气升温变轻,由间层向通风口流出,外界较冷空气由间层下部流入,如此不断把上层太阳辐射热带走,大大减少经下层向舍内的传热,这是靠热压形式的通风;在外界有风的情况下,空气由通风面间层开口流入,由上部和背风侧开口流出,不断将上层传递的热量带走,这是靠风压使间层通风。

一般地,坡式屋顶的间层适宜的高度是 12~20 cm;平屋顶为 20 cm 左右。夏热冬冷地区不宜采用通风屋顶,因其冬季会促使屋顶散热不利于保温,但可以采用双坡屋顶设置天棚,在两山墙上设风口,夏季也能起到通风屋顶的部分作用,冬季可将山墙的风口堵严,有利于天棚保温。

②通风地窗 在靠近地面处设置地窗,使舍内形成"扫地风""穿堂风",可以直接吹向畜体,防暑效果较好。在冬冷夏热地区,宜采用屋顶风管,管内设调节阀,以使冬季控制排风量或关闭风管。地窗应做成保温窗,冬季关严以利防寒。

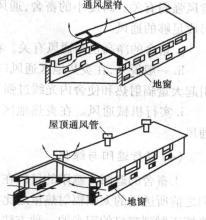

图 6.15 地窗、通风屋脊和屋顶通风管

(3)加强畜舍的通风

通风是畜舍防热措施的重要组成部分,目的在于驱散舍内产生的热能,不让它在舍内积累而使舍内温度升高。有关畜舍的通风,作为控制环境的一项主要措施,在后面的内容中将专门介绍。这里只就畜舍的地形、朝向、布局问题,以及直接与畜舍降温有关的问题加以阐述。

①地形 地形与气流活动密切相关,在炎热地区的牧场一定要选在开阔、通风良好的地方,而切忌选在背风、窝风的地方。

②朝向 畜舍朝向对畜舍通风降温也有一定的影响。为组织好畜舍通风降温,在炎热地区畜舍朝向除考虑减少太阳辐射和防暴风雨外,必须同时考虑夏季主风方向。我国部分地区的建筑物最佳朝向见附录2。

③牧场布局 畜舍的布局和间距除与防疫、采光有关外,也可影响通风,故必须遵守总体布局原则与间距。

牧场建筑以行列式布置有利于生产、采光。这种情况下,当畜舍的朝向均朝夏季主风时,前后行应左右错开,即呈品字形排列,等于加大间距,有利于通风。如果受条件限制,朝向不能对夏季主风方向时,左右行应前后错开,即顺着气流方向逐行后错一定距离,有利于通风。如果前后左右整齐排列时,则不论什么风向,都是间距大比间距小有利通风。

④通风口设置 进风口的位置与气流进入畜舍内的方向关系极为密切,与排气口关系较小。

a.为保证畜舍内有"穿堂风",进气口应位于正压区内,排气口位于负压区内。

b.为保证夏季通风均匀,使各处家畜都能享受到凉爽的气流,进气口应均匀布置。

c.气流进入舍内后往往偏向进气口一侧。因此,考虑到家畜在近地面处活动,故设地脚窗通风,使舍内气流在近地面处通过,即从家畜体四周吹过,比较合理。

d.流入与排出的空气量相等,因此在进气口不变的情况下,排气口由小变大,舍内气流速度也由小变大。当排气口正对气流方向时,气流通畅,流速较大。当排气口位置使气流排出有所转折时,流速减缓。可见排气口不影响流向,而影响流速。

e.进气口要远离尘土飞扬及污浊空气产生的地方,防止相邻两舍污浊空气的相互流通。

f.为组织有效的通风降温,充分利用穿堂风是一种简便的有效的措施,而畜舍跨度与穿堂风强弱有关。跨度小的畜舍,通风线路短而直,气流顺畅,而当跨度超过9.5 m时则不能形成足够的通风。

g. 畜舍的净高也与通风有关。在炎热地区畜舍保持3 m以上的净高有利。

h. 一般说来,在炎热地区通风口面积越大,通风量越大,越有利于降温。但开口太大,会引起大量辐射热和使舍内光线过强。因此要在所要求的范围内综合考虑通风口面积。

i. 实行机械通风。在炎热地区,靠自然通风往往效果不好,因此,有条件时应实行机械通风。

(4)实行遮阳与绿化

①畜舍的遮阳 遮阳的目的在于,通过遮挡太阳辐射防止舍内过热。遮阳后和没有遮阳之前所透进的太阳辐射热量之比,叫作遮阳的太阳辐射透过系数。挡板遮阳,是一种能够遮挡正射到窗口的阳光的一种方法,适宜于西向、东向和接近这个朝向的窗口。据测定,西向窗口用挡板遮阳时,太阳辐射透过系数约为17%。水平遮阳,是一种用水平挡板遮挡从窗口上方射来的阳光的方法,适用于南向及接近南向的窗口。综合式遮阳,用水平遮阳和用垂直挡板遮挡由窗口左右两侧射来的阳光的综合方法,适用于东南向、西南向及接近此朝向的窗口,也适用于北回归线以南的低纬度地区的北向及接近北向的窗口;西南向窗口用综合式遮阳时,太阳辐射透过系数约为26%。可见,在炎热地区,遮阳对于减少太阳辐射,缓和舍内过热等具有重大意义。

此外,加宽畜舍挑檐、挂竹帘、搭凉棚,以及植树和棚架攀缘植物等,都是简便易行、经济实用的遮阳措施。不过,遮阳与采光、通风有矛盾,应全面考虑。

②畜牧场绿化 绿化是指通过栽树、种植牧草和饲料作物,来覆盖裸露的地面以缓和太阳辐射。绿化的作用在于,净化空气、防风、改善小气候状况,美化环境、缓和太阳辐射、降低环境温度等。绿化的降温作用在于:通过植物的蒸腾作用与光合作用,吸收太阳辐射热,从而显著降低空气温度;通过遮阳以降低太阳辐射,使建筑物和地表面温度降低,绿化了的地面比未绿化的地面的辐射热低4~15倍;通过植物根部所保持的水分,可从地面吸收大量热能而降温。

此外,降低饲养密度也可缓和舍内过热的状况。

(5)畜舍降温措施

通过隔热、通风和遮阳,只能削弱舍内畜体散出的热能,造成对家畜舒适的气流,并不能降低大气温度。因此当气温接近家畜体温时,为缓和高温对家畜健康和生产力的不良影响,必须采取降温措施。

①喷雾降温 是在往畜舍送风之前,用高压喷嘴将低温的水呈雾状喷出,以降低空气温度的方法。这是一种比较经济的降温措施,采取喷雾降温时,水温越低,降温效果越好,空气越干燥,降温效果也越好。喷雾降温可用于各种畜舍,特别是鸡舍。但喷雾能使空气湿度提高,因此在湿热天气不宜使用。目前我国已有畜舍专用喷雾机,既可用于喷雾降温,也可用于喷雾消毒。

国产9PJ-3150型自动喷雾降温设备的结构组成如图6.16所示。可安装三列并联150 m的喷管。自来水经过过滤器流入水箱,水位由浮球阀门控制,水经水泵加压后进入安装在舍内喷管上的喷嘴形成细雾喷出,雾点在沉降中吸热汽化。

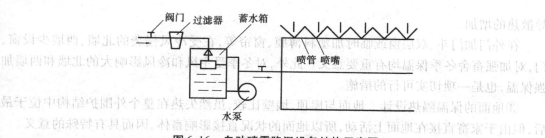

图 6.16　自动喷雾降温设备结构示意图

②蒸发冷却　这是一种在通风时,使进入舍内的空气经过用麻布、刨花或专用蜂窝状纸等吸水、透风材料制作成的蒸发垫,用水管不断往蒸发垫上淋水,将蒸发垫置于机械通风的进风口,使气流通过时,水分蒸发吸热,降低进舍气流的温度的降温办法。

③喷淋降温　这是一种与冷水接触夺取体热而达到降温的办法。在猪舍、牛舍粪沟或畜床上方,设喷头或钻孔水管,定时或不定时地为家畜淋浴,通过水的吸热而达到降温,从而降低热对家畜的影响。

在我国养猪业中,设水池让猪在水中打滚也是一种降温措施。但是采用这种办法,必须经常换水,否则水温很快升高,不仅失去冷却作用,且极易腐败发臭。

以上办法都是空气或畜体直接与水接触而达到冷却的目的,故又称湿式冷却。

④干式冷却　与湿式冷却相反,干式冷却的空气不是直接与制冷物质如冷水、冰等接触,而是使空气经过盛冷物质的设备而降温的形式。干式冷却不受空气湿度的限制,但需设备多,成本高。

据试验证明,水比空气温度低 15~17 ℃时,仅可使空气温度降低 3~5 ℃。而要想降温超过 5 ℃,则需采用冰或干冰,干冰可使箱壁温度降低到 -78 ℃。

将冷风与喷雾相结合制造的冷风机,降温效果比较好,是目前国内外广泛生产的一种新型设备。

2)畜舍的防寒与保暖

通过保温措施可降低舍内热量通过外围结构向外界扩散,以达到防寒目的。多数畜舍只要合理设计施工,基本可以保证适宜的温度环境。只有幼畜,由于热调节机能尚未完善,对低温极其敏感,因此在冬季比较寒冷的地区,需要在产仔舍、幼畜舍通过供暖来保证幼畜所要求的适宜温度(表 6.5)。

(1)加强畜舍的保温隔热设计

①屋顶、天棚的保温隔热设计　有人通过试验证明,在畜舍外围护结构中,失热最多的是屋顶、天棚,其次是墙壁、地面,因此在寒冷地区对屋顶必须选用保温性能好的材料,保证应有的厚度;同时屋顶和天棚的结构必须严密,不透气。此外,适当降低畜舍的净高,也是在寒冷地区改善畜舍温度状况的一个办法,但一般不应低于 2.4 m,且必须保证有良好通风换气条件。

②墙壁的保温隔热设计　在寒冷地区为建立符合家畜要求的环境条件,必须加强墙壁的保温设计,除了选用导热性小的材料外,必须在确定合理的结构上下功夫,从而提高墙壁的保温能力。比如,选用空心砖代替普通红砖,墙的热阻值可提高 41%,而用夹心混凝土块,则可提高 6 倍。采用空心墙体或在空心墙中填充隔热材料,均会大大提高墙的热阻值,但如果施工不合理,往往会降低墙体的热阻值。比如,由于墙体透气、变潮等都可导致对流和传

导散热的增加。

在外门加门斗、双层窗或临时加塑料薄膜、窗帘等,在受冷风侵袭的北墙、西墙少设窗、门,对加强畜舍冬季保温均有重要意义。此外,对冬季受主风和冷风影响大的北墙和西墙加强保温,也是一项切实可行的措施。

③地面的保温隔热设计　地面与屋顶、墙壁比较,虽然失热在整个外围护结构中位于最后,但由于家畜直接在地面上活动,所以地面的状况直接影响畜体,因而具有特殊的意义。

"三合土"地面在干燥的情况下,具有良好的隔热特性,故在鸡舍、羊舍等较干燥,很少产生水分,也无重载物通过的畜舍里可以使用。

水泥地面具有坚固、耐久和不透水等优良特点,但既硬又冷,在寒冷地区对家畜极为不利,直接作畜床时必须铺垫草。

保持干燥的木板是理想的温暖地面,但木板铺在地上又往往吸水而变成良好的热导体。此外,木板的价格高,不合算。

现在国外已普遍采用空心黏土砖地面。这种地面的特点:上层是导热系数小的空心砖,其下是蓄热系数大的混凝土,再下是导热系数比较小的夯实素土。当畜体与这种地面接触时,首先接触的是抹有一薄层灰的空心砖,不感到凉,导热也慢,因而畜体失热少。而热量由空心砖传到混凝土层,由于其蓄热性强,被贮藏起来。当要放热时,上面是导热系数小的空心砖,下面是导热系数比较小的夯实素土,因而受到阻碍。因此地面温度比较稳定。

④选择有利于保温畜舍形式与朝向　畜舍的形式和朝向与畜舍的保温有密切的关系。大跨度畜舍、圆形畜舍的外围护结构的面积相对地比小型畜舍、小跨度畜舍的面积小,因此,通过外围护结构散失的总热量小,所用的建筑材料也节省。同时畜舍的有效面积大,利用率高,便于实现生产过程的机械化和采用新技术。多层畜舍上层有良好的保温地面,下层有良好的保温屋顶,既节约材料、土地,又有利于保温。故在寒冷地区多采用多层畜舍形式。

畜舍的朝向,不仅影响采光,而且与冷风侵袭有关。在寒冷地区,由于冬春季风多偏西、偏北,故在实践中,畜舍以南向为好,有利于保温。

⑤充分利用太阳辐射的畜舍设计——塑料暖棚畜舍　仿照我国种植业使用的温室来设计畜舍,是充分利用太阳辐射的范例。建造温室式塑料暖棚畜舍,如单坡式畜舍,斜坡向阳,用玻璃或塑料布作屋顶,上覆盖草带,白天卷起,太阳辐射通过塑料膜入射到棚内,使棚内地面、墙壁和畜禽获得太阳短波辐射,把光能变成热能。其热量一部分被贮藏,一部分以长波辐射释放,由于塑料膜能够阻止部分长波辐射,使这部分辐射阻流于棚内,从而使棚温升高。晚上将草帘放下,以利保温。为了减少热量散失及舍温波动,也可以建成半地下式的温室畜舍以饲养产仔母猪和雏鸡。这种大棚式畜舍在我国北方地区的专业户和小型养殖场被广泛采用。

（2）加强防寒管理

对家畜的饲养管理及畜舍的维修保养与越冬准备,直接或间接地对畜舍的防寒保温起着不可低估的作用。

采取一切措施防止舍内潮湿是间接保温的有效方法。由于水的导热系数是空气的25倍,因而潮湿的空气、地面、墙壁、天棚等物体的导热系数往往要比干燥状态增大若干倍,其结果是破坏畜舍外围护的保温,加剧畜体热的散失,并且由于舍内空气湿度高而不得不加大通风换气,造成热量的散失。因此在寒冷地区设计、修建畜舍时,不仅要采取严格的防潮措施,而且要尽量避免畜舍内潮湿和水汽的产生,同时也要加强舍内的清扫与粪尿的及时清除,以防止空气污浊。在不影响饲养管理及舍内卫生状况的前提下,适当加大舍内饲养密度,等于增加热源,是一项行之有效的辅助性防寒措施。同时利用垫草以改善畜体周围小气候,是在寒冷地区常用的一种简便易行的防寒措施,铺垫草不仅可以改进冷硬地面的使用价值,而且可在畜体周围形成温暖的小气候状况。此外,铺垫草也是一项防潮措施,但铺垫草比较费工,不利于实现机械化作业,特别是在大型场,由于用量大,往往受来源和运输的制约而受到限制。另外,加强畜舍的严密性,防止冷风的渗透,防止"贼风"的产生,加强畜舍入冬前的维修保养,包括封门、封窗、设置防风林、挡风障、粉刷、抹墙等,它对畜舍防寒保温有着不可低估的作用。

（3）畜舍的供暖

在采取各种防寒措施仍不能保障要求的舍温时,必须采取供暖。供暖方式有集中供暖和局部供暖两种。前者是由一个热源(锅炉房或其他热源),将热媒(热水、蒸汽或空气)通过管道送至舍内或舍内的散热器,后者是在需要供暖的房舍或地点设置火炉、火炕、火墙、烟道或者保温伞、热风机、红外线灯等。无论采取哪种方式,都应根据畜禽要求,供暖设备投资、能源消耗等考虑经济效益来定。

北欧各国广泛采用热风装置,往畜禽活动区送热风。意大利则多用热水管(一层或二层管设在距地面50 cm处)取暖。而美国则多用保温伞(育雏期)调节雏鸡活动区的温度;对哺乳仔猪,多用红外线灯照射。也有在畜床下铺设电阻丝或热水管做热垫。一般来讲,在温暖地区往畜舍送热风比较理想,而在寒冷地区(尤其多雾时)或畜舍保温不良时,则采用水暖较好。

在母猪分娩舍采用红外线照射仔猪比较合理,既可保证仔猪所需较高的温度,而又不致影响母猪,一般一窝一盏(125 W)。利用保温伞育雏,一般每800～1 000只雏鸡一个。

畜舍供暖由于受到能源和设备的制约,所以一方面应尽量加强畜舍的保温隔热,另一方面则应开辟新的能源,如利用太阳能取暖,利用畜粪发酵产气(沼气),则对畜舍供暖提供便宜的能源。

3) 畜舍的采光与照明

光照不仅对家畜健康与生产力有重要影响,而且直接影响人的工作条件和工作效率。为家畜创造适宜的环境条件,必须进行采光,畜舍的采光分自然光照和人工光照两种。前者是利用自然光线,后者是利用人工光源。开放式和半开放式畜舍以及有窗畜舍主要靠自然采光,必要时辅以人工光照;而无窗式畜舍则完全靠人工照明。

（1）畜舍的自然采光

自然采光是让太阳的直射光或散射光通过畜舍的开露部分或窗户进入舍内。影响畜舍自然采光的因素主要有以下几点:

①畜舍的方位　畜舍的方位直接影响着畜舍的自然采光及防寒防暑,因此应周密考虑。确定畜舍方位的原则将在后面的章节中详细阐述。

②舍外情况　畜舍附近若有高大的建筑物或大树,就会遮挡太阳的直射光和散射光,影响舍内的照度。因此要求其他建筑物与畜舍的距离,应不小于建筑物本身高度的2倍。为

防暑而在畜舍旁边植树时,应选用主干高大的落叶乔木,并且应妥善确定位置,应尽量减少遮光。舍外地面的反射能力的大小,对舍内的照度也有影响,据测定,裸露土壤对太阳光的反射率为10% ~30% ,草地为25%。

③窗户面积 窗户面积越大,进入舍内的光线就越多。窗户面积的大小,用采光系数来表示,"采光系数"是指窗户的有效采光面积与舍内地面面积之比。不同动物畜舍的采光系数见表6.6,缩小窗间壁的宽度,不仅可以增大窗户的面积,而且可使舍内的光照比较均匀。将窗户两侧的墙修成斜角,使窗洞呈喇叭形,能够显著提高采光的面积。

表6.6 不同动物畜禽舍的采光系数

畜禽舍	采光系数	畜禽舍	采光系数
种猪舍	1:10 ~ 12	奶牛舍	1:12
育肥舍	1:12 ~ 15	肉牛舍	1:16
成鸡舍	1:10 ~ 12	犊牛舍	1:10 ~ 14
雏鸡舍	1:7 ~ 9		

④入射角 入射角是指畜舍地面中央的一点到窗户上缘或屋檐所引的直线与地面水平线之间的夹角[图6.17(a)]。入射角越大,越有利于采光。为保证舍内得到适宜的光照,入射角应大于25°。

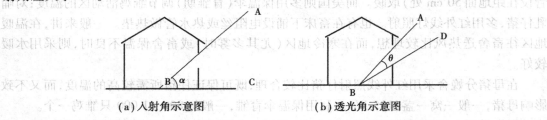

(a)入射角示意图　　　　(b)透光角示意图

图6.17 入射角和透光角

从防暑和防寒考虑,夏季不应有直射光进入舍内,冬季则希望光线能照射到畜床上。这些要求,只有通过合理设计窗户上缘和屋檐的高度才能达到,当窗户上缘外侧(或屋檐)与窗台内侧所引的直线同地面水平线之间的夹角小于当地夏至的太阳高度角时,就可防止夏季的直射阳光进入舍内;当畜床后缘与窗户上缘(或屋檐)所引直线同地面水平线之间的夹角等于或大于当地冬至的太阳高度角时,就可使太阳在冬至前后直射在畜床上(图6.18)。

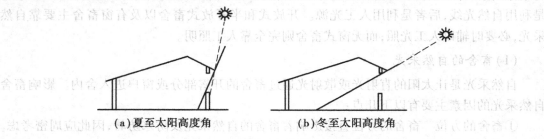

(a)夏至太阳高度角　　　　(b)冬至太阳高度角

图6.18 根据太阳高度角设计窗户上缘的高度

太阳的高度角,可用公式求得:$h = 90° - \Phi + \delta$。

式中,h 为太阳高度角,Φ 为当地纬度,δ 为赤纬。赤纬在夏至时为 23°26′,冬至时为

$-23°26'$,春分和秋分为$0°$。各时节的赤纬度见表6.7。

表6.7　各时节的赤纬表

节　气	日　期*	赤　纬	节　气	日　期*	赤　纬
立春	2月4日	$-16°23'$	立秋	8月8日	$16°18'$
雨水	2月19日	$-11°29'$	处暑	8月23日	$11°38'$
惊蛰	3月6日	$-5°53'$	白露	9月8日	$5°55'$
春分	3月27日	0	秋分	9月23日	$0°09'$
清明	4月5日	$5°51'$	寒露	10月8日	$-5°40'$
谷雨	4月20日	$11°19'$	霜降	10月24日	$-11°33'$
立夏	5月6日	$16°22'$	立冬	11月8日	$-16°24'$
小满	5月21日	$20°04'$	小雪	11月23日	$-20°13'$
芒种	6月6日	$22°35'$	大雪	12月7日	$-22°32'$
夏至	6月22日	$23°26'$	冬至	12月22日	$-23°26'$
小暑	7月7日	$22°39'$	小寒	1月6日	$-22°34'$
大暑	7月23日	$20°12'$	大寒	1月20日	$-20°14'$

* 不同年份的具体日期稍有差异。

⑤透光角　透光角又叫开角,指畜舍地面中央一点向窗户上缘(或屋檐)和下缘所引的两条直线形成的夹角[图6.17(b)],若窗外有树或建筑物,引向窗户下缘的直线应改为引向大树或建筑物的最高点,透光角越大,越有利于光线进入。为保证舍内适宜的照度,透光角一般不应小于$5°$,所以,从采光的效果来看,立式窗户比水平窗户有利于采光;但立式窗散热较多,不利于冬季保温,故寒冷地区常在畜舍南墙上设立式窗户,在北墙上设水平窗户。

为增大透光角,除提高屋檐和窗户上缘高度外,还可适当降低窗台高度,并将窗台修成向内倾斜状。但是窗台过低,就会使阳光直射到家畜头部,对家畜健康不利,特别是马属动物。因此,马舍窗台高度以$1.6\sim2.0$ m为宜,其他家畜窗台高度可按1.2 m左右。

⑥玻璃　窗户玻璃对畜舍的采光也有很大影响。一般玻璃可阻止大部分的紫外线,脏污的玻璃可阻止$15\%\sim50\%$的可见光,结冰的玻璃可阻止80%的可见光。

⑦舍内反光面　舍内物体的反光情况,对进入舍内的光线也有影响。反照率低时,光线大部分被吸收,舍内就较暗;反照率高时光线大部分被反射出来,舍内就较明亮。据测定,白色表面的反照率为85%,黄色表面为40%,灰色表面为35%,深色表面仅为20%,砖墙约为40%。由此可见,舍内的表面(主要是墙壁、天棚)应当平坦,粉刷成白色,并保持清洁,这样就利于提高畜舍内的光照强度。

（2）人工光照

人工光照是指在畜舍内安装一些照明设施实行人为控制光照,这种办法受外界因素影响小,但造价高,投资大。

①光源 畜舍人工光照的光源可用白炽灯或荧光灯。荧光灯耗电量比白炽灯少,而且光线比较柔和,不刺激眼睛,但价格比较贵。

②光照设备的安装

a.灯的高度 灯的高度直接影响着地面的照度,灯离地越高,地面的照度就越小。为使地面获得10.76 lx的照度,白炽灯的高度可按表6.8的要求进行设置(灯距按灯高的1.5倍计算)。

表6.8 灯的高度与瓦数的关系

灯泡瓦数	15	25	40	60	100
有灯罩的高度/m	1.1	1.4	2	3.1	4.1
无灯罩的高度/m	0.7	0.9	1.4	2.1	2.9

b.灯的分布 为使舍内的照度较均匀,应适当降低每个灯的瓦数,而增加总安装数。在鸡舍内安装白炽灯时,以40~60 W为宜。灯与灯的距离可按灯高的1.5倍计算,舍内如果安装两排以上的灯泡,则应交错排列,靠墙的灯泡与墙的距离为灯距的一半,灯泡不可使用软线吊挂,以防被风吹动而造成鸡受到惊吓。

通常灯高2 m、灯距3 m,2.7 W/m² 的白炽灯,可使地面获得10 lx左右的光照强度。

幼畜需要的光照为20~50 lx、成年畜50~100 lx、雏禽5~20 lx、蛋禽20~30 lx;一般肉用畜禽的光照比种用畜禽要低,蛋用禽比肉用禽要高。

c.灯罩 使用灯罩可使照度增加50%,要避免使用上部敞开的圆锥状灯罩,应使用平形或伞形灯罩。

d.可调变压器 为避免灯在开关时对鸡造成应激反应,可设置可调变压器。

③蛋禽的光照方案 因为光照时间的长短直接影响禽类的性成熟,一般长日照光照提前性成熟,短日照光照延迟性成熟。家禽性成熟提前一般导致开产早,则产蛋量低,蛋重小,产蛋持续期短。因此蛋用雏禽,在育雏育成期,每天的光照时数要保持恒定或稍减少,而不能增加,一般不应超过11 h、不低于8 h;产蛋期则相反,每天的光照时数要保持恒定或增加,而不能减少,一般不应超过17 h、不低于12 h。

密闭式禽舍可以按照光照要求来制订人工光照方案;开放式禽舍由于受自然光照的影响,一般要根据季节、地区的自然光照时间来定,采用窗帘遮光或补充人工光照的方法来减少或增加光照时间。光照的方案有两种:一种渐减渐增给光法,另一种是恒定给光法。

④肉仔鸡光照方案 光照的目的是为肉用仔鸡提供采食方便,促进生长;弱光照强度可降低鸡的兴奋性,使鸡保持安静的状态对肉鸡增重是很有益的。世界肉鸡生产创造的最好成绩就是在弱光照制度下取得的。其光照方案可分为连续光照制度和间歇光照制度。

a.连续光照制度 进雏后的1~2天内通宵照明,3天至上市出栏,每天采用23 h光照,1 h黑暗。生产中为节约用电,在饲养的中后期夜间不再开灯。

b.间歇光照制度 幼雏期间给予连续光照,然后变为5 h光照,1 h黑暗,再过渡到3 h光照,1 h黑暗,最后变为1 h光照,3 h黑暗并反复进行。采用间歇光照方法,能提高饲料的利用率、增重速度快,可节约大量的电能。

4)畜舍的通风换气

(1)畜舍通风换气的目的

畜舍通风换气是畜舍环境控制的重要手段,其目的有两个:首先在气温高的情况下,通过加大气流使家畜感到舒适,以缓和高气温对家畜的不良影响;其次在畜舍封闭的情况下,引进舍外新鲜空气,排除舍内污浊空气,以改善畜舍的空气环境。

(2)畜舍通风换气应遵循的原则

畜舍冬季通风换气效果主要受舍内温度的制约,而空气中的水汽量随空气温度下降而降低。也就是说,升高舍内气温有利于通过加大通风量以排除家畜产生的水汽,也有利于潮湿物体和垫草中的水分进入空气中,而被驱散;反之,若是舍外气温显著低于舍内气温,换气时,必然导致舍内温度剧烈下降而使空气的相对湿度增加,甚至出现水汽在墙壁、天棚、排气管内壁等处凝结。在这种情况下,如果不补充热源,就无法组织有效的通风换气。因此,在寒冷季节畜舍通风换气的效果,既取决于畜舍的保温性能,也取决于舍内的防潮措施和卫生状况。

因而,通风换气应注意做到:

①排除舍内过多的水汽,使舍内空气的相对湿度保持在适宜状态,从而防止水汽在物体表面、墙壁、天棚等处凝结。

②维持适中的气温,不至于发生剧烈变化。

③气流稳定,不会形成贼风,同时要求整个舍内气流均匀,无死角。

④清除空气中的微生物、灰尘以及氨、硫化氢、二氧化碳等有害气体和恶臭。

(3)畜舍的自然通风

畜舍的自然通风是指不需要机械设备,而靠自然界的风压或热压,产生空气流动,通过畜舍外围护结构的空隙所形成的空气交换。自然通风又分无管道与有管道自然通风两种系统。无管道通风是靠门、窗所进行的通风换气,它只适用于温暖地区或寒冷地区的温暖季节。而在寒冷地区的封闭舍中,为了保温,须将门、窗紧闭,要靠专用通风管道来进行通风换气。

①自然通风原理

a.风压通风(图6.19) 是指当风吹向建筑物时,迎风面形成正压,背风面形成负压,气流由正压区开口流入,由负压区开口排出,形成风压作用的自然通风。夏季的自然通风主要是这种通风,只要有风,就有自然通风现象。

b.热压通风(图6.20) 当指舍外温度较低的空气进入舍内,遇到由畜体散出的热能或其他热源,受热变轻而上升。于是在舍内靠近屋顶、天棚处形成较高的压力区,因此,这时屋顶若有孔隙,空气就会逸出舍外。与此同时,畜舍下部空气由于不断变热上升,成为空气稀薄的空间,舍外较冷的空气不断渗入舍内,如此周而复始,形成自然通风。

②自然通风的应用

畜舍的自然通风,在寒冷地区多采用进气—排气管道,在炎热地区多采用对流通风和通风屋顶。

a.寒冷地区的自然通风 在寒冷地区多采用进气—排气管道,进气—排气管道是由垂直设在屋脊两侧的排气管和水平设在纵墙上部的进气管所组成。冬季通风是一个比较难解决的问题。由于舍内外空气温度差异较大，换气就会使舍内气温骤然下降，因而无法将舍内潮湿污浊的空气排出。所以自然通风只适用于冬季气温不低于 −14 ℃ 的地区。

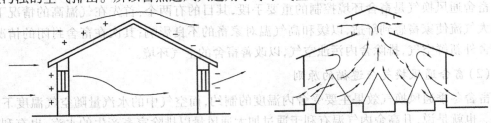

图 6.19　风压通风原理示意图　　　图 6.20　热压通风原理示意图

一般排气管的断面积为 $50 \times 50 \sim 70 \times 70$ cm²。两个排气管的距离为 8~12 m。排气管的高度一般为 4~6 m，排气管必须具备结构严密、管壁光滑、保温性好等特点。

进气口的断面积多采用 $20 \times 20 \sim 25 \times 25$ cm²。舍外端应向下弯，以防止冷空气或雨雪侵入。舍内端应有调节板，以调节气流的方向，从而防止冷空气直接吹到畜体，并用以调节气流的大小和关闭。进气管彼此之间的距离一般为 2~4 m。

b. 炎热地区畜舍的自然通风　我国南方地区大部分是湿热气候区。在夏天舍外气温经常高达 35~40 ℃，甚至更高。在这种周围环境与气温接近人畜的皮肤温度的情况下，再加上空气湿度往往保持在 70%~95%，使畜禽的对流、辐射散热受阻，蒸发散热也受影响。因此在炎热地区组织好自然通风就显得非常重要。

由于炎热地区气温高，温差小，热压很小，自然通风主要靠对流通风，即穿堂风。为保证畜舍通风顺利进行，必须从场地选择、畜舍布局和朝向以及畜舍设计等加以充分的考虑和保证。

对流通风时，通风面积越大、畜舍跨度越小，则穿堂风越大。据测定，9 m 跨度时，几乎全部是穿堂风；而当跨度为 27 m 时，穿堂风大约只有一半，其余一半由天窗排出。因此在南方夏热冬暖的地区可采取全开放式畜舍有利于通风。而夏热冬冷地区，要兼顾夏季防暑降温和冬季防寒保温，开放式畜舍不宜采用，而组装式畜舍就可以很好地解决夏季防暑降温和冬季防寒保温的问题，在畜牧业生产中将有很大作为。

但必须要指出，在炎热地区，尤其在夏天，由于气温高，太阳辐射强，而风又小，仅靠自然通风，往往起不到应有的作用，因此应选择机械通风。

③自然通风设计

根据空气平衡方程（$L = 3\ 600\ F \cdot V$）计算排气口面积。公式为：

$$F = L/(3\ 600\ V)$$

式中，L 为通风换气量，m³/s；F 为排气口面积，m²；V 为排气管中的风速，m/s。

风速可用风速计直接测定或按下列公式计算：

$$v = 0.5\sqrt{\dfrac{2gh(t_n - t_w)}{273 + t_w}}$$

式中，0.5 为排气管阻力系数；g 为重力加速度，9.8 m/s²；h 为进、排风口中心的垂直距离，m；t_n 为舍内气温，℃；t_w 为舍外气温，℃（冬季最冷月平均气温）；L 为通风换气量，m³/s。

因此得热压通风量：

$$L = 7\ 968.94F\sqrt{\frac{h(t_n - t_w)}{273 + t_w}}$$

此式可用于计算设计方案或检验已建成畜舍的通风量计算排风口面积。

理论上讲,排气口面积应与进气口面积相等。但事实上,通风门窗缝隙或畜舍不严以及门窗开关时,都会有一部分空气进入舍内,因此,进气口面积应小于排气口面积,一般按排气口面积的50%~70%设计。

(4)畜舍的机械通风

由于自然通风受许多因素,特别是气候与天气条件的制约,不可能保证畜舍经常地、充分地换气。因此,为建立良好的畜舍环境,以保证家畜健康及生产力的充分发挥,多采用机械通风,又叫强制通风。

①风机类型

a.轴流式风机　这种风机所吸入的空气与送出的空气的流向和风机叶片轴的方向一致。这种风机的叶片旋转方向可以逆转,气流方向也随之改变,而通风量不减少;通风时所形成的压力比离心式风机低,但输送的空气量比离心式大得多。因此既可用于送风,也可用于排风。一般在通风距离短时,即无通风管道或通风管道较短时适用。由于畜舍通风的目的在于供给新鲜空气,排除污浊空气,故一般选用轴流式风机。

b.离心式风机　这种风机运转时,气流靠带叶片的工作轮转动时所形成的离心力驱动,故空气进入风机时和叶片轴平行,离开风机时变成垂直方向。这种风机不具有逆转性、压力较强,在畜舍中多半在送热风和送冷风时使用。

②通风方式

a.负压通风(也叫排气式通风或排风)　是用风机抽出舍内的污浊空气。由于舍内的污浊空气被抽出,变成空气稀薄的空间,压力相对小于舍外,舍外的新鲜空气通过进气口或进气管流入舍内而形成的舍内外空气交换的方式。

畜舍通风多采用负压通风。这种方式具有比较简单、投资少、管理费用较低的特点。根据风机安装的位置分为:屋顶排风、侧壁排风、穿堂风排风等几种形式。

屋顶排风适用于气候温暖和较热地区、跨度在12 m以内的畜舍或2~3排多层笼鸡舍;侧壁排风适用于跨度在20 m以内的畜舍或有五排笼架的鸡舍;对两侧有粪沟的双列猪舍最适用,但不适于多风地区;穿堂风排风适用于跨度小于10 m的畜舍。如果采用两山墙对流通风,通风距离不应超过20 m。可用于无窗鸡舍,但两排以上多层笼,一列以上猪、牛舍不宜采用。在多风、寒冷地区不适用。

b.正压通风(也叫进气式通风或送风)　是指通过风机的运转将舍外的新鲜空气强制送入舍内,使舍内的压力增高,舍内的污浊空气经风口或风管自然排走的换气方式。

其优点在于可对进入舍内的空气进行加热、冷却或过滤等预处理,从而可有效地保证畜舍内的适宜温湿状况和清洁的空气环境。在寒冷、炎热地区适用。但这种通风方式比较复杂、造价高、管理费用也大。根据风机安装的位置可分为:侧壁与屋顶送风等形式。

侧壁送风适用于炎热地区,并且限于前后墙的距离不超过10 m的小跨度畜舍,两侧送风适用于大跨度畜舍,但如果实行供热、冷却、空气过滤等,由于进气口分散,不论设备、管理,还是能源利用都不经济。屋顶送风适用于多风地区,设备投资大、管理麻烦。此外,供热、冷却、空气过滤也不经济。

c. 联合式通风　是送风和排风结合的方式。大型封闭舍,尤其是无窗舍中,仅靠送风或排风往往达不到应有的效果。因此需要采取联合式机械通风。

联合式通风系统风机安装形式有两种:进气口设在较低处的方式有助于通风降温,适用于温暖和较热地区。进气口设在畜舍上部,可避免在寒冷季节冷空气直接吹向畜体,也便于预热、冷却和过滤空气,对寒冷地区或炎热地区都适用。

③风机的选择

a. 风机功率的确定　畜舍总通风量一般以夏季通风量为依据,也就是根据各种家畜的夏季通风量参数乘以舍内最大容纳头数来求得。根据畜舍总通风量再加 10% ~ 15% 损耗,即为风机总风量。根据选定风机的风量来确定装风机的数量。

b. 风机选择的原则　选用哪种风机合适,必须对安装和使用该种风机和由于改善环境条件而得到的经济效益加以比较而确定。并且在此基础上,还必须考虑以下几点:

第一,为避免通风时气流过强,引起舍温剧变,选用多数风量较小的风机比安装少数大风量的风机合理。

第二,为节省电力、降低管理费用,应选择工作效率高的风机。

第三,要考虑夏季通风量和冬季通风量的差异。尽量选用变速风机或采取风机组合。

第四,由于畜舍中多灰尘、潮湿,因此应选用带全密封电动机的风机,而且最好装有过热保护装置,以避免过热烧坏电机。

第五,为减少噪声危害,应选用振动小、声音小的风机。

第六,风机应具备防锈、防腐蚀、防尘等性能,并且应坚固耐用。

c. 风机使用过程中应注意的问题

第一,安装轴流式风机时,风机叶片与风口、风管壁之间空隙以 5 ~ 8 cm 为宜。过大会使部分空气形成循环气流,影响通风效果;风口以圆形为好;为克服自然风对风机的影响,应设挡风板、百叶等措施。

第二,风道内表面必须光滑,不能有突出物,应严密不透气。

第三,进风口、排气口应加铁丝网罩,以防鸟兽闯入而发生事故。

第四,风机不要离门太近,当风机开动时,以免空气直接从门处排走。

第五,进气口要选在空气新鲜、灰尘少和远离其他废气排出口的地方。

④通风换气量的计算

a. 根据 CO_2 计算通风量　二氧化碳作为家畜营养物质代谢的尾产物,代表着空气的污浊程度。

$$L = \frac{1.2 \times mk}{C_1 - C_2}$$

式中,L 为通风换气量,m^3/h;k 为每头家畜产生的 CO_2,L/h。1.2 为考虑舍内微生物活动产生的及其他来源的二氧化碳而使用的系数;m 为舍内家畜的头数;C_1 为舍内空气中 CO_2 允许含量,$1.5\ L/m^3$;C_2 为舍外大气中 CO_2 允许含量,$0.3\ L/m^3$。

因为 $C_1 - C_2 = 1.2$,公式可简化为:$L = mk$。

通常,根据 CO_2 算得的通气量,往往不足以排除舍内产生的水汽,故只适用于温暖、干燥地区。在潮湿地区,尤其是寒冷地区应根据水汽和热量来计算通风量。

b. 根据水汽计算通风换气量　畜舍内的水汽由家畜和潮湿物体水分蒸发而产生。用水汽计算通风换气量的依据,就是通过由舍外导入比较干燥的新鲜空气,以替换舍内的潮湿空气,根据舍内外空气所含水分之差而求得排除舍内所产生的水汽所需的通风换气量。其公式为:

$$L = \frac{Q_1 + Q_2}{q_1 - q_2}$$

式中,L 为通风换气量,m^3/h;Q_1 为家畜在舍内产生的水汽量,g/h;Q_2 为潮湿物体蒸发的水汽量,g/h;q_1 为舍内空气温度保持适宜范围时,所含的水汽量,g/m^3;q_2 为舍外大气中所含水汽量,g/m^3。

由潮湿物体表面蒸发的水汽(Q_2),通常按家畜产生水汽总量(Q_1)的10%(猪舍按25%)计算。

用水汽算得的通风换气量,一般大于用二氧化碳算得的量,故在潮湿、寒冷地区用水汽计算通风换气量较为合理。

c. 根据热量计算通风换气量　家畜在呼出 CO_2、排出水汽的同时,还在不断地向外放散热能。因此,在夏季为了防止舍温过高,必须通过通风将过多的热量驱散;而在冬季如何有效地利用这些热能温热空气,以保证不断地将舍内产生的水汽、有害气体、灰尘等排出,这就是根据热量计算通风量的理论依据。其公式为:

$$L = \frac{Q - \sum KF \times \Delta t - W}{0.24 \Delta t}$$

式中,L 为通风换气量,m^3/h;Q 为家畜产生的可感热,千卡/h;Δt 为舍内外空气温差,℃;0.24 为空气的热容量,千卡/($m^3 \cdot$ ℃);$\sum FK$ 为通过各外围护结构散失的总热量,千卡/(h·℃);K 为外围护结构的总传热系数,千卡/($m^2 \cdot h \cdot$ ℃);F 为外围护结构的面积,m^2;W 为地面及其他潮湿物表面水分蒸发所消耗的热能,按家畜总产热的10%(猪按25%)计算。

根据热量计算通风换气量,实际是根据舍内的余热计算通风换气量,这个通风量只能用于排除多余的热能,不能保证在冬季排除多余的水汽和污浊空气。

d. 根据通风换气参数计算通风换气量　前面3种计算通风量的方法比较复杂,而且需要查找许多参数。因此一些国家为各种家畜制订了简便的通风换气量技术参数,这就为畜舍通风换气系统的设计,尤其是对大型畜舍机械通风系统的设计提供了方便。李震钟(1993)在《家畜环境卫生学附牧场设计》中提供了各种家畜的通风换气技术参数,见表6.9。

表6.9　畜舍通风参数表

畜　舍		换气量/($m^3 \cdot h^{-1} \cdot kg^{-1}$)			换气量/($m^3 \cdot h^{-1} \cdot$ 头$^{-1}$)			气流速度/($m \cdot s^{-1}$)		
		冬　季	过渡季	夏　季	冬　季	过渡季	夏　季	冬　季	过渡季	夏　季
牛舍	栓系或散养乳牛舍	0.17	0.35	0.70				0.3~0.4	0.5	0.8~1.0
	散养、厚垫草乳牛舍	0.17	0.35	0.70				0.3~0.4	0.5	0.8~1.0

续表

畜舍		换气量/(m³·h⁻¹·kg⁻¹)			换气量/(m³·h⁻¹·头⁻¹)			气流速度/(m·s⁻¹)		
		冬 季	过渡季	夏 季	冬 季	过渡季	夏 季	冬 季	过渡季	夏 季
牛舍	产仔间	0.17	0.35	0.70				0.2	0.3	0.5
	0~20 日龄犊牛舍				20	30~40	80	0.1	0.2	0.3~0.5
	20~60 日龄犊牛舍				20	40~50	100~120	0.1	0.2	0.3~0.5
	60~120 日龄犊牛舍				20~25	40~50	100~120	0.2	0.3	<1.0
	4~12 月龄幼牛舍				60	120	250	0.3	0.5	1.0~1.2
	1 岁以上青年牛舍	0.17	0.35	0.70				0.3	0.5	0.8~1.0
猪舍	空怀及妊娠前期母猪舍	0.35	0.45	0.60				0.3	0.3	<1.0
	种公猪舍	0.45	0.60	0.70				0.2	0.2	<1.0
	妊娠后期母猪舍	0.35	0.45	0.60				0.2	0.2	<1.0
	哺乳母猪舍	0.35	0.45	0.60				0.15	0.15	<0.4
	哺乳仔猪舍	0.35	0.45	0.60				0.15	0.15	<0.4
	后备猪与育肥猪舍	0.45	0.55	0.65				0.2	0.2	<1.0
	断奶仔猪	0.35	0.45	0.60				0.2	0.2	<0.6
	165 日龄前	0.35	0.45	0.60				0.2	0.2	<1.0
	165 日龄后	0.35	0.45	0.60				0.2	0.2	<1.0
羊舍	公羊、母羊、断奶后及去势后的小羊舍				15	25	45	0.5	0.5	0.8
	产仔间暖棚				15	30	50	0.2	0.3	0.5
	采精间				15	25	45	0.5	0.5	0.8
禽舍	笼养蛋鸡舍	0.70		4.0					0.3~0.6	
	地面平养肉鸡舍	0.75		5.0					0.3~0.6	

续表

畜　舍		换气量/(m³·h⁻¹·kg⁻¹)			换气量/(m³·h⁻¹·头⁻¹)			气流速度/(m·s⁻¹)		
		冬　季	过渡季	夏　季	冬　季	过渡季	夏　季	冬　季	过渡季	夏　季
禽舍	火鸡舍	0.60		4.0					0.3 ~ 0.6	
	鸭舍	0.70		5.0					0.5 ~ 0.8	
	鹅舍	0.60		5.0					0.5 ~ 0.8	
	1 ~ 9 周龄蛋用雏鸡舍	0.8 ~ 1.0		5.0					0.2 ~ 0.5	
	10 ~ 22 周龄蛋用雏鸡舍	0.75		5.0					0.2 ~ 0.5	
	1 ~ 9 周龄肉用仔鸡舍	0.75 ~ 1.0		5.5					0.2 ~ 0.5	
	10 ~ 26 周龄肉用仔鸡舍	0.75 ~ 1.0		5.5					0.2 ~ 0.5	
	笼养 1 ~ 8 周龄肉用仔鸡舍	0.70 ~ 1.0		5.0					0.2 ~ 0.5	
	1 ~ 9 周龄雏火鸡、雏鸭、雏鹅舍	0.65 ~ 1.0		5.0					0.2 ~ 0.5	
	9 周龄以上雏火鸡、雏鸭、雏鹅舍	0.60		5.0					0.2 ~ 0.5	

5）畜舍的湿度控制

畜舍内家畜的排泄物和管理上的污水,是造成舍内潮湿、空气卫生状况差的主要原因,因此保证这些排泄物及污水的及时排出舍外,是畜舍湿度控制的重要措施。

（1）畜舍的排水系统

家畜每天排出的粪尿量与体重之比,牛为 7.9%,猪为 5% ~ 9%,鸡为 10%;生产 1 kg 牛奶排出的污水约为 12 kg,生产 1 kg 猪肉约为 25 kg。因此畜舍排水系统性能状况如何,不仅影响畜舍本身的清洁卫生,也可能造成舍内潮湿,影响家畜健康和生产。

畜舍的排水系统因家畜种类、畜舍结构、饲养管理方式等不同而有差别,一般分为传统式和漏缝地板式两种类型。

①传统式的排水系统　传统式的排水系统是依靠人工清理并借助粪水自然流动而将粪

157

尿及污水排出的设施,一般由畜床、排尿沟、降口、地下排出管和粪水池组成。

a.畜床　畜床是畜禽采食、饮水及休息的地方。为便于尿水排出,畜床地面向排尿沟方向应有适宜的坡度,一般牛舍为1% ~1.5%,猪舍为3% ~4%。

b.排尿沟　是承接和排出粪尿及污水的设施。为便于清扫、冲刷及消毒,排尿沟多设为明沟,用水泥砌成方形或半圆形,内面光滑不透水,朝"降口"方向要有1% ~1.5%的坡度,沟宽一般为20 ~50 cm,深度8 ~12 cm,牛舍不超过15 cm,猪舍不超过12 cm。对头式畜舍,一般设在畜床的后端,紧靠除粪道与除粪道平行;对尾式畜舍,设在中央通道的两侧。

c.降口　俗称水漏,是排尿沟与地下排出管的衔接部分。如果排尿沟过长,应每隔一定距离设置一个降口;为防粪草落入造成堵塞,上面应有铁箅子,铁箅子应与排尿沟同高;排出管口以下部分应设沉淀池,以免粪尿中固形物堵塞地下排出管道(图6.21)。

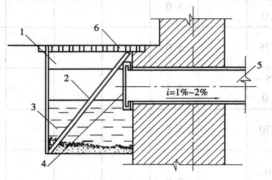

图6.21　畜舍排水系统中的降口

1—通长地沟;2—铁板水封,水下部分为细铁箅子或铁网;3—沉淀池;
4—可更换的铁网;5—排水管;6—通长铁箅子或沟盖板

为防止粪水池中的臭气经地下排出管逆流进入舍内,在降口中可设水封。水封是用一块板子斜向插入降口沉淀池内,让流入降口的粪水顺着板子流进沉淀池,让上清液部分从排出管流出的设施。由于排出管口下的沉淀池内始终有水,就起到了阻挡气体的作用。

d.地下排出管　是将各降口流下来的尿及污水导入舍外的粪水池中,一般与排尿沟垂直,向粪水池方向有3% ~5%的坡度。在寒冷的地下,地下排出管要采取防冻措施,以免管中的污液结冰,如果地下排出管自畜舍外墙到粪水池的距离大于5 m,则应在墙外设检查井,以便在管道堵塞时进行疏通。

e.粪水池　是一个密封的地下贮水地,一般设在舍外地势较低处,并且在运动场相反的一侧,距离畜舍外墙5 m以上。粪水池的容积和数量根据舍内家畜种类、头数、舍饲期长短以及粪水存放时间来确定。如果粪水池的容积太大,则造价会很高、管理难度会很大。故一般按贮积20 ~30 d,容积20 ~30 m³ 来修建。粪水池要离饮水井100 m以上,粪水池及检查井均应设水封。

②漏缝地板式排水系统　漏缝地板式排水系统由漏缝地板与粪沟组成,与清粪设施配套。

a.漏缝地板　所谓漏缝地板,是指在地板上留出很多缝隙。粪尿落到地板上,液体部分从缝隙流入地板下的粪沟,固体部分被家畜从缝隙踩入沟内,少量的残粪由人工稍加冲洗清理。这比传统清粪方式要大大节省人工,从而提高了劳动效率。

畜舍漏缝地板分为部分漏缝地板和全部漏缝地板两种形式,它们可用木材、钢筋水泥、金属、硬质塑料制作。木制漏缝地板很不卫生,且易破损,使用年限不长;金属制的漏缝地板易腐蚀、生锈;钢筋混凝土制的地板经历耐用,便于清洗消毒;硬质塑料制的地板比金属地板抗腐蚀,并且也易于清洗。各种形式的制作尺寸可参考表6.10。

表6.10 各种家畜的漏缝地板尺寸

家畜种类		缝隙宽度/cm	板条宽度/cm	备 注
牛	10 d～4月龄	2.5～3.0	5	板条横断面为上宽下窄梯形,而隙缝是下宽上窄的梯形;表中缝隙宽、板条宽均指上宽
	4月～8月龄	3.5～4.0	8～10	
	9月龄以上	4.0～4.5	10～15	
猪	哺乳仔猪	1.0	4	
	育成猪	1.2	4～7	
	中猪	2.0	7～10	
	育肥猪	2.5	7～10	
	种猪	2.5	7～10	
羊		1.8～2.0	3～5	
种鸡		2.5	4.0	板条厚2.5 cm,距地面高0.6 m。板条占舍内地面的2/3,另1/3铺垫料

b.粪沟 位于漏缝地板的下方,用以贮存由漏缝地板落下的粪尿,随时或定期清除,粪沟的大小取决于漏缝地板的长度和宽度。如果是全漏缝地板,粪沟就大一些,可基本与地板大小相同,若为局部漏缝地板,则设局部粪沟。

粪沟清粪的方法大致采用机械刮板清粪和水冲两种形式。机械刮板清粪是用钢丝绳牵引刮粪板,将粪沟内粪便刮走;每天定时进行。刮板不易保持清洁,且因受粪尿腐蚀,钢丝绳易断,故不耐久,因此,刮粪板必须选用耐腐蚀材料。水冲不需特殊设备,只需用高压水龙头,简单易行,而且可将粪沟中90%的粪便冲走,比刮板清粪工效高20%,但用水量大,粪水贮存量大,成本较高。

(2)畜舍的防潮管理

在生产中,防止舍内潮湿,特别是冬季,是一个比较困难而又非常重要的问题。因此防潮应从以下几个方面采取措施来进行。

①把畜舍修建在干燥的地方,畜舍的墙基和地面应做防潮层。

②新建场在充分干燥后使用。

③在饲养管理过程中尽量减少舍内用水,力求及时清除粪尿和污水避免积存。

④加强畜舍保温,使舍内温度始终保持在露点温度以上,防止水汽凝结。

⑤保持舍内通风良好,及时将舍内过多的水汽排出舍外。

⑥铺垫草可以吸收大量水分,是防止舍内潮湿的一项重要措施。

6)垫料的使用

垫料又叫垫草或褥草,是指在日常管理中给畜床铺垫的材料,是控制畜舍内空气环境卫生的一项重要的辅助性措施。

(1)垫料的作用

①保暖 垫料的导热性一般都较低,冬季在导热性高的地面上铺上垫料,可以显著降低畜体的传导散热,铺垫得越厚,效果越好。据测定,当外界气温为 – 38 ℃,而舍内气温为 8 ℃时,垫草内的温度为21 ℃,仔猪躺在上面非常暖和。

②吸潮 一般垫料的吸水能力在200% ~ 400%,只要勤铺勤换,既可避免尿液流失,又可保持地面干燥。此外,干燥的垫料还可吸收空气中的水汽,有利于降低空气湿度。

③吸收有害气体 垫料可以直接吸收空气中的有害气体,使有害气体的浓度下降。据试验,把奶牛的垫料用量由 2 kg/(d·头$^{-1}$)增加到 4 kg/(d·头$^{-1}$),舍内空气的相对湿度和氨的含量都有所降低,牛的产奶量则有所增加(见表6.11)。

表6.11 垫草用量对舍内空气卫生状况和牛的产奶量的影响

牛舍别	2 kg 垫草			4 kg 垫草		
	相对湿度 /%	含氨量 /(mg·kg^{-1})	产奶量 /L	相对湿度 /%	含氨量 /(mg·kg^{-1})	产奶量 /L
10 号	78.7	22.9	3.6	73.7	14.7	4.2
12 号	77.1	15.1	3.2	70.6	11.2	3.6
13 号	68.9	27.6	5.3	67.0	15.9	6.0
16 号	77.4	87.6	7.1	74.2	19.2	7.9

④弹性大 畜舍地面一般硬度较大,孕畜、幼畜和病弱畜容易引起碰伤和褥疮,铺上垫料后,柔软舒适,就可避免这些弊病。

⑤保持畜体清洁 铺用垫料可使家畜免受粪尿污染,有利于畜体卫生。

(2)垫料种类

①稿秆类 最常用的是稻草、麦秸等。稻草的吸水能力为324%,麦秸为230%,二者都很柔软,且价廉、来源广。为了提高其吸水能力,最好切短。

②野草、树叶 吸水能力大体在200% ~ 300%。树叶柔软适用,野草则往往夹杂有较硬的枝条,容易刺伤皮肤和乳房,有时还可能夹杂有毒植物,应予以注意。

③刨花锯末 其吸水性很强,约为420%,而且导热性低、柔软。不足之处是肥料价值低,而且有时含有油脂,充塞于毛层中,能污染被毛,刺激皮肤。更为严重的是,锯末常充塞于蹄间,长期分解腐烂,会引起蹄病。

④干土壤 干土壤的导热性低,吸收水分和有害气体的能力很强,而且遍地皆是,取之不尽。其缺点是容易污染家畜的被毛和皮肤,使舍内尘土飞扬,运送费力。

⑤泥炭 导热性低,吸水能力达600%以上,吸氨能力达1.5% ~ 2.5%,远远超过其他材料,而且本身呈酸性,具有杀菌作用。但它具有与干土壤相同的缺点。

(3)垫料的使用

①常换法 是指及时将湿污的垫料取出舍外,重新换上新鲜干净垫料的一种方法。这种方法舍内比较干净,但需垫料量大,且费工。

②厚垫法　是指每隔一定时间增铺新垫料,直到春末天暖后或一个饲养期结束后才一次清除湿污垫料的一种方法,这种方法的优点:保暖性好,垫料内的微生物长期进行着生物发热过程。据有人测定,当垫料厚度达到27 cm时,1 m²/h可释放967 kJ的热量,十分有利于防寒越冬;垫料内的微生物可合成大多数的B族维生素,尤其可形成VB$_{12}$;还具有肥料质量好、节省劳动力等优点。缺点:若处理不当,反而会造成不良影响;草内温度较高,有利于寄生虫和微生物的生存和繁殖。

7)家畜的饲养密度

饲养密度是指舍内畜禽密集的程度,一般用每头家畜所占用的面积来表示,家禽用每平方米上饲养的只数来表示。饲养密度大,就是单位元面积内饲养的家畜头数多,也就是每头家畜占用的面积小;饲养密度小则相反。

饲养密度直接影响畜舍内的空气卫生状况,确定适宜的饲养密度,是畜舍小气候控制的重要一环。

①饲养密度大,家畜散发出来的热量总和就多,舍内气温就高;饲养密度小则较低。为了防寒和防暑,冬季可适当提高饲养密度,夏季则应适当降低。

②密度大时,舍内地面经常比较潮湿,由地面蒸发和家畜排出的水汽量也较多,因而舍内空气也比较潮湿;密度小则比较干燥。

③密度越大,舍内灰尘、微生物、有害气体的数量就越多,噪声也比较频繁而强烈。

④饲养密度还影响每头家畜活动面积的大小,决定了家畜相互发生接触和争斗机会的多少,对家畜的起卧、采食、睡眠等各种行为都产生直接的影响(表6.12)。

表6.12　饲养密度对猪的行为的影响

	饲养密度/(m² · 头⁻¹)		
	1.19	0.77	0.56
	每天各种活动所占时间/%		
站立和走动	23	21	24
采食	21	22	26
活动躺卧	9	10	9
安静躺卧	11	13	14
睡眠	36	34	27

畜禽的饲养密度的确定要考虑畜禽种类、品种、类型、年龄、生理阶段、地理条件、气候特点、季节、畜舍类型、饲养管理方法等因素。在生产中必须具体情况具体分析,表6.13、表6.14、表6.15、表6.16所列饲养密度可供参考。

表6.13　猪的饲养密度

猪群类别	体重/kg	地面种类及饲养密度/(m² · 头⁻¹)		每栏头数/头
		非漏缝	局部或全部漏缝	
断奶仔猪	4~11	0.37	0.26	20~30

续表

猪群类别	体重/kg	地面种类及饲养密度/(m²·头⁻¹)		每栏头数/头
		非漏缝	局部或全部漏缝	
生长猪	11~18	0.56	0.28	20~30
	18~45	0.74	0.37	20~30
肥育猪	45~68	0.93	0.56	12~15
	68~95	1.11	0.74	12~15
后备母猪	113~136	1.39	1.11	4~5
后备母猪(妊娠)		1.58	1.30	2~4
成年母猪	136~227	1.67	1.39	1~2
带仔母猪		3.25	3.25	1
种公猪	密闭式	3.3~3.7	1.9~2.3	1~2
	开放式	14~23(运动场)	2.8~3.3(休息处)	1

表6.14　肉牛的饲养密度

牛群类别	饲养密度/(m²·头⁻¹)
繁殖母牛(带仔)	4.65
犊牛(每栏养数头)	1.86
断奶幼牛	2.79
1岁幼牛	3.72
肥育牛(肥育期平均体重340 kg)	4.18
肥育牛(肥育期平均体重430 kg)	4.65
公牛(牛栏面积)	11~12
分娩母牛(分娩栏面积)	9.29~11.12
成年母牛	2.1~2.4

表6.15　羊的饲养密度/(m²·只⁻¹)

	地面类型	公羊 (80~130 kg)	母羊 (68~91 kg)	母羊带羔羊 (2.3~14 kg)	肥育羔羊 (14~50 kg)
舍内地面	实地面	1.9~2.8	1.1~1.5	1.4~1.9	0.14~0.19 / 0.74~0.93
	漏缝地面	1.3~1.9	0.74~0.93	0.93~1.1	(补料间) / 0.37~0.46
运动场	土地面	2.3~3.7	2.3~3.7	2.9~4.6	1.9~2.9
	铺砌地面	1.5	1.5	1.9	0.93

注:产羔率超过170%,增加0.46 m²/只。

表6.16 鸡的饲养密度

地面网上		笼养		网上平养	
周龄	羽/m²	周龄	羽/m²	周龄	羽/m²
0~6	20	0~1	60	0~6	24
7~14	12~10	1~3	40	6~18	14
15~20	8~6	4~6	34		
		6~11	24		
		11~20	14		

不同类型的畜舍具有不同的小气候特点。畜舍中温度、湿度、气流、光照等条件是否符合卫生标准;畜舍基本结构、位置、功能均与畜舍小气候有关。从建筑设计和管理两方面搞好畜舍的防暑降温、防寒保暖;合理设计畜舍自然光照与人工光照等对改善畜舍小气候有重要作用。为了提高畜牧业生产水平,提高畜产品质量和畜牧业经济效益,必须对畜舍环境进行控制与管理。

任务6.3 畜禽舍的设施与设备

6.3.1 畜禽场消毒设施与设备

消毒是畜禽养殖场环境管理和卫生防疫的重要内容。消毒是以物理的、化学的或生物学的方法消灭停留在不同传播媒介物上的病原体,借以切断传播途径,预防或控制传染病发生、传播和蔓延的措施。加强消毒提高生物安全对于保障动物健康、减少疾病发生、提高养殖生产效益具有重要作用。

1)臭氧消毒设备

臭氧消毒机(图6.22)的原理是以空气为原料,采用缝隙陡变放点技术释放高浓度臭氧,在一定浓度下,可迅速杀灭水中及空气中的各种有害细菌。臭氧是一种强氧化剂,广泛应用于医疗、卫生、畜禽、水产养殖空气消毒、饮用水消毒及圈舍消毒等。

臭氧充注到禽舍内,首先与禽类排泄物所散发的异臭进行分解反应,当异臭去除到稍闻到臭氧味时,舍内空间的大肠杆菌、葡萄球菌及新城疫、鸡霍乱、禽流感等病毒基本随之杀灭。禽类的排泄物散发的氨气等给禽类造成的危害不可忽视,不可能靠化学药物来消除,但臭氧能有效地达到净化目的。

用臭氧泡制臭氧水供给禽类饮用,可改变禽类肠道微生态环境,减少了以宿主营养为生的细菌数量,减少宿主营养消耗。用臭氧水进行禽舍、饲养槽、活动场地的清洗,可有效杀灭表面的病毒及有害细菌。但臭氧在水中半衰期是 20 min,因此边制备边给禽类喝水效果更好。

2)高压清洗设备

高压清洗设备(图 6.23)主要用于房舍墙壁、地面和设备的冲洗消毒,主要由加压泵、药液箱、水管和喷头等组成。高压清洗设备针对不同清洗对象,可以设置大小不同的压力,能有效冲洗掉灰尘、粪便、杂物等,配合加药管道还能给畜禽舍喷雾消毒或其他工作。

图 6.22 臭氧消毒机

图 6.23 喷射式清洗机

3)火焰消毒设备

火焰消毒器(图 6.24)是一种以石油液化气或煤气作燃料产生强烈火焰,通过高温火焰来杀灭畜禽舍的细菌、病毒、寄生虫等有害微生物的设备。火焰消毒器与药物消毒配合可使灭菌效果达到 97%,而只用药物消毒,杀菌率一般只有 84%,达不到杀菌率 95% 以上的要求,而且容易导致药物残留。

图 6.24 火焰消毒器

火焰消毒设备(图 6.25)主要由储油罐、油管、阀门、火焰喷嘴、燃烧器等组成,其原理是将油和空气充分混合,均匀雾化,在喷雾处点燃,喷出火焰。适用于畜禽舍内笼网设施的消毒,具备易操作、效率高、用药省、附着力高等优点,但是使用中应注意防火工作,不可用于易燃物品的消毒。

4)超声波雾化消毒设备

超声波雾化消毒设备利用离心式发雾器,采用先进的离心雾化原理,具有启动时间短,上雾速度快的特点,使消毒液在旋转碟和雾化装置作用下,利用离心力多次

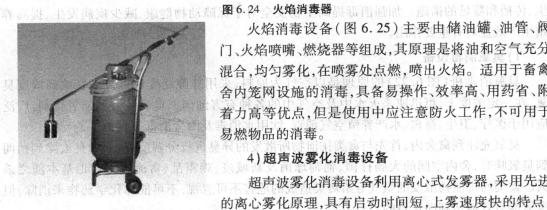

图 6.25 火焰消毒设备

雾化产生微雾的效果,并通过风机使微雾喷出,进行雾化消毒。

超声波雾化消毒设备主要用于畜禽舍内部或生产区入口处人员通道的消毒。根据使用区域或消毒面积的不同,可以采用不同类型的喷雾消毒器,包括移动式超声波雾化消毒器(图6.26)、电脑红外线控制雾化消毒器(图6.27)、悬挂式雾化消毒器等。

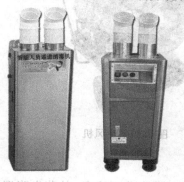

图6.26　移动式超声波雾化消毒器

图6.27　电脑红外线控制雾化消毒器

6.3.2　畜禽场环境控制设备

除了品种优良,营养合理外,畜禽场环境条件对动物生长有着重要的关系。适宜的环境控制可增强畜禽的免疫机能,强化动物身体机能,降低药物使用量,从而提高养殖产量与经济效益。

1)温度控制设备

现代化畜禽养殖场对温度的要求很高,这关系着动物的繁殖与生长。例如仔猪的生长温度为25~30 ℃,而育肥猪的环境温度以20~25 ℃为宜。

(1)采暖设备

①煤炉　此方法适用于小规模畜禽场。煤炉由炉灶和铁皮烟筒组成。煤炉供暖的优点是加热快,安装方便,费用低。但也存在明显缺点,烧煤过程中易产生二氧化碳、一氧化硫等物质,造成空气污染,易造成动物的呼吸道感染,甚至导致动物中毒死亡。

②红外灯　利用红外灯采暖,简单易行,有成本较低的优势。红外灯的取暖方式通常是悬挂,只能进行局部供暖,易形成上暖下冷供暖不均匀的情况。此外,红外灯还存在耗电大,使用寿命短的问题(图6.28)。

③热风机　根据热风机使用能源的不同,可以将畜禽场热风机分为燃油热风机、电热风机、天然气热风机、辐射热风机等类型。按热风机散热器形式的不同,又可分为水箱式、翅片式、绕片式等。热风机由鼓风机、加热器、控制电路三大部分组成,采用负压抽风模式,强制散热,升温速度快、温差小。畜禽在不同季节不同时期所需的温度不同,热风机可实现温度的任意调节与控制。在利用风箱向舍内输送热风的同时有助于舍内进行通风换气。此外,热风机还具备安全可靠节省劳动力的优点(图6.29)。

④空气能地暖　又称热泵地暖,是以整个地面为散热面,均匀加热整个地面,通过地面自下而上进行热量传递,来达到取暖的目的。与上述几种取暖设备相比,空气能地暖最大的缺点是初始投资成本较高,但空气能地暖的节能效果却是所有设备中最优的。以100 m² 的

地暖为例,冬天一天的耗电量大概是 $40 \sim 50 \, kW \cdot h$,比电地暖省电200%,安全100%。空气能地暖具备温度调节方便,供热均匀稳定,不产生有害气体,使用寿命长,维护成本低等优点。

图6.28　红外灯

图6.29　热风机

（2）降温设备

①湿帘风机降温　是目前最为成熟、生产应用最多的蒸发降温设备,其蒸发降温效率可达到75%～90%。湿帘风机是利用机内水循环系统,将由风扇吹进来的空气中的热量吸收而达到降温的效果,部分冷风机还采用在水里添加"冰晶"等冷媒来提升吸热效果,还有的冷风机拥有净化空气和杀菌的功能。该设备包含了湿帘和风机两部分,湿帘采用特种高分子材料制成,蒸发表面积较大,在水循环帮助下保持均匀湿润和泄水量。当风机启动向外抽风时,鸡舍内形成负压,迫使室外空气经过湿帘进入舍内。而当空气经过湿帘时,由于湿帘上水的蒸发吸热作用,使空气的温度降低,这样鸡舍内的热空气不断由风机抽出,经过湿帘过滤后的冷空气不断吸入,从而可将舍温降低 $5 \, ℃$ 以上（图6.30）。

②喷雾降温　通过向舍内洒水,利用水分蒸发吸收热量的原理达到降温的目的。喷头将水以雾状形式喷出,使水迅速汽化,在蒸发时从空气中吸收大量热量,降低舍内温度,降温幅度 $3 \sim 8 \, ℃$。喷雾降温系统主要由水箱、水泵、过滤器、喷头、管路及控制装置组成,设备简单,效果显著,但长时间使用会导致舍内湿度过大。配合消毒剂的使用可达到无死角全方位的杀菌消毒,或加以除臭液的使用,可进行舍内除臭（图6.31）。

③滴水降温　适用于饲养在单体栏的公母猪或分娩母猪。通过在猪颈部上方安装滴水降温头,水流滴在猪的体表后,蒸发散热。滴水降温不是降低舍内环境温度,而是直接降低猪的体温。

图6.30　湿帘风机

图6.31　喷雾降温设备

2）通风设备

集约化养殖和规模化养殖因饲养规模较大、密度大的原因,尤其需要在通风方面严格控制。有效合理通风不仅能够调节舍内温度与湿度,而且有助于提高舍内空气质量,控制疾病发生。

（1）自然通风

自然通风主要通过开启的门、窗和天窗,专门建造的通风管道,以及建筑结构的孔隙等实现的通风。通过开启的门窗通风,方式简单,投资小,但其通风效果容易受到自然因素的影响,无法随时保证舍内良好的通风状态。建造通风管,安装通风帽,利用室内外温差进行通风换气,还可以防止雨雪或强风等天气对通风换气的影响。

无动力通风器(图6.32)也称屋面通风器、自然通风器,利用自然界空气对流的原理,将任何平行方向的空气流动,加速并转变为由下而上垂直的空气流动,以达到室内外通风换气的一种设备。它不用电,无噪声,可长期运转排出舍内的热气、湿气和秽气。

图6.32　无动力通风器

（2）机械通风

自然通风容易受季节与气候的影响,因此需要机械通风的调节。机械通风最早曾采用风扇,如工业吊扇、壁扇等,但更多只是促进空气流动,在换气通风方面的效果较差。风机是畜禽舍常用的一种通风设备,可用于送风,也可用于排风,有离心式风机和轴流式风机等类型(图6.33、图6.34)。其中直径大、转速低的轴流式风机常用于畜禽舍,离心式风机多用于畜禽舍热风和冷风的输送。通过可编程逻辑控制器的环境控制器,实现夏季通风、降温、除湿和冬季通风、排污、除湿的智能调控,利用传感器获得舍内温度、湿度、气体等参数智能调控,为畜禽创造适宜的生活环境。

图6.33　离心式风机

图6.34　轴流式风机

3)湿度控制设备

畜禽舍的湿度主要由通风和洒水来实现。在实际生产中依靠通风换气,粪污清除,以及勤换垫料等来实现湿度的调节。还可以借助畜禽舍环境自动控制仪,通过监测温度、湿度、气体等相关参数,进行其他指标的调控,比如湿度。

4)自动化环境控制系统

自动化环境控制系统(图6.35)可以有效实时监控畜禽舍环境的变化,远程控制畜禽舍环境,可按照实际情况设置温度和相关气体浓度的参数,系统根据温差、斜率以及二氧化碳、氨气浓度变化,自动控制各个外设的启停,各个外设根据不同控制挡位相互配合工作,有效地保证舍内温度、气体浓度的稳定。自动环境控制系统还能采集舍内环境信息,便于用户分析追溯畜禽的生长环境。

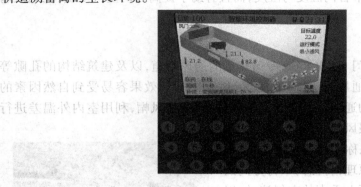

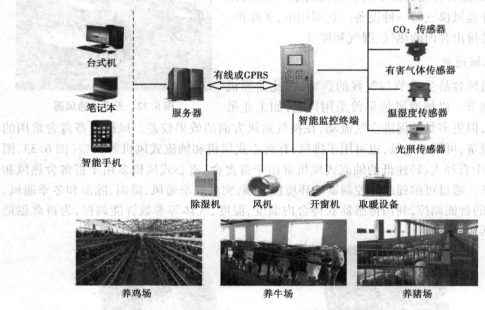

图6.35 畜禽养殖环境控制系统

5）臭气处理设备

养殖场除粪尿和污水对环境造成严重污染外，空气污染也是一个不容忽视的问题。根据2001年国家制定的《畜禽养殖业污染物排放标准》（GB 18596—2001），臭气浓度的标准值是70。而事实上，大多数养殖场臭气排放量远超过标准值。这些臭气不仅具有刺激性，而且危害环境与健康。在屠宰场恶臭气体处理方式上，主要使用活性炭吸附、UV光解、低温等离子废气净化、催化燃烧、生物分解等几种方式。

（1）微生物喷雾除臭技术

利用喷雾设备将激活后的微生物菌剂稀释液喷洒到粪便或污水中，由微生物分解臭气及其他污物。微生物菌剂除臭方式具有能耗小、成本低、适用性强、生态环保等特点。但需要微生物繁殖达到一定浓度才能有除臭效果，因此微生物菌剂除臭效果不是立即的，但一旦起效能持续1个月甚至更长。

（2）紫外线/臭氧光解氧化设备

紫外线/臭氧氧化法净化养殖场臭气是一种新型废气治理技术。废气通过引风机抽出后，进入光催化除臭设备，然后经高能紫外线裂解/臭氧氧化处理后使废气降解转化成低分子化合物、水和二氧化碳等，达到脱臭及杀灭细菌的目的，再通过管道排放至大气中（图6.36）。

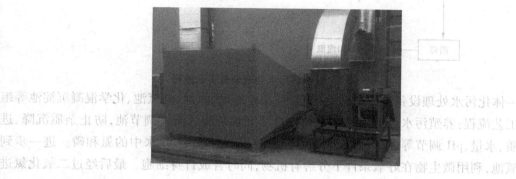

图 6.36　紫外线光解设备

（3）活性炭废气处理设备

活性炭废气处理设备组集合了风机、过滤器、消声器及电控装置于一体，养殖场使用时只要配制相应的管道及吸风罩，插上电源即可使用。吸附过滤机组可有效吸附粉尘及有机废气。

6.3.3　污水处理设施与设备

养殖场污水主要包括畜禽尿液、部分粪便和圈舍冲洗水等，具有有机物浓度高、悬浮物多、色度深，氮、磷浓度高、致病菌多等特点，不仅对养殖动物健康造成危害，而且对水环境和公共卫生造成一定威胁。污水经处理后可达到国家排放标准，用于清洗路面、猪舍等，达到水质的循环利用，实现可持续绿色养殖。

目前畜禽养殖污水的处理技术可分为物化处理技术和生物处理技术两大类。物化处理技术常用的有吸附法、固液分离法、氧化法等。生物处理技术是目前养殖场污水常用处理技术，利用微生物代谢作用使废水中的有机污染物转化为稳定无害的物质，包括厌氧处理法、好氧处理法和厌氧-好氧联合处理法等。厌氧处理法适用于处理含高浓度有机物的畜禽养殖污水，常见的有厌氧折流板反应器、上流式厌氧污泥床、微生物燃料电池氧滤器、复合厌氧反应器、两段厌氧消化法和升流式污泥床反应器等。常见的畜禽养殖污水好氧处理技术包括序批式活性污泥法、生物膜法、生物滤池及厌氧/好氧法等。单独的厌氧或好氧处理无法实现畜禽养殖污水的达标外排，结合它们各自的优势，大多数畜禽养殖污水处理采用厌氧-好氧联合处理工艺。

养殖场的污水处理通常并不是仅采用一种处理方法，而是需要根据地区的社会条件、自然条件不同，以及养殖场的性质规模、生产工艺、污水数量和质量、净化程度和利用方向，采用几种处理方法和设备组合成一套污水处理工艺(图 6.37)。

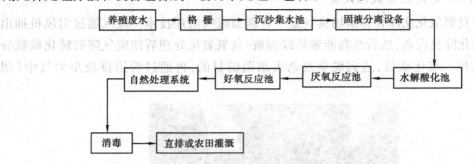

图 6.37　养殖场污水处理设备工艺流程

　　一体化污水处理设备通常由调节(沉)池、集水井、厌氧池、好氧池、化学混凝沉淀池等组成。工艺流程:养殖污水经格栅去除大颗粒及纤维状杂质后流入调节池,防止杂质沉降、进行水质、水量、pH 调节等,然后进入厌氧池,利用反硝化反应去除水中的氮和磷。进一步到达好氧池,利用微生物在好氧条件下分解有机物,同时合成自身细胞。最后经过二氧化氯进行出水消毒,检测达标后排放。好氧池内活性污泥不断增生,通过污泥回流泵到达污泥浓缩池,定期抽吸后外运。

6.3.4　清粪设施与设备

　　规模化畜禽养殖场,畜禽饲养数量多、密度大,每天产生大量的畜禽粪便,若不及时清理,不仅污染环境卫生,而且影响畜禽健康。

1)猪舍粪污收集方式与设施

生猪养殖中粪污清理收集的主要方式是水冲粪、水泡粪和干清粪。水冲粪技术通过每天数次放水冲洗,将猪排放的粪、尿和污水等混合进入粪沟,因耗水量大、污染物浓度大、处理难度大等原因已逐渐淘汰。水泡粪技术是在水冲粪基础上改造而来的。其方式是在排粪沟内注入水,粪尿污水等一并排入漏粪地板下的粪沟内储存,待粪沟装满后再排出,进入储粪池。水泡粪工艺较水冲粪省水,劳动强度小,效率高,但贮粪过程中会因厌氧发酵产生有害气体,且污水处理难度大,固体养分含量低。

　　干清粪技术是粪尿一旦产生便进行粪尿分流,干粪由机械收集运走,尿及污水从下水道流出,粪尿分别处理。这种方式有助于后面粪尿处理,保持固体粪便的营养物,提高有机肥肥效,同时机械清粪可以节约劳动力,降低劳动强度。

(1)漏缝地板干清粪排污方式

漏缝地板(图 6.38)广泛应用于规模化畜禽场,具有粪污处理效率高、节约清扫劳动力的优点。采用漏缝地板,不仅便于粪便的收集,做到干湿分离,同时能够改善畜禽环境卫生和防疫条件。漏缝地板要求耐腐蚀,不变形,表面平,防滑,易清洗消毒。按材质分有钢筋混凝土漏缝地板、塑料漏缝地板、木制漏缝地板、钢筋编制网等。

图6.38 漏缝地板

钢筋混凝土漏缝地板常应用于配种妊娠舍和育成育肥舍中,可做成板状或条状。这种地板成本低,牢固耐用。塑料漏缝地板采用工程塑料模压而成,质量轻,耐腐蚀,易拆装,但防滑性较差,体重大的动物容易行动不稳而跌倒,适用于保育舍。钢制漏缝地板用金属条排列焊接而成或用金属条编制成网状,因为缝隙占比大,所以清粪效果好,易冲洗,栏内清洁干燥,防滑性好,在集约化养猪生产中应用广泛。

采用漏缝地板高床饲养的猪舍,其排污系统包括在高床下的V形粪沟和中央污水暗渠。粪尿分离模式中粪道横向呈U形结构,横向及纵向都具有一定坡度,在粪道下方埋设有导尿管,尿液和污水透过漏缝地板到V形坡面之后流入中间导尿管中排出,留在粪沟内的猪粪由人工清扫或机械清粪。粪尿混合模式相对简单,粪道底部为一平面,在纵向也没有坡度,粪和尿混合在一起通过刮粪机刮出。

刮板式清粪机是畜禽舍内常用的一种清粪设备,刮粪板可根据舍内粪沟的大小做成不同规格。刮板式清粪机(图6.39)包括牵引机、钢丝绳、转角滑轮、刮粪板及电控装置5个组成部分。其原理是通过将驱动机构固定在适当位置,利用钢丝绳和电控装置,使刮粪板在粪沟内做往复直线运动,将猪粪清理到储粪池中。刮板式清粪机适用于猪舍地面的明沟清粪和漏缝地板下的暗沟清粪。

图6.39 猪场自动化清粪系统

(2)漏粪地板水泡粪设施

水泡粪清粪方式是在水冲粪的基础上改造而来的。在排粪沟中注入一定量的水,粪尿和饲养管理用水一并排入漏粪地板下的粪沟中,储存一定时间(1~2个月)待粪沟装满后,打开出口的闸门,将沟中粪污排出,流入粪便主干沟或经过虹吸管道,进入地下储粪池或用泵抽吸到地面储粪池(图6.40)。这种方式虽然不利于"干湿分离",但劳动强度小,劳动效率高,其缺点是储粪过程中会产生有害气体,如硫化氢、甲烷等,对养殖动物或饲养人员的健康不利。

图6.40 水泡粪池

2)鸡舍粪污收集方式与设施设备

养禽业笼养主要有阶梯式笼养、叠层式笼养和高床、半高床笼养等饲养方式。规模化养禽场应用的自动清粪设备中,阶梯式笼养多采用刮板式自动清粪设备,叠层式笼养多采用带式自动清粪设备。

带式清粪机(图6.41)适用于叠层式笼养鸡舍,它由电机减速装置、链传动、主从动滚筒、输送带和托辊等组成。带式清粪机承粪板安装在每层鸡笼下面,当机器启动时,由电机、减速器经过链条股动各层的自动辊工作,在被迫辊与自动辊的挤压下发生摩擦力,股动承粪带沿笼组长度方向移动,将鸡粪输送到一端,被端部设置的刮粪板刮落,然后完成清粪工作。带式清粪机清粪无残留,加大了粪便与空气的接触,使粪便自然干燥成粒状,易于清除,可以直接把鸡粪输送到禽舍外的清粪车上,提高鸡粪的再用率。

图6.41 带式清粪机

3)牛舍粪污收集方式与设施设备

封闭式牛舍内的粪尿采用机械刮板自动清粪系统收集至封闭的地下粪沟,再由废水和固液分离后的液体冲至接收池,接收池的粪污再通过封闭管道泵送至后续处理设施;牛舍端部设置集粪池,舍内粪污采用人工或铲车清理至集粪池堆积,定时用配套车辆运送至晾晒场晾晒发酵。

机械刮板清粪系统(图6.42)通过电力驱动,由两个主刮粪板和两个侧刮粪板组成,中间链条带动刮粪板在牛舍内来回运转进行自动清粪,当主刮粪板被链条向前拉动时,两边的侧刮粪板将打开,接触到牛床边缘,将粪污推至集粪沟中;可以做到24 h不间断运行,能时刻保证牛舍的清洁;刮粪板的高度及运行速度适中,运行过程中没有噪声,对牛群的行走、饲喂、休息不会造成任何影响,对提高牛群舒适度、减轻肢蹄病和增加产奶量有着重要影响,该系统操作简单,安全可靠,运行成本低。

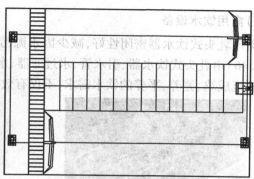

图6.42　机械刮板清粪系统

6.3.5　畜禽舍饮水设备

1）猪用饮水设备

自动饮水设备的安装，可以实现猪随时饮水的需求，保障了猪的正常生理和生长发育。常用的自动饮水设备主要有鸭嘴式饮水器、乳头式饮水器和碗式饮水器。

（1）鸭嘴式饮水器

鸭嘴式饮水器（图6.43）构造简单，包含阀体、密封圈、回位弹簧、塞盖、滤网等，耐腐蚀，密封好，水流速度符合饮水需求。猪饮水时，咬动开关使开关偏斜，水从间隙流入猪的口腔，当猪松开饮水器时，水就停止流出。但鸭嘴式饮水器较突出，需安装在远离猪休息区的排粪区，否则会划伤猪的身体。

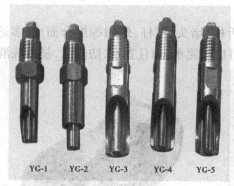

图6.43　不同出水孔径的鸭嘴式饮水器

图6.44　乳头式饮水器

（2）乳头式饮水器

乳头式饮水器（图6.44）主要由钢球、壳体和顶杆组成，结构简单，其工作原理与鸭嘴式饮水器相似，不易堵塞，但密封性差，流水较急，需降压使用。

（3）自动水位控制器

自动水位控制器（图6.45）是一种新型饮水器，其工作原理是空气动力学。当水位低于设置的正常水位时，空气进入出水管，硅胶膜和出水口分离水流进饮水碗，使水位一直保持在设定位置，有效避免水浪费和减少污水排放，不易划伤动物，方便饮水喂药或免疫。

2) 禽用饮水设备

禽用乳头式饮水器密闭性好,减少因水源污染造成的疾病传染问题。禽场自动化水线 (图6.46)由乳头式饮水器、引水管、水过滤器、水压调节器等组成,能满足蛋鸡、肉鸡和种鸡由育雏至成鸡、笼养、平养的饮水需求,不仅有效节约养殖成本,而且能改善养殖场环境。

图6.45 自动水位控制器　　　　　图6.46 乳头式自动饮水系统

3)牛羊用饮水设备

(1)饮水槽

现代化牛场多采用饮水槽满足牛饮水需求。根据不同需求,不同牛舍可采用不同类型的饮水槽,如电加热饮水槽、翻转式饮水槽、可拆分式饮水槽、多功能保温式饮水槽等。电加热饮水槽(图6.47)可以使牛在冬季自由、充足地饮用温水。15～18 ℃的水温有助于瘤胃微生物的生长与繁殖,提高纤维素等营养物质的利用,提高动物福利与经济效益。

(2)饮水碗

牛用饮水碗(图6.48)主要由碗、饮水器、舌板、堵头、螺杆、螺帽等组合而成,多适用于单栏饲养牛只。牛羊触碰饮水碗任何位置,均可启动流水,而且省水,防潮湿,易清洗消毒。

图6.47 电加热饮水槽　　　　　图6.48 饮水碗

6.3.6 畜禽舍喂料设备

1)猪场自动化料线

随着现代化养殖业大发展,生猪养殖散户逐渐退出市场,取而代之的是中大型规模化、现代化养殖场。自动化养殖设备是规模化猪场不可缺少的设备,不仅适用于新建猪场配套,还适用于老场改造。在未来的规模化养殖中,猪场自动化供料喂料,环境自动化控制,粪污自动化处理等整体三部分做到自动化,将明显提高养殖效益,促进健康养殖和绿色养殖。

（1）自动供料系统

现代化猪场料线设备由饲料塔（图6.49）、输料线、动力系统、控制系统等组成。启动动力箱,电机带动输料线在管道内运行,输料线围绕圈舍内部各个食槽上方走一个循环,最后回到饲料塔里面,在每个食槽上方的管线里面开一个下料口,当输料线带动饲料塔里面的饲料在管道内运行到下料口的位置,饲料就会顺着下料管道下到食槽里面,在最后一个食槽里面有一个料位传感器,当最后一个食槽下满的时候,料位传感器就会把信息传给控制系统,控制系统会切断电源,动力箱停止工作,输料过程就此

图6.49　饲料塔

完成。不仅节约了大量的劳动力,而且可以使整栋圈舍里面的猪只同时进食,减少应激,提高效益。

（2）自动喂料系统

自动喂料系统（图6.50）可以定时定料地将饲料从料罐输送到猪舍,从而达到精确饲喂的目的,系统包括落料器、调节单元、电控单元等。自动喂料系统根据猪生长的不同阶段,定时、定量饲喂,节省饲料,提高饲料利用率。当输料线把饲料输送到定量杯里面,定量杯可以根据每头猪不同的生理状况,定量饲喂。在饲料到达每个定量杯后,启动落料系统,整栋圈舍的栏位同时下料,同一栋舍内的猪可以同时饲喂,有效避免猪群发生应激反应。以母猪为例,同时开始进食,不仅减少了母猪急切的进食心理而产生的大叫,最主要的是减少应激,精确饲喂,增加窝仔数量,提高养殖效益。使用自动化猪场料线喂料系统,饲养人员可以不进入猪舍内而直接喂料,封闭式下料设计,有效减少老鼠苍蝇偷吃和污染饲料,防止交叉污染,切断疫病传播途径。正常情况下一名饲养员可以给若干栋猪舍喂料,节省大量人力成本,提高劳动生产率。

2）禽用自动化料线

禽用自动化料线（图6.51）主要由料塔、输料管、绞龙、电机和料位传感器等组成。其主要功能就是把料塔中的料输送到副料线的料斗中,并由料位传感器来自动控制电机的输送启闭,达到自动送料的目的。与人工喂养相比,自动化养鸡料线可以节约人力成本,提高养殖效率。

3）牛场自动化料线

现代化牛场采用传送带式自动饲喂设备,让肉牛或奶牛在适当阶段采食适量且营养均衡的饲料,提高饲喂效率及生产性能。传送带式自动饲喂设备（图6.52）由配料填料装置、投料装置、饲养管理系统等组成。设备利用固定的饲料搅拌装置搅拌好青贮料,搅拌好的饲料由提升传送带送至饲料传送带,并在滑动犁装置的推力作用下,在指定位置将饲料均匀地

撒在饲喂面上,完成饲喂工作。自动饲喂设备具有节省劳动力成本、节省建筑成本的优势,可实现精确、自然地饲喂,提高饲料利用率,改善牛舍环境,提高牛群福利。

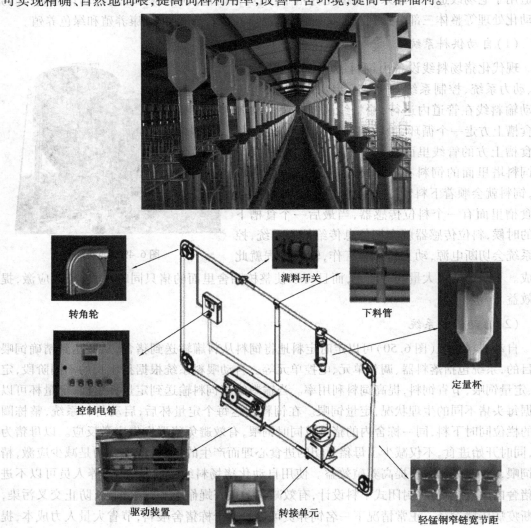

图 6.50　自动喂料系统

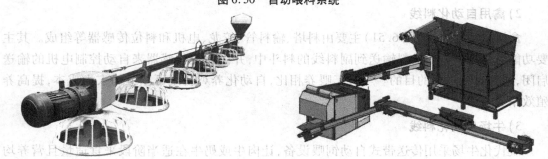

图 6.51　禽用自动化料线　　　　图 6.52　传送带式自动饲喂设备

6.3.7 畜禽舍养殖设备

1)猪栏设备

(1)仔猪保育栏

仔猪保育栏(图 6.53)用于断奶仔猪的饲养,四周围栏,底部铺有漏粪地板,配有双面育仔料槽和饮水器,床底与床架以螺栓连接拼装,每栏片之间用插销连接,可为断奶仔猪提供一个清洁、干燥、温暖的生长环境,减少猪群疾病发生率,提高猪的成活率。

仔猪保育栏的漏粪地板材质可分为复合板保育栏、塑料保育栏等。复合板保育栏采用全复合漏粪板,保温效果好,地质柔和,不伤小猪猪蹄;塑料保育床地板采用工程塑料一次浇注而成,耐老化、强度高。保育床围栏采用热镀管焊接而成,其躺卧区和排粪区由隔墙分开,并配有可开闭的活动门,底部由杠和梁还有漏粪板组装而成。保育床通常带一个双面食槽,可以使小猪在各自的区域内更好地饮水和采食,保证仔猪的良好生长。

在排粪区设置饮水器,平时打开活动门,利用猪在饮水时有排粪尿的习性,将粪便集中于排粪区,便于清除。关闭活动门能使每个猪栏的排粪区连成一条通道,利用刮粪板清除粪便。这种猪栏能保持躺卧区干燥清洁,减少饲料浪费,但由于排粪区设在猪舍内,易造成舍内空气污染,使用时应加强猪舍通风。

图 6.53 仔猪保育栏

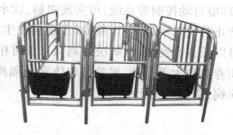

图 6.54 母猪限位栏

(2)母猪限位栏(定位栏)

母猪限位栏(图 6.54)能有效地节省占地空间,最大限度地把有限的建筑面积发挥到极限,同时更易于对妊娠母猪的管理,便于防疫消毒、观察发情期及配种,提高生产管理效率。母猪妊娠早期在限位栏饲养可减少机械性流产,有利于妊娠前期限制饲料喂量,但同时也导致母猪发生褥疮和肩部溃疡的概率增大。

(3)母猪产床

母猪产床(图 6.55)主要由母猪限位栏、仔猪围栏、仔猪保温箱、高架网床、母猪食槽和小猪补料槽等组成,适用于母猪分娩和哺乳仔猪。母猪限位栏的作用是限制母猪自由活动和躺卧方式,使其在躺卧时只能腹部着地伸出四肢,既能保证母猪躺卧,又能避免仔猪被压死和压伤。限位架的长度通常为 2.0~2.3 m,宽度为 0.6 m,高度为 1.0 m,限位架最下边的一根栏杆离地面的距离为 240 mm,上面焊有弯曲的挡柱,用以保护仔猪,而不影响仔猪吃奶。母猪食槽和饮水器都在限位架的前方。仔猪围栏提供仔猪一定的活动空间,又保证仔猪无法跑出去,仔猪围栏的长度通常为2.0~2.3 m,宽为1.7~1.8 m,高为0.5~0.6 m。仔猪保温箱能为仔猪提供30 ℃左右的小气候和小环境。护栏有栅条式和隔板式两种,栅条式间距不大于40 mm,有利于通风和观察,但不利于防疫;隔板式有利于防疫但造价较高。仔猪补料槽和饮水器都装在围栏的后部,以便仔猪粪便排在后部的排粪区。

图6.55 复合双体母猪产床

规模化猪场使用复合板产床可以提高仔猪存活率。母猪产床能保护仔猪免于母猪压死或压伤,并保证良好的卫生条件,能防止活物积存和细菌的繁殖,减少仔猪疫病;便于对母猪和仔猪的管理。

2) 禽类笼养设备

(1) 阶梯式笼养设备

阶梯式笼养设备(图6.56)又叫 A 形鸡笼,结构简单,具有自动上料、自动饮水、自动清粪、环境自动控制等系统,可实现喂料、饮水、清粪、温控的自动化。鸡笼隔网和底网加密,有效防止鸡只啄羽、啄肛现象,减少疾病发生和应激死亡等情况。笼门空间大,使鸡采食的位置可以任意改变,有效解决了鸡只采食时相互拥挤,确保鸡只采食更均匀。阶梯式笼养单位面积养鸡数大于平养,鸡粪与鸡体完全隔离,可直接落到地面,减少鸡舍尘埃及因粪便传播的疾病,降低鸡只死亡率。

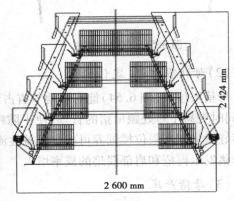

阶梯式四层

图6.56 阶梯式笼养设备

(2) 层叠式笼养设备

层叠式笼养设备(图6.57)又叫立体式鸡笼,具有自动上料、自动饮水、自动清粪、环境自动控制等系统,可实现上料、喂料、饮水、清粪、环境全自动化控制。同等养殖规模下采用层叠式养殖设备,饲养密度高,节约土地,集约化程度高,同时降低了工人的劳动强度,节约养殖成本。

图 6.57　层叠式笼养设备

3)牛栏设备

(1)牛卧床

牛养殖中躺卧十分重要,例如奶牛躺卧可以促进血液流向乳房并增加反刍时间,若躺卧时间不足则会影响产奶量,增加蹄病的发病率。牛卧床(图 6.58)为牛躺卧提供了合理且舒适的空间。牛卧床主要由牛卧栏、牛床组成,牛床上铺有 15 ~ 20 cm 厚的垫料,提高舒适度。

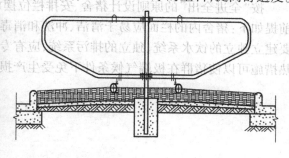

图 6.58　牛卧床

(2)牛颈枷

牛颈枷(图 6.59)通常设在牛栏和食槽之间,可在牛伸头采食时灵活开合,从而方便固定奶牛,保证牛的采食量,并且便于兽医或配种员对牛进行常规体检、防疫、去角、治疗、配种等生产活动,确保工作人员和牛的安全,降低劳动强度,提高工作效率。

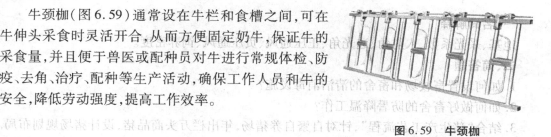

图 6.59　牛颈枷

项目小结

畜牧场的规划设计应本着因地制宜、科学饲养、环保高效的原则,合理布局,统筹安排,并为今后的进一步发展留有空间。场区建筑物的布局在既做到紧凑整齐,又兼顾防疫要求、安全生产和消防安全的基础上,提高土地利用率,节约用地,尽量不占或少占耕地,节约土地资源。

畜禽养殖场是种畜禽、商品畜禽的生产基地,场址的选择和布局是否得当,畜禽舍的设计和建筑是否合理,都直接关系到畜禽生产水平和经济效益的高低。

畜禽舍设施设备是现代化规模化畜禽养殖场必不可少的硬件条件,良好的设施设备不仅有助于提高畜禽养殖环境,而且能提高劳动生产效率,实现环保高效养殖,提高绿色健康畜产品。本任务介绍了猪、禽以及牛羊养殖所需的基本设施设备,重点阐述了现代化养殖场常用的消毒设施设备、环境控制设备、清粪设施设备以及饮水设备及和舍养殖设备。

小常识

全进全出

按"全进全出"的原则设计猪舍、安排栏位摆放时必须予以考虑和无条件满足的基础和前提如下:猪舍内的栏面应易于清洁、冲洗和消毒,舍内的任何位置不得有积水,每个单元都要建立独立的饮水系统、独立的排污系统,应有专门的防鸟、防鼠设计。猪舍良好的保温、隔热措施可以使猪群在极端气候条件下免受生产损失。

复习思考题

一、名词解释

地基、采光系数、入射角、透光角、正压通风、负压通风、饲养密度。

二、简答题

1. 如何设置畜牧场和畜舍的清洁消毒设施?

2. 如何做好畜舍的防暑降温工作?

3. 结合"猪生产工艺流程",针对自繁自养猪场,年出栏万头商品猪,设计猪场规划布局。

4. 棚舍、开放与半开放舍、封闭舍的小气候有何特点?

5. 怎样在南方搞好畜舍的防暑? 北方畜舍如何防寒保暖?

6. 畜舍通风换气的原则有哪些? 通风换气量是如何确定的? 通风换气的方法有哪些?

7. 怎样搞好畜舍的防潮?

8. 根据你当地的纬度,为一个舍内地面面积为 $120\ m^2$,跨度为 9 m 的肥育猪舍设计窗户,要求 1:15 的采光系数,请确定适宜的窗户面积与窗台高度,并绘出窗户设计示意图。

9. 垫料的种类有哪些? 垫料的作用有哪些? 铺用垫料的方法有哪些?

10. 结合本地某养殖场在采光、保温、通风、排水、环境保护等方面的情况,提出改进措施与建议。

11. 畜禽舍常用温度控制设备有哪些?

12. 简述畜禽舍常用饮水设备及其特点。

【实训操作】

技能　畜舍采光系数的测定和计算

一、技能目标

掌握畜舍采光的测定和计算方法,评价畜舍内光照环境,为畜舍环境卫生评定打基础;掌握畜舍机械通风效果的测定,学会对畜舍机械通风效果的评价。

二、技能准备

①仪器工具　照度计、卷尺、函数表或计算器、热球式电风速仪、叶轮风速仪。

②实训场所　猪舍、鸡舍、牛舍。

三、仪器使用

1) 照度计的使用

光照度的单位为勒克斯(lx)。测量光照度的仪器叫照度计。照度计是依据“光电效应”原理制成的。由光电探头(内装硅光电池)和测量表两部分组成(图实 6.1)。当光电探头曝光时,产生相应的光电流,并在电流表上指示出照度数值。该仪表正确操作方法如下。

①在测量前,因不能肯定光照度,为安全起见,量程开关应依次从高挡转到低挡,以免光电池骤受强光,影响仪器的性能。

②由于光电池具有惯性,在测量之前应将光电池适当曝光一段时间,待电流表的指针稳定后再读数。

③测定时应避免热辐射的影响和人为挡光的影响。

④光电池长期使用,电流会变小而逐渐衰减,要经常进行校正。

⑤人工光照度的测定,应当在打开电源开关 0.5 h 后电压稳定时测定。

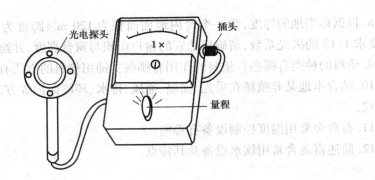

图实 6.1 照度计

⑥测量完毕后,将量程开关置于"关"的位置,并将保护罩盖在光电探头上,拔下插头。

2)热球式电风速仪的使用

使用叶轮风速仪进行测定前,应接通电源,启动风机,当风机转速不断上升达到额定转速后为风机启动完毕。风机启动完毕进入连续运转阶段,才可进行气流速度测定。风机旋转方向应与机壳上箭头所示方向一致,即保证风机正转。

四、操作方法

(1)采光系数的测定与计算

采光系数是窗户有效采光面积和畜舍地面有效面积之比。以窗户所镶玻璃面积为1,求得其比值。先计算畜舍窗户玻璃数,然后测量每块玻璃面积。畜舍地面面积包括除粪道及喂饲道的面积。

如某猪舍舍内地面为 40 m×8 m。共有 20 个窗户,每个窗户有 8 块玻璃,每块玻璃面积为 0.4 m×0.45 m。该舍窗户总有效面积为 $0.4 \times 0.45 \times 8 \times 20 = 28.8(\text{m}^2)$;地面面积为 320 m²。则采光系数为 28.8:320 = 1:11。

(2)入射角和透光角的测定与计算

如图实 6.2 所示,B 是畜舍地面中央的一点,A 是窗户上檐,D 是窗台,C 是墙壁与地面的交点,则∠ABC 是入射角,∠ABD 是透光角。

测定入射角时,测量 AC 和 BC 长度,然后根据 tan∠ABC = AC/BC,计算∠ABC 的大小。测定入射角时,先测量∠DBC,然后计算入射角∠ABD = ∠ABC - ∠DBC。

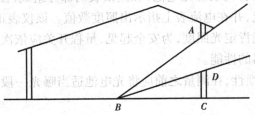

图实 6.2 入射角、透光角测定示意图

（3）光照度的测定

使用照度计测定舍内光照度时，可在同一高度上选择 3～5 个测点进行，测点不能紧靠墙壁，应距墙 10 cm 以上。

五、实训作业

熟悉畜舍相关采光数据的测量，并根据畜舍采光系数、入射角、透光角、光照度的测定结果，评价该畜舍的采光情况，完成实训报告，同时提出你的改进意见。

项目 7 畜禽场环境卫生监测与畜禽健康生产

【项目提要】

本项目主要阐述畜牧场环境保护在防止工农业生产、生活中的有害物质对家畜之危害和畜产品质量的影响，以及畜牧生产过程中的废弃物对人类环境的危害。因此，加强畜禽养殖场的卫生监测，掌握污染源及其危害途径和规律，科学地处理和再利用畜牧场废弃物，是控制畜牧生产对人类环境污染的有效途径。

【教学案例】

养殖场三分离一净化项目实施方案

1）实施方案主要内容

本方案按照"减量化、资源化、无害化"原则，对猪粪和污水进行无害化综合处理和利用，达到治理污染、开发综合利用的效果。采用"三分离一净化"新模式，即建设"雨污分离、干湿分离、固液分离、生态净化"处理系统。

2）雨污分离系统

（1）雨污分离

将雨水和养殖场所排污水分开收集的措施。雨水可采用沟渠输送，污水采用管道输送，养殖场的污水收集到厌氧发酵系统的进料池中进行后续的厌氧发酵再处理。

（2）雨污分离系统建设方案

建设雨污分离设施的内容包括建设雨水收集明渠和铺设畜禽粪污水的收集管道，保证雨水与粪污水的完全分离。

首先，在畜禽养殖厂房的屋檐雨水侧，修建或完善雨水明渠，雨水明渠的基本尺寸为 0.3 m×0.3 m，可根据情况适当调整，雨水经明渠直接流入一级生态塘。

其次，在畜禽养殖厂房的污水直接排放口或污水收集池排放口，铺设污水输送管道，管道直径在 200 mm 以上，如果采用重力流输送的污水管道管底重力流坡度不低于 2%，将收集的畜禽污水输送到厌氧发酵系统的调浆池或进料池中。

3）干湿分离系统

（1）干湿分离

养殖场内畜禽粪便采用干清粪的收集方式，即将畜禽粪便先收集到储粪池中，然后再用水冲洗猪舍，冲洗水收集到粪水池中，再进行厌氧发酵，使猪粪与污水分开收集。

收集起来的畜禽粪便，经过后续的固液分离可再次降低其含水率，便于再利用。

（2）干湿分离系统建设方案

建设干粪收集池，用于收集干粪，收集池尺寸为 3 m×4 m×1 m，并根据养殖场规模适当调整,购置粪污运输推车。

建设粪水收集池,用于收集猪舍冲洗水,收集池尺寸为4 m×10 m×1 m,并据养殖场规模适当调整。

完善粪污收集系统与厌氧发酵系统的衔接。

4)固液分离系统

(1)固液分离

对干清粪过程所收集的畜禽粪便再次脱水,获得含水率更低的粪渣(含水率一般为65%以下),便于再利用;分离出来的粪水排往沼气池的进料池,进行发酵处理。

(2)固液分离系统建设方案

建设固液分离间,尺寸为4 m×8 m×3 m,钢架厂房结构,四周建1 m高围墙,半开放式,并购置固液分离机一台,用于分离干清粪过程所收集的畜禽粪便,分离机工作能力为10 m³/h左右。

因场地所限,固液分离间建设在地埋式沼气池顶部的混凝土地板上,注意做好沼气的防泄漏措施,沼气输出管道不得布置在固液分离间内。

5)生态净化系统

(1)生态净化

污水生态净化与水生生态系统密切相关,指水生生态系统中各种生命体、非生命物质(包括进入这个系统的污染物质)通过富集与扩散、合成与分解、拮抗与协同等多种过程,最终消除或降解污染物。

(2)生态净化系统建设方案

实施方案中的生态净化系统主要由一个一级生态塘和一个二级生态塘构成。

①一级生态塘的建设方案

a.一级生态塘清除杂草 清除生态塘内的水花生等杂草,以便种植净化能力更强的水生植物。保留已经生长的藕、野菱、菖蒲、风车草、芦苇等水生植物。

b.一级生态塘护坡 用挖掘机将池塘底泥挖掘到一级生态塘四周,并将池塘岸边向池内方向的坡度改建成45°~55°。

c.绿化 清除一级生态塘四周道路两侧的杂树杂草,保留树冠形态较好已经成材的树木,如果塘四周没有或少有树木,在靠池塘一侧种植柳树,柳树苗的规格直径3 cm、高3 m左右,每间隔8 m栽种一棵。池塘向内的土坡上种植黑麦草、吉祥草、兰花三七等。

d.塘内生态化建设 池塘岸边种植菖蒲等,间距2 m,每穴2株。池塘中央建立一个人工浮岛。保留池塘内已种植塘藕,增加种植其他水生植物。

②二级生态塘的建设方案

a.二级生态塘清除杂草 清除生态塘内的水花生等杂草,以便种植净化能力更强的水生植物。保留已经生长的野菱、菖蒲、风车草、芦苇等水生植物。

b.二级生态塘护坡 用挖掘机将池塘底泥挖掘到生态塘四周,并将池塘岸边向池内方向的坡度改建成45°~55°。

c.绿化 清除生态塘四周道路两侧的杂树杂草,保留树冠形态较好已经成材的树木,如果塘四周没有或少有树木,在靠池塘一侧种植柳树,柳树苗的规格直径3 cm、高3 m左右,每间隔8 m栽种一棵。池塘向内的土坡上种植黑麦草、吉祥草、兰花三七等。

d.塘内生态化建设　池塘岸边种植芦苇、菖蒲等,间距2 m,每穴2株。池塘中央建立两个人工浮岛。

③人工浮床(岛)的建设

典型的湿式由框浮床组成,包括浮床的框体、浮床床体、浮床基质和浮床植物4个部分。

湿式有框浮床的框体采用直径50 mm(×4.6mm以上)的PVC(PPR)管作为框架,考虑到景观美观、结构稳固的因素,建议采用三角形或六边蜂巢型等,各小单元边长为1~1.5 m。

浮床床体采用包装聚苯乙烯板做浮床模板,其外形根据浮床框架尺寸,厚度为4 cm以上,并按间距20 cm、孔径4 cm打孔,用于扦插植物,根据植物体的大小、每孔扦插或隔孔扦插。聚苯板材质比重小,绿色环保,防腐蚀,耐老化,可反复多次使用。

浮床基质采用海绵,即在浮床模板上栽种水生植物后,在扦插孔内的植株杆茎四周包裹海绵,保证植物直立与正常生长。

浮床植物可选择芦苇、菖蒲、风车草、美人蕉等水生植物混合种植。

浮床整体是用软绳将浮床模板一块块连接而成,浮床整体组装完成后,在水中放置浮床的两端用镀锌管打桩,把浮床两端的绳子拴于桩上即可,保证了浮床床体具有较好的强度,能抵抗较大风浪冲击,采用柔性连接,使浮床整体随之上下。

实施过程中还可以根据情况,按照一定的形状布置浮床,间种不同的水生植物,增加浮床植物的多样性,提高整个生态塘的生态景观。

6)结论

畜禽养殖场配套建设"三分离一净化"工程,通过清除垃圾、清除淤泥、清除杂草,生态塘岸边种植垂柳、草被植物,侧面和底部搭配种植各类氮磷吸附能力强的半旱生植物和水生植物,减缓水速,增加滞留时间,促进流水携带颗粒物质的沉淀,有利于构建植物对沟壁、水体和沟底中逸出养分的立体式吸收和拦截,从而实现对农业面源污染排出养分的控制,也能提高水体的自净能力。优化农田、池塘的生态系统及景观组成,对改善农田环境乃至养殖场周边的总体环境都起到了积极的作用。

"三分离一净化"工程项目实施以后,整个系统不仅可以净化水质、绿化村庄、美化环境,营造一个良好的生态环境,而且促进了养殖场废弃物的良性循环和养殖业的可持续发展。

任务7.1　畜禽场环境污染的原因

7.1.1　污染源与污染物

1)大气污染源与污染物

(1)恶臭

规模化畜禽养殖场恶臭来自动物呼吸、动物皮肤、饲料霉变、病死畜禽、动物粪尿、焚烧炉和废水处理设施以及畜禽粪便处理场。其中动物粪尿、废水处理设施和畜禽粪便处理场中有机物质的腐败分解是畜禽养殖场恶臭的主要来源。恶臭成分复杂,主要包括挥发性脂肪酸、醇类、酚类、酸类、醛类、酮类、脂类、硫醇类,以及含氮杂环化合物等9类有机化合物和氨气、硫化氢两种无机物的综合组分。空气中恶臭物质的含量很难测定,一般采用仪器法和嗅觉法相结合来判断。通常以臭气浓度来表征恶臭物质的综合指标。

（2）粉尘

粉尘来自畜禽养殖场饲料厂和畜禽粪便处理场。其排放浓度和排放量与原料粉碎细度、粉碎设备、除尘设施和排气筒高度有关。

①烟尘、一氧化碳、二氢化硫　来自畜禽养殖场病死畜禽的焚烧,生产或生活供热燃煤。其排放浓度和排放量与焚烧炉类型、焚烧温度、焚烧时间、煤质、锅炉吨位、脱硫除尘设施和排气筒高度有关。

②扬尘　来自施工期施工机械作业和土方、沙石料运输车辆以及锅炉房煤灰堆场。一般采讲,扬尘为无组织排放。其排放浓度和排放量与施工方式、施工量和煤灰堆场建设方式有关。

③油烟　来自畜禽养殖场职工食堂。其排放浓度和排放量与灶头数量、油烟净化效率有关。

2）水污染源与污染物

（1）生产废水

①水量　畜禽养殖场生产废水来自畜禽舍冲洗水。其产生量与畜禽场的养殖类别、养殖方式和养殖水平有关。

②水质　生产废水水质与畜禽场清粪方式有关。一般来讲,粪污水混合水质污染物的浓度相对较高。

（2）生活污水

畜禽养殖场生活污水包括职工食堂废水、洗浴废水和卫生间冲洗废水。

3）噪声

畜禽养殖场噪声源主要包括建设期施工机械噪声、生产期饲料和畜禽粪便加工设备噪声、动物发出的噪声等。

4）固体废物

固体废物来自畜禽养殖场畜禽粪便、垫料、病死畜禽、生活垃圾和锅炉炉渣。

（1）畜禽粪便

畜禽粪便产生量与养殖场性质、饲料成分、饲养方式和管理水平有关。

（2）垫料

垫料是规模化养殖场特有的固体废物。其产生量与垫料种类、垫料质量、养殖数量、调换频率和饲养周期有关。

（3）病死畜禽

病死畜禽的产生量与畜禽养殖场的饲养管理和疫病防治水平有关。

（4）生活垃圾和锅炉炉渣

其产生量与职工人数、生活习惯和生产制度有关。

7.1.2 我国畜禽养殖环境污染现状

当前我国畜牧业处于由传统散养模式向规模化、集约化饲养模式转变的阶段，畜牧业总产值逐年增加，2015 年我国畜牧业总产值达到 29 780.4 亿元，较 2011 年增长了 15.56%。同时规模化养殖比例不断扩大，2015 年我国生猪年出栏 500 头以上、肉牛年出栏 50 头以上、肉羊年出栏 100 只以上、肉鸡年出栏 10 000 只以上、蛋鸡年存栏 2 000 只以上的规模养殖比例分别为 44.0%、28.6%、34.3%、68.8%、73.3%。

规模化养殖的快速发展造成畜禽养殖废弃物产生量突增。2015 年我国畜禽粪便产生量已达到 60 亿 t。近几年，虽然我国农业污染排放总量逐年递减，但畜禽养殖污染排放量占农业污染排放总量的比例却居高不下。2011—2015 年，我国畜禽养殖化学需氧量（COD）、氨氮、总氮、总磷排放量占其各自农业污染排放总量的比例分别稳定在 95%、75%、60%、75% 以上。

1）畜禽场环境污染途径与危害

（1）对水源环境的污染

畜禽养殖对水源的污染主要来自畜禽粪便和养殖场污水。目前，我国大多数养殖场的畜禽粪便处理能力不足，60% 以上的粪便得不到科学处理而被直接排放，这些未经处理排放的粪便、污水中含有大量污染物，其中化学耗氧量高达 3 万 ~ 8 万 mg/L，成为高浓度的有机污染源，它们进入水体的 COD 量已超过生活和工业污水 COD 排放量的总和。这些污染物中含有大量的包括病原微生物、有机质、氮、磷、钾、硫元素等物质，排入自然环境和江河湖泊后，将造成水体富营养化，使水质恶化，导致水生物死亡。其有毒、有害成分渗入地下还可造成地下水中的硝酸盐含量过高，溶解氧减少，使水体发黑、发臭，丧失使用功能。部分自然水体的水质在短短数年内迅速恶化，严重威胁人类健康。另据环保部门统计，高浓度养殖污水被直接排放到河流、湖泊中的比例高达 50%，极易造成水源生态系统污染恶化，是除工业污染外的一个主要因素。

（2）对大气环境的污染

畜禽养殖对大气环境的污染主要表现在两个方面：一是畜禽粪便在厌氧的环境条件下，可分解释放出氨气、硫化氢、甲烷等带有酸味、臭蛋味、鱼腥味的刺激性气体，为动物疫病的传播提供了有利条件，并且对养殖场周边的大气环境造成严重污染。挥发到大气中的氨气还可引起酸雨，影响农作物的生长。粪便的恶臭除直接或间接危害人畜健康外，还会引起畜禽生产力降低，使养殖场周围生态环境恶化。日本的《恶臭法》已确定的 8 种恶臭物质中，就有 6 种与畜牧业密切相关。二是畜禽饲养造成的温室效应。目前畜牧业是我国农业领域第一大甲烷排放源，也是全球排名第二的温室气体来源，人类活动产生的温室气体中，有 15% 左右来自畜牧业。经联合国粮农组织测算，全球每年由畜禽养殖产生的温室气体所引发的升温效应相当于71亿t二氧化碳当量。在畜禽动物中,牛是最大的温室气体制造者,每年畜牧业甲烷排放总量中,有70%以上来自牛。

(3)对土壤环境的污染

进入土壤的粪便及其分解产物或携带的污染物质,超过土壤本身的自净能力时,便会引起土壤的组分和性状发生改变,并破坏原有的功能,造成对土壤的污染。土壤污染主要通过土壤—食物和土壤—水两个根本的途径对人或动物产生危害,空气和水中的污染物,最后都将经过自然界和物质循环进入土壤。某些传染病原经常污染土壤,以土壤传播为主的传染病的病原体可以在土壤中寄生多年,经土壤或土壤中生活的动物(蚯蚓、甲虫等)可以传播寄生虫。土壤性寄生虫,如蛔虫病等,都可在一定时期内对人畜造成危害。

目前,养殖场对饲料添加剂、抗生素的大量使用,使得畜禽粪便中重金属、药物、有害菌等物质残留,施用到农田土壤中会造成重金属和抗生素复合感染,严重威胁食品安全。研究表明,相比羊粪和鸡粪,猪粪中的铜、锌、镉含量较高,分别为197 mg/kg、947 mg/kg、1.35 mg/kg,更易造成土壤污染。

2)畜禽养殖业污染特点

(1)以面源为主

畜禽养殖业对环境的污染是面源污染的主要因素之一,已经成为发达国家和发展中国家共同关心的问题。Mallin等通过对美国北卡罗来纳州集约化畜禽养殖场的研究,认为畜禽粪便是水生生态系统中氮和病原微生物污染的主要来源。

我国于20世纪80年代后期开始关注畜禽养殖业污染问题。90年代初,杭州湾的污染问题引起各级政府的高度重视,化肥施用及畜禽粪便为杭州湾污染的主要来源,这一结论首次敲响了我国畜禽粪便污染的警钟。

1992年上海市环境保护局开展"黄浦江水环境综合整治研究"重大课题,对黄浦江上游的面源污染进行调查。结果表明,黄浦江流域畜禽粪便的COD、生化需氧量(BOD)、总氮(TN)和总磷(TP)的污染年负荷量分别为68 555 t、22 152 t、34 115 t和3 132 t,畜禽粪便造成的环境污染占黄浦江上游污染总负荷的36%。

(2)污染物产生量大

根据国家统计数据,1999年全国畜禽粪便产生量约为19亿t,是工业固体废弃物的2.4倍,粪便所含污染物的COD达7 118万t,远远超过工业与生活废水COD之和。据经验数据,一个饲养10万只鸡的工厂化养鸡场,年产鸡粪达3 600 t以上。

一个千头奶牛场可日产粪尿50 t;一个千头肉牛场日产粪尿20 t;一个万头猪场每年大约排出粪尿3万t,全年可向周围排放100~161 t氮和20~33 t磷。

(3)污染物的浓度高

养殖场目前排出的粪便及污水污染浓度高,从而进一步增大其养殖场粪尿及污水的处理难度和处理成本。国家环境保护总局2002年对全国23个省(自治区、直辖市)规模化畜禽养殖业污染状况的调查,粪便中污染物平均值见表7.1。

表7.1　我国畜禽养殖污染排放情况

项　目	2011 年	2012 年	2013 年	2014 年	2015 年
COD 排放量/万 t	1 130.46	1 098.96	1 071.75	1 049.11	1 015.53
占农业 COD 排放总量/%	95.31	95.25	95.20	95.17	95.04
氨氮排放量/万 t	65.20	63.13	60.41	58.01	55.22
占农业氨氮排放总量/%	78.88	78.30	77.52	76.79	76.05
总氮排放量/万 t	266.73	303.79	298.65	289.04	297.55
占农业总氮排放总量/%	62.79	64.67	64.49	63.37	64.50
总磷排放量/万 t	40.92	42.35	42.25	41.06	42.53
占农业总氮排放总量/%	75.56	77.18	77.71	76.85	77.79

据北京市环境保护局等部门对集约化畜禽养殖场排放的粪污进行监测的结果,COD 平均超标 53 倍,氨氮、TP 等指标超标 20 倍以上,BOD 超标 76 倍,悬浮物(SS)超标 4 倍以上。高浓度畜禽养殖业污水中的 COD、BOD 含量超过《畜禽养殖业污染物排放标准》(GB 18596—2001)规定标准值 30 ~ 40 倍,悬浮物、NH3-N 超过其标准值的 10 ~ 15 倍。据化验分析,畜禽场排放的 1 mL 污水中含有 33 万个大肠杆菌和 66 万个肠球菌,1 L 污水中蛔虫卵和毛线虫卵分别高达 200 个和 100 个。

(4)治理率低、处理难度大

集约化畜禽养殖场污染问题尚未引起足够的重视,污染物排放在相当程度上处于放任自"流"状态。据不完全统计,全国经过环境影响评价的规模化养殖场不到总数的 10%,60% 的养殖场缺少干湿分离这一最为必要的环境管理措施,对于环境治理的投资力度明显不足,80% 左右的规模化养殖场缺少必要的污染治理资金。

另外,绝大多数养殖场的污染治理设施属不可能处理达标的简易设施,致使大量畜禽粪尿及冲洗混合污水直接排入自然环境,甚至经过渗透而污染地下水。有 80% 以上的集约化畜禽养殖场没有足够数量的配套耕地以消纳所产生的畜禽粪尿,原本可用作肥料的畜禽粪尿反而成为污染物,加之粪便含水量大且恶臭,处理、运输及施用既不方便也不安全、卫生,集中处理难以实现。

3)畜禽养殖业污染原因

(1)选址及布局不合理

目前,各地的养殖场分布比较分散,多数建立在城郊、村旁以及河流附近。未考虑对周围环境以及生活区的影响,选址未经过科学规划。栏舍建造较为随意。缺乏科学的规划,通常表现为边发展边建设,布局凌乱,不方便进行管理。同时,多数养殖场在建厂时易忽略设计配套的粪便污水等处理设施。

(2)养殖技术及基础设施落后

多数养殖场没有聘用专业的饲养员,主要采用家庭式喂养,为了预防动物疾病以及提供动物的生长性能,畜禽通常被不科学地饲喂各种药物和添加剂。这种不合理的饲喂方法,往往往会导致药物残留,随粪便排泄污染土壤和水体,人类通过摄食而不断地积累在体内,最终影响人类健康。同时,多数养殖场的基础设施相对落后,没有现代化、自动化的设施,多为人工清理粪便等污染物。人们为了方便会随便把污水排放至河流中,造成污染。

（3）环保意识不强

多数养殖场只重视增效,而不注重环保。随意排放粪便污水,只想靠政府而不愿自掏腰包建设污水处理设施,导致臭气熏天,污染周围环境。

（4）环境监管不力

养殖业能够带来巨大的经济效益,导致执法部门重视发展养殖业而忽略对养殖场的监管。监管力度不够,导致有些地方的养殖场越发展,周围环境越恶劣,形成一种恶性循环。

4）畜禽养殖环境污染防治对策

（1）健全经济激励机制,提升废弃物处理技术

在现行经济激励政策基础上,加大污染防治扶持力度及补贴比例,督促环保设施建设不齐全的大规模养殖场尽快完善废弃物处理设施的同时,将补贴比例适当向中小规模养殖场倾斜,可以对主动治理污染的养殖户给予一定政策性补贴或资金奖励。另外,可借鉴日本等发达国家的经验,大力发展公共畜产环境改善事业,利用减免税收、免息贷款等优惠政策,建立良好的环保设施建设融资机制。同时,增加废弃物处理技术研发资金投入,重视科研成果转化,构建无害化处理循环体系,倡导养殖场对畜禽粪尿日产日清,并采取干湿分离处置办法,引进废水净化技术,对养殖场污水进行生态化处理。

（2）优化畜牧产业布局,合理利用废弃物资源

在畜牧业发展规划的指导下,综合考虑地区环境承载量,以农牧结合为原则,合理划分适养、限养、禁养区域,严格控制畜禽饲养密度,确保载畜量与废弃物处理能力相匹配,对不符合要求的养殖场进行全面整改,引导规模化养殖由密集区向疏散区转移,促进各地区畜牧业平衡发展。此外,积极寻求废弃物资源化利用途径,一是将畜禽废弃物处理工艺与饲料制作技术相结合,提取粪便中的蛋白质、矿物质、脂肪等物质制作优质饲料;二是大力推进沼气工程建设,为畜禽粪便经自然分解和厌氧发酵转化为天然有机肥料提供条件,同时对沼气池的管理和使用及时跟进,避免沼气工程建而不用。

（3）进一步完善畜禽养殖污染治理政策体系

在现有立法框架基础上,进一步完善畜牧业环境污染防治技术标准和规范。首先,从立法层面建立严格的畜牧养殖环境准入机制,规定建设超过一定规模的养殖场必须经过环保部门综合评估并取得畜牧经营许可和环境承载许可的证明。其次,根据我国畜牧业发展特点和环境容量,对现行技术标准进行相应调整,并对畜禽粪便储存与利用的环境承载标准给予明确、具体的规定。可借鉴欧盟一些国家的经验,根据地形、土壤、气候特点计算出施肥量,同时对粪便施用时间、数量、方法等给出具体量化标准。最后,将温室气体减排政策纳入畜禽养殖环境污染治理领域,积极推动畜禽养殖温室气体减排工作。

（4）加强监管力度,建立完善的约束机制

政府应加强执法力度,多渠道提高畜禽养殖监管能力,完善对养殖户的约束机制。首先,增加乡镇地区的环保机构设置,明确各级环保部门、政府部门的监管责任,对畜禽养殖从

地区规划、养殖规模、饲料使用、废弃物处理和利用各方面进行全面监管;其次,对大规模养殖场严格按照规定征收排污费,同时对环保补贴资金的使用加强监管,确保补贴资金合理使用;最后,强化公众监督机制,加大查处力度,对养殖户随意排放污染物的行为进行约束,从公众监督层面促进环保养殖。

任务 7.2 环境卫生监测

7.2.1 环境监测的方法

1)环境现状综合调查

（1）调查的方法

由畜禽环境行政主管部门委托相关具有检测资质的检测单位和相关职能部门和机构,对畜禽养殖场的自然环境概况、社会经济概况和环境质量状况进行综合现状调查,并确定布点采样方案。综合现状调查常采用收集资料和现场调查相结合的方法。

①收集资料法 以收集或查阅自然环境和社会环境等相关的文献资料为主要方法。要查阅的资料有当地社会经济发展规划、牧场建设规划与可行性论证报告,当地及场区社会、经济和环境等方面的统计资料和环境管理、科研监测部门的环境调查、监测与评价资料等。

②现场调查法 在收集资料的基础上,经整理、判断和分析后,对一些生态敏感目标进行针对性的深入调查,提出存在的问题和对策措施;对可疑的因素进行现场勘察与监测。

（2）调查的主要内容

①自然环境与资源概况 对自然地理、气候与气象、土地资源、水文状况、植被及生物资源、自然灾害及自然保护区等进行概况调查。

②社会经济条件 行政区划、工业布局、农田水利、畜牧业发展状况、乡镇居民点规模和分布情况、人口密度、人群健康、地方病发生情况、文化教育水平等。

（3）养殖场环境状况初步分析

根据养殖场的历史与现状进行综合分析,分析内容主要包括场区基本情况、灌溉用水环境质量、环境空气质量、土壤环境质量,确定优化布点监测方案。

2)环境质量监测

（1）水质监测

按生活饮用水水质标准对畜禽场(区)水质进行监测。可根据水源种类、水质情况等确定具体监测次数及时间,如畜禽场水源为深层地下水,因其水质比较稳定,一年测1或2次即可;若是河流等地面水,每季或每月应定时监测1次。

①布点　水质监测点要有一定的代表性、准确性、合理性和科学性。设置畜禽养殖场水质监测点时要兼顾污染物的排放总量的监测和养殖场废弃物对当地水环境的影响。通常在附近的饮用水源、农田灌溉水源、渔业养殖水体、地下水井等处布设监测点位。

②采样　地方环境监测站对畜禽生产企业的监督性监测每年至少1次，如被国家或地方环境保护行政主管部门列为年度监测的重点排污单位，应增加到每年2~4次。如果是生产企业进行自我监测，则按生产周期和生产特点确定监测频率，一般每周1次。畜禽生产企业如有污水处理设施并能正常运转使污水能稳定排放，监督监测可采瞬时样，对于排放曲线有明显变化的不稳定的排放污水，要根据曲线情况分时间单元再组成混合样品。要求混合单元采样不得少于2次。如排放污水的流量、浓度甚至组分都有明显变化，则在各单元采样时的采样量应与当时的污水流量成比例，以使混合样品更有代表性。

采样数量要适当增加2~3倍的余量；采样容器应先用采样点的水冲洗3次，然后装入水样；采样结束前要仔细检查采样记录和水样，若有漏采或不符合规定者，应立即补采和重新采样。

③监测项目　包括水温、pH值、生化需氧量、化学需氧量、悬浮物、氨氮、总磷、粪便中大肠杆菌、蛔虫卵、细菌总数、总硬度、溶解性总固体、铅、砷、铜、硒等。

（2）空气监测

空气监测中常存在同一地点、不同时刻或同一时刻、不同空间位置所测定的污染物浓度不同的现象。一年四季各进行一次定期监测，每次至少连续监测5天，每天采样3次以上。采样点应具有代表性。

①布点　主要根据现状分析结论、生产特点、当地主导风向来确定监测点位。样点的设置数量还应根据空气质量稳定性以及污染物对动植物及人体的影响程度适当增减。

②采样　采样方法的合理选择，是获得正确监测结果的重要因素之一，选择采样方法的依据有：

a. 污染物在大气中的存在状态；

b. 污染物浓度的高低；

c. 污染物的理化性质；

d. 分析方法的灵敏度。

因此，气体采样方法可分为直接采样、浓缩采样（采取溶液吸收、固体阻留、低温冷凝及静电沉降等方法）和无动力采样三大类。

③监测项目　以氨、硫化氢、二氧化碳为主，如为无窗畜禽舍或饲料间，需测粉尘、噪声等。

（3）土壤监测

土壤可容纳大量污染物，因此其污染日益严重。

①布点　土壤环境质量监测点布设，能代表整个场区为原则，在造成污染的方位和地块布点。

②采样　土壤采样的深度通常为0~20 cm。按采样面积、地形或差异性分5~10个点进行采样，然后组成1 kg左右的混合样进行监测。

③监测项目　包括pH值、生化需氧量、化学需氧量、氨氮、总磷、粪大肠杆菌群、蛔虫卵、细菌总数、总硬度、溶解性总固体、砷、铅、铜、硒等。

（4）固体废物监测

畜禽场固体废物主要包括畜禽粪便、畜禽舍污泥、畜禽尸体、死胎、蛋壳、毛羽等。

①采样　对于堆存、运输中的固态废物和坑池中的液态废物，可按对角线、梅花型、棋盘型、蛇型等点分布确定采样位置。对于容器中的固体废物，可按上部、中部、底部确定采样位置。同时，要求采样的工具、设备所用材质不能和待采固体废物有任何反应，不能使待采固体废物污染分层和损失，采样工具应干燥、清洁。

②监测项目　包括 pH 值、水分含量、有机质、全氮、全磷、粪大肠杆菌群、蛔虫卵、细菌总数、砷、铅、铜、锌等。

3）监测质量控制

监测过程中要实施严格的质量控制以确保监测数据的准确性和可靠性，达到控制监测质量的目的。

（1）监测人员

要求监测人员有一定的文化素质和专业技能，有高度的责任心和工作热情，懂得协作与沟通，具有大局观念，工作认真细致，能胜任监测环境质量工作。

（2）采样科学合理

采样前要进行环境调查，了解排污单位的生产状况，包括原料种类、用量、半成品及成品种类及用量、用水量、用水部位、生产周期、工艺流程、废水来源、废水治理设施的处理能力和运行状况等，同时，要了解周围居民的意见和建议，注意是否有异常现象。采样时要认真、规范，按规定填写采样记录，要求填写生产企业名称、样品类别、采样目的、采样地点、采样时间、样品编号、监测项目和所加保存剂名称、污染物表观特征描述、企业生产状况和采样人等。采样频次、时间和方法应根据监测对象和分析方法而定，样点的时空分布应能正确反映所监测地区主要污染物的浓度水平、波动范围和变化规律，注意样品的代表性，防止样品受人为因素污染。要在规定的时间内送交监测实验室。

（3）监测实验室

注意实验室环境，防止交叉干扰，保证水和试剂的纯度要求，各种计量器具按照要求定期进行检定与维护，要重视所用标准溶液的准确性。分析测试时应优先使用国家标准方法和最新版本的环境监测分析方法，采用其他方法时，必须进行等效实验，并报省级或国家级的监测站批准备案。凡能做平行样、质控样的分析样品，质控人员在采样或样品加工分装时应编入 10% ～15% 的密码平行样或质控样。样品数不足 10 个，应做 50% ～100% 密码平行样或质控样。

4）环境质量评价

研究环境质量变化规律，评价环境质量的水平，探讨改善环境质量的途径和措施，是畜禽环境评价工作的最终目的。

（1）评价基本程序

环境质量现状评价是根据环境调查与监测资料，应用环境质量指数系统进行综合处理，然后对这一区域的环境质量做出定量描述，并提出该区域环境污染综合防治措施。

环境质量现状评价工作程序为：环境质量状况考察及环境本底特征调查—环境质量调

查及优化布点采样—调查资料及监测数据的分析整理—选定评价参数、评价的环境标准—
建立评价数学模式并进行评价—环境质量现状评价结论—提出保护与改善环境的对策与
建议。

（2）评价标准

环境质量评价标准是环境质量评价的依据。目前均以国家颁发的环境卫生标准作为评
价依据，监测有害物质是否超过国家规定的标准，如《畜禽养殖业污染物排放标准》《粪便无
害化卫生标准》《恶臭污染物排放标准》《畜禽场环境质量标准》《大气环境质量标准》《地下
水质量标准》《生活饮用水卫生标准》《农田灌溉水质标准》《工业企业设计卫生标准》等。

（3）评价方法

环境质量现状评价方法很多，不同对象的评价方法又不完全相同，根据简明、可比、可综
合的原则，环境质量评价一般采用指数法。指数法又分为单项污染指数法和综合污染指
数法。

①单项污染指数法

$$P_i = \frac{C_i}{S_i}$$

式中，P_i 为环境中污染物单项污染指数；C_i 为环境中污染物 i 的实测数据；S_i 为污染物 i 的
评价标准。

当 $P_i < 1$ 时，未污染，判定为合格；当 $P_i > 1$ 时，污染，判定为不合格。

②综合污染指数法

$$P_{综} = \sqrt{\left(\frac{C_i}{S_i}\right)^2_{max} + \left(\frac{C_i}{S_i}\right)^2_{ave/2}}$$

式中，$\left(\dfrac{C_i}{S_i}\right)_{max}$ 为污染物中污染指数最大值；$\left(\dfrac{C_i}{S_i}\right)_{ave/2}$ 为污染指数的平均数。

当 $P_{综} < 1$ 时，未污染，判定为合格；当 $P_{综} > 1$ 时，污染，判定为不合格。

（4）评价报告的基本内容

畜禽养殖环境质量现状评价报告通常包括如下内容。

①前言　包括评价任务缘由、产品特点、生产规模及发展计划与规划。

②环境质量现状调查　主要对自然环境状况和工业污染源进行调查，对环境现状初步
分析。自然环境状况包括地理位置、地形地貌、土壤类型、土壤质地及气候气象条件、生物多
样性及水系分布情况等。工业污染源主要包括乡镇、村办工矿企业的"三废"排放情况等。
产地环境现状初步分析是主要根据实地调查及收集的有关基础资料、监测资料等，对场区及
其周边环境质量状况做出的初步分析。

③环境质量监测布点原则和方法，采样方法、样品处理、分析项目与分析方法和结果等。

④环境质量现状评价所采用的模式及评价标准，并对监测的结果进行定量与定性分析。

⑤提出环境综合防治的对策及建议。

7.2.2　环境评价研究现状

战略环境评价的概念最初由英国的 Lee、Wood 和 Walsh 等几位学者在 1990 年提出。英

国皇家文书局编写了《政策评价与环境》，介绍了战略环境评价的技术方法，其中包括信息收集方法、资料处理方法、政策方案的费用效益分析方法等实用技术。1992年，Therivel等人在《战略环境评价》一书中正式给出了战略环境评价的定义，将战略环境评价看成环境评价在政策、规划和计划（PPPs）层次上的应用。至此，战略环境评价有了明确的研究范畴。

环境评价最初关注的重点是项目建成后可能产生的污染物对人体健康和饮食卫生安全的影响，后来评价的环境要素逐渐扩展到对非污染生态环境，即生物多样性和自然环境的破坏等。由于世界上一些国家逐步认识到单纯对建设项目进行环境评价已经无法适应社会发展和可持续地利用自然资源的需要，同建设项目相比，政府或者其他机构组织生产、生活、经济、社会活动的政策、决策和规划对环境的影响范围更广，历时更久，影响更复杂，负面影响发生之后更难处理。为此，一些国家积极开展以政策、决策和规划为评价对象的"战略环境评价"，同时评价也从单个建设项目这一微观层面延伸到区域开发这一中观层面和政策、计划、规划和法案等宏观战略层次，评价领域、评价范围、评价深度、评价层次不断扩大。美国、荷兰、加拿大、英国、澳大利亚、新西兰、丹麦、芬兰、挪威、德国、奥地利、俄罗斯等国都通过立法要求对计划、政策、规划等进行环境评价。目前，已经有100多个国家建立了环境评价制度并开展了环境评价工作。

1）国内规划环境评价的研究进展

《中华人民共和国环境保护法（试行）》将其确定为法律制度以来，在贯彻"预防为主"的环境方针、防治新的环境污染和生态破坏方面发挥了重要作用。

2003年9月1日起实施的《中华人民共和国环境影响评价法》首次提出对规划进行环境评价，将环境评价制度由微观层次的建设项目环境评价延伸到宏观的规划环境评价。其中第七条规定国务院有关部门、设区的市级以上地方人民政府及其有关部门，对其组织编制的土地利用的有关规划，区域、流域、海域的建设、开发利用规划，应当在规划编制过程中组织进行环境评价，编写该规划有关环境影响的篇章或者说明。自此，规划环境评价在我国作为一项制度被确定下来。

2009年10月1日，国务院出台的《规划环境影响评价条例》（以下简称《条例》）正式开始实施，《条例》在《中华人民共和国环境影响评价法》的框架下，进一步明确了规划环境评价的实施主体、相关各方的法律责任、权利和义务。《条例》是在规划环境评价制度执行不力的背景下出台的，其颁布实施标志着国家对规划环境评价的要求将更加严格，对规划环境评价的执法力度将进一步加强。对于各类规划，如果编制机关组织未进行环境评价，规划审批部门不得予以审批，否则将负法律责任。

2）我国规划环境评价的实践

20世纪80年代后期，我国有关部门和人士就进行了专项规划的环境评价的探索和实践。《东江流域规划环境评价报告书》于1988年获广东省科技进步二等奖，同济大学进行了《上海市交通政策与网络规划环境评价》，交通部提出的"十五"环保发展目标中有"开展全行业交通总体发展规划环境评价的试点工作"的内容。进入20世纪90年代，水利部颁布了《江河流域规划环境评价规范》（SL45—1992）。河北省唐山市丰南区对黄各庄镇的总体规划进行了环境评价，成为我国较早开展规划环境评价的尝试。

我国重点行业和流域规划环境评价正在顺利进行。我国在城市总体规划、土地利用总体规划、化工行业规划、城市轨道交通规划、流域水电梯级开发规划、煤炭矿区总体规划、港口总体规划等领域,开展了规划环境评价工作,为我国规划环境评价工作深入、广泛地开展积累了一定的实践经验,同时也在实践中逐步探索出一些适合我国国情的评价思路、工作程序和技术方法。2004年环境保护总局顺利完成了《全国林纸一体化建设"十五"及2010年专项规划》环境评价工作,这是我国第一个国家层面的规划环境评价。此后,在全国陆续开展了塔里木河流域、澜沧江中下游、四川大渡河、雅碧江上游等流域开发利用规划的环境评价。此外,石化等重点行业、城市轨道交通及港口规划环境评价工作也正稳步推进。各区域、流域、海域的重大经济开发活动和产业发展规划,都要进行环境评价。

3)我国农业规划环境评价研究中存在的问题

农业可持续发展、建设社会主义新农村、减少农用化学品投入、农业和畜牧业废弃物资源化、农业面源污染控制等已经成为广大农业科技工作者的工作重点。开展农业战略环境评价,从规划乃至政策层面做好节约农业资源、传染预防,从源头控制农业面源污染是国家保护环境、控制污染的必要手段。

我国在农业规划环境评价方面,已经开始了有成效的尝试。包括《全国新增1 000亿斤粮食生产能力规划》《国家粮食战略工程河南核心区建设规划》《山西省农业和农村经济发展"十一五"规划》《江苏省"十一五"现代农业建设规划》等。如山西省农业厅委托评价单位对其主持编制的《山西省农业和农村经济发展"十一五"规划》进行了环境评价。评价文件围绕农业经济发展与效益、农业非点源污染及水质保护、土壤保护、农业固体废物综合利用、资源利用等内容提出山西省农业规划环境评价指标体系,对规划中的七大建设重点工程进行了环境分析与评价,针对性地提出了减缓措施。

但农业规划环境评价在我国发展时间短,规划环境评价的理论研究和实践都还需要不断完善,目前已经进行的规划环境评价的实例,其理论依据主要是基于项目环境评价的技术、方法与管理模式,缺乏系统的规划环境评价理论和技术方法。这样一方面使得规划环境评价过分依赖项目环境评价中的定量的技术方法,而规划本身具有极大的不确定性,其评价的结论往往有失偏颇;另一方面使得规划环境评价内容和技术方法过于复杂,造成编制时间过长,这样极大地影响了我国规划环境评价的效果和效率。

任务 7.3　畜禽场环境卫生控制措施

7.3.1　畜禽养殖业环境管理措施

1)合理规划

合理规划主要指农牧结合、种养平衡,即根据本地区土地面积和环境承载力,确定当地的消纳粪便能力,从而控制畜禽养殖业规模,使畜禽粪便能够最大限度地在农业生产中得到利用。

①畜禽养殖场的建设应坚持农牧结合、种养平衡的原则,根据本场区土地(包括与其他法人签约承诺消纳本场区产生粪便污水的土地)对畜禽粪便的消纳能力,确定新建畜禽养殖场的养殖规模。

应以在较低成本下促进畜禽粪便还田为目标,而产业带的发展模式造成养殖专业户集中于某些地区,畜禽养殖业粪便与农田的距离拉大,农村城镇化的发展和城镇建设占地,使得可有效消纳畜禽粪便的农田面积不断减少,应对减少区域内畜禽养殖业数量和对现有畜禽养殖场进行合理布局。

②对于无相应消纳土地的养殖场,必须配套建立具有相应加工(处理)能力的粪便污水处理设施或处理(置)机制。

国外经验表明:建造畜禽场固液废弃物化粪池是减少农业面源污染的有效途径之一。但调查表明,国内规模化畜禽场粪便的固体粪储存方式主要有场内粪棚堆放和露天堆放两种,没有化粪池,有的养殖场只有简单的粪棚,况且场内粪棚的容积各场也相差比较大。因此流域内的畜禽养殖场应根据其饲养量,建设粪棚和场内污水贮存设施,推行化粪池建设,并且化粪池规模要达到可贮放6个月排出的固液废弃物;同时要求化粪池密封性好,不能产生径流和侧渗。

③畜禽养殖场的设置应符合区域污染物排放总量控制要求。

2)科学布局

应从区域发展布局上防治污染,在选址上尽量把畜禽养殖场设在人少地多之处,以便粪尿污水能够就近还田。在厂区布局上,考虑分区管理以利于对畜禽污染物进行下一步处理。

(1)禁止在下列区域内建设畜禽养殖场

生活饮用水水源保护区、风景名胜区、自然保护区的核心区及缓冲区;城市和城镇居民区,包括文教科研区、医疗区、商业区、工业区、游览区等人口集中地区;县级人民政府依法划定的禁养区域,国家或地方法律、法规规定需特殊保护的其他区域。

(2)避开规定的禁建区域

新建、改建、扩建的畜禽养殖场选址应避开规定的禁建区域,在禁建区域附近建设的,应设在规定的禁建区域常年主导风向的下风向或侧风向处,场界与禁建区域边界的最小距离不得小于500 m。

(3)畜禽养殖场应与生产区、生活管理区隔离

新建、改建、扩建的畜禽养殖场应实现生产区、生活管理区的隔离,粪便污水处理设施和畜禽尸体焚烧炉,应设在养殖场的生产区、生活管理区的常年主导风向的下风向或侧风向处。

3)建立必要的控制监督体系

有效的监督机制对执行环境法规有着重要的作用。鼓励畜禽养殖场、养殖小区采用先进的养殖方式实施规模化养殖,实行污染物零排放或者减量排放的生态养殖方式(例如自然养猪法等)。

对畜禽养殖业污染的控制,则需要源头控制的监督体系和相应机制。而目前缺乏源头

控制的监督体系和相应的奖惩措施,对农民和农村畜禽养殖专业户不规范生产、经营行为缺乏指导和监督。为此应依托流域内管理部门和农村农业技术推广体系,建立源头控制的监督机制和体系。通过市、地方、农户共同的投资方式,试行限定性农业生产技术标准,鼓励和推动环境友好的替代不规范生产行为,实施相应的惩罚措施。

对饲料质量的控制,则需要减少氨气、甲烷及氮磷污染物排放。通过科学配制饲料、改变饲喂方式等减少畜禽排泄物中的氮、磷等的含量,提高营养元素的利用率。

7.3.2　工程技术措施

1)粪便处理

当前畜禽粪便处理的主要方法有土壤直接处理、干燥处理、堆肥处理和沼气发酵。

(1)土壤直接处理

把畜禽场的固体污物贮存在粪池中,直接用于土地作底肥,使其在土壤微生物作用下氧化分解。此法方便、简单,多为农村散养户采用,但粪便中的病菌、硝酸盐含量高,极易造成土壤、地表水、地下水等二次污染,我国畜禽业法律法规明确禁止未经无害化处理的粪便直接施用于农田。

(2)干燥处理

干燥处理即利用能量(热能、太阳能、风能等)对粪便进行处理,减少粪便中的水分并达到除臭和灭菌的效果。此法多用于对鸡粪的处理,干燥处理后生产有机肥。

(3)堆肥处理

将畜禽粪便等有机固体废物集中堆放并在微生物作用下使有机物发生生物降解,形成一种类似于腐殖质土壤的物质过程。堆肥是我国民间处理养殖场粪便的传统方法,也是国内采用得最多的固体粪便净化处理技术,分为自然堆肥和现代堆肥两种类型。贮存在粪池中的粪便,也会进行一部分自然厌氧发酵。

(4)沼气发酵

利用畜禽粪便在密闭的环境中,通过微生物的强烈活动将氧耗尽,形成严格厌氧状态,因而适宜产甲烷菌的生存与活动,最终生成可燃性气体。

不同粪便处理技术各有优缺点,畜禽养殖场应当结合自身具体情况,选择最适合的处理方式。根据实际情况,在一定范围内成立专业的有机肥生产中心,在农村大量用肥季节,养殖场通过各自分散堆肥处理直接还田;在用肥淡季,有机肥生产中心可将附近养殖场多余的粪便收集起来,集中进行好氧堆肥发酵干燥(尤其是现代堆肥法),制作优质复合肥。

2)废水处理技术

畜禽养殖业废水处理有还田利用、自然生物处理、好氧、厌氧及厌氧-好氧联合处理。

(1)还田利用

畜禽废水还田作肥料是一种传统、经济有效的处置方法,不仅能有效处理畜禽废弃物,还能将其中有用营养成分循环利用于土壤-植物生态系统,使畜禽废水不排往外环境,达到污染物的零排放,大多数小规模畜禽场采用此法。

(2)自然生物处理法

利用天然水体、土壤和生物的物理、化学与生物的综合作用来净化污水。其净化机理主要有过滤、截流、沉淀、物理和化学吸附、化学分解、生物氧化及生物吸收等。此法适宜周围有大量滩涂、池塘的畜禽场采用。

(3)好氧处理法

利用好氧微生物的代谢活动来处理废水。在好氧条件下,有机物最终氧化为水和二氧化碳,部分有机物被微生物同化产生新的微生物细胞。此法有机物去除率高,出水水质好,但是运行能耗过高,适宜对污染物负荷不高的污水进行处理。

(4)厌氧处理法

在无氧条件下,利用兼性菌和厌氧菌分解有机物,最终产物是以甲烷为主体的可燃性气体(沼气)。厌氧法可以处理高有机物负荷污水,能够得到清洁能源沼气,但是有机物去除率低,出水不能达标。

(5)厌氧-好氧联合处理

联合两种生物处理方式,提高废水处理效率。

从各处理方法的经济、技术、环境效益综合来看,直接还田和自然生物处理法所需投资、运行费用低,适宜养殖规模小且有大量土地、滩涂、池塘地区采用,但须注意土壤及地表水、地下水污染,而大中型规模养殖场区污水产生量大、污染物浓度高,须根据不同条件采用厌氧、好氧或者联合处理工艺才能使污水处理达标。

3)粪污处理基本工艺模式

(1)前处理

①格栅槽 拦截粪污水中长草、较长纤维、毛等杂物。人工定时清理格栅表面杂物。

②集水井 贮存污水,调节水质、水量,降低因水质、水量变化而对后续处理产生的水力负荷和有机负荷冲击。池内安装机械搅拌装置、污水提升泵及泵提升装置。

③固液分离机平台 配套钢架遮雨棚,固液分离机整机为不锈钢结构,可实现启动、过滤、出渣、停机全自动工作,分离出来的粪渣进入粪渣堆场,出水自流至初沉池。

④粪渣堆场 收集固液分离机分离出的粪渣,粪渣定期外运出售或堆肥处理。

⑤初沉池 进一步去除固液分离机未能分离的粪渣等悬浮颗粒,实现前处理的进一步减量化,降低后续处理设施的处理负荷。

⑥干化场 初沉池排出的污泥进入干化场干化。

⑦调配池 收集初沉池出水,通过水泵调配一部分污水进入黑膜沼气池,一部分污水超越好氧系统的缺氧池补充好氧系统反硝化所需碳源,池内设置污水提升泵和泵自控装置。

(2)厌氧处理系统

①厌氧工艺 黑膜厌氧发酵塘是在开挖好的土方基础上,采用优质 HDPE 材料,由底膜和顶膜密封形成的一种厌氧反应器,在黑膜厌氧发酵塘内,污水中有机物在微生物作用下降解转化生成沼气,系统配置沼气净化和利用设施,还设有布水设施及排泥设施。该工艺具有

建设成本低、施工简单、建设周期短、运行安全性高、使用寿命长、运行费用低、抗冲击负荷大、运行维护方便等特点,适用于畜禽粪污水的处理。

②黑膜沼气池 沼气池基础由夯土处理结实,底部采用高密度 PE 膜(厚度 1.2 mm)进行防渗处理,顶上采用高密度 PE 膜(厚度 2.0 mm)密封。设有排泥系统,定期将沉渣和剩余污泥排至污泥收集池,然后抽至污泥浓缩池。配置进水井、出水井、排泥井、污泥收集池及沼气排水井。

(3)好氧处理系统

①污水中转池 收集黑膜沼气池出水、超越的碳源、板框压滤机滤液及清洗水。

②缺氧池一 接收二沉池回流污泥,池内安装潜水搅拌机进行泥水混合,在缺氧(DO < 0.5 mg/L)条件下,反硝化菌利用污水中有机物(碳源)将回流硝化液中的硝态氮通过生物反硝化作用转化为氮气逸到大气中,实现脱氮,同时在反硝化过程中补充污水碱度。

③好氧池一 池底安装微孔曝气器,通过鼓风曝气同时起到供氧和搅拌作用,保证好氧菌活性和泥水混合效果,促使水中有机物被充分降解得以去除;并通过硝化菌的硝化作用将污水中氨氮转化硝态氮。

④缺氧池二 接收超越补充碳源,池内安装潜水搅拌机进行泥水混合,在缺氧(DO < 0.5 mg/L)条件下,反硝化菌利用污水中的有机物(碳源)将回流硝化液中的硝态氮通过生物反硝化作用转化为氮气逸到大气中。

⑤好氧池二 池底安装微孔曝气器,通过鼓风曝气同时起到供氧和搅拌作用,保证好氧菌活性和泥水混合效果,促使水中有机物被充分降解得以去除;并通过硝化菌的硝化作用将污水中氨氮转化硝态氮;同时活性污泥中的聚磷菌在此过量吸收污水中的磷酸盐,以聚磷的形式积聚于体内并在二沉池以剩余污泥的形式排出污水处理系统。

⑥二沉池 好氧池出水再进行泥水分离,回流活性污泥至缺氧池进水端(污泥回流比100%),并排除剩余污泥;上清液进行后续处理。

(4)深度处理系统

①中间池 稳定水量,使后续处理水量稳定,有利于控制加药量,保证后续处理效果,池内安装潜污泵及泵提升装置。

②混凝池 池内设置机械搅拌,投放 PAC 和 PAM 通过机械搅拌,使药剂完全混合、反应;通过加药混凝的方法能进一步有效去除此类污染物,同时可实现化学除磷和污水脱色,保证好氧处理系统最终出水效果。

③沉淀池 混凝池出水在此进行泥水分离,沉淀污泥抽至污泥浓缩池,上清液出水进入后续处理。

④臭氧反应池 配套臭氧发生器,产生的臭氧用管道通入臭氧反应池,臭氧具有强氧化性,可杀灭污水中绝大多数的病原微生物,防止水质传染病危害,同时氧化部分污水中未生化的有机物。

⑤脱臭氧池 污水中有多余臭氧,通过脱臭氧池进行脱臭。

(5)污泥处理系统

①污泥浓缩池 收集黑膜沼气池污泥、二沉池剩余污泥、沉淀池化学污泥,池内安装排泥泵,抽至板框压滤机进行泥水分离。

②滤液收集池　用于收集板框压滤机滤液,池内安装潜污泵及泵提升装氧化装置。氧化塘内种植水葫芦等水生植物,可进一步净化水质。氧化塘又称为生物稳定塘,它是一种利用天然的或者人工整修过的池塘进行污水生物处理的方法,其中所需的溶解氧可以由藻类通过光合作用和塘面的复氧作用提供,也可以由人工曝气法提供。

7.3.3　其他处理模式

1) 异位发酵床

舍外发酵床,也叫异位发酵床、场外发酵床,将锯末、谷壳等铺设在养殖栏舍外的一个池中,接上菌种,将养殖场的粪污抽送到发酵床上,通过翻耙机进行翻动,发酵产生的高温将水分蒸发掉,粪便大部分被微生物分解,达到将养殖场粪污消耗掉不进行对外排放的目的。此项技术由广西助农畜牧科技有限公司 2012 年发明。

根据微生态理论和生物发酵理论,从土壤或样品中筛选出功能微生物菌种,根据以下原则进行复配:好氧菌、厌氧菌、兼性好氧菌相结合;解氮菌、解磷菌、解钾菌相结合;包含杀菌、消毒、除虫性能的菌株。将复配后的菌种通过特定培养基和培养工艺的培养,制备出有机肥发酵剂。

有机肥发酵剂按一定比例掺拌锯末、谷壳、木屑等材料,制成有机垫料。将这些垫料铺设成一定厚度的发酵床,使垫料和猪粪尿充分混合,通过微生物的分解发酵,使猪粪尿中的有机物质得到充分的分解和转化,达到降解、消化猪粪尿,除异味、杀菌、消毒、除虫的目的,最终产出富含有机质以及具备解氮、解磷、解钾能力的有益菌菌群的生物有机肥。整个养殖过程无废水排放,发酵床垫料淘汰后作为有机肥出售。

(1)优点

将养猪与粪污发酵分开,猪不接触垫料,猪舍外建垫料发酵舍,垫料铺在发酵舍内,猪场粪污收集后利用潜泵均匀喷在垫料上进行生物菌发酵的粪污处理方法。与传统的发酵床养殖相比,异位发酵床养殖消除了疾病传播风险,同时也克服了发酵床的高温对猪造成的应激。

(2)缺点

菌种发酵能力不强且不稳定;垫料定期需要翻耙,畜舍内操作困难;畜栏需要彻底改造,所需成本太高;发酵床上养猪给猪健康带来隐患。

(3)原因及对策

①垫料　太薄标准的垫料厚度要求 1.2~1.8 m,这样就有一个较大的底部储温区,这样持续高温才是基础,但现在很多异位发酵床垫料厚度才 0.6~0.9 m。

②翻耙深度太浅　标准的翻耙深度是 0.9 m 以上,这样的翻耙深度能够将表层的粪尿与高温区域的垫料混合,从而达到快速发酵、持续高温,并且将热气、水分散发出来。

③菌种不专业　专业的发酵床菌种至少要达到 10 种以上,一些非专业的菌种胡乱地配几个在其中,甚至有光合细菌(根本不需要,也活不了)等。其实让发酵床产生高温的核心菌种是热带假丝褐霉菌、放线菌等。可是市场上的大部分所谓的"菌种"其实都极少有这些菌

种,特别是液体的菌种;另外是气味,如果翻耙的时候产生较重的臭味和氨气,那可能是菌种不行,说明菌种中没有硝化细菌、侧式芽孢杆菌等;而如果腐熟发酵不彻底或者速度慢,可能是没有加入米曲霉、黑曲霉、假丝褐霉菌等。异位发酵床看起来简单,但需要的处理菌群是非常复杂的。鉴别菌种是否专业的简单方法就是看包装上的菌种配制,然后看能不能持续高温,翻耙时氨气臭味是不是极少。

④四周没有封闭　除屋顶是透明的外,我们要求四周必须用透明材料封闭(不是密封)让整个床形成环境高温,结合垫料发酵的温度才能更好地蒸发水分。因此四周可以采用透明卷帘的方式封闭起来就可以达到更好的效果。

⑤一次性浇灌粪尿水　太多垫料的底部 30 cm 是储温区,浇灌的量不能透过这个区域,否则就很容易造成死床,因此需要采取少量勤浇灌的模式进行。

⑥其他异位发酵床不适合冲水量较大、动物喝水漏水严重的养殖场使用,这种养殖场推荐使用一体化粪污有机肥处理技术。异位发酵床只适合自动刮粪等模式使用。

异位发酵床模式虽然可以处理粪污达到不污染环境的目的,但跟粪污资源化利用不仅没有关系,而且刚好相反。这种模式是在浪费资源。广西助农畜牧科技有限公司将此项技术列为"舍外发酵床,无污水处理系统、场地受限的传统养殖场解决粪污问题的最后方案",包括舍下高床垫料模式也是如此。

此外,还要考虑异位发酵床可能存在严重的重金属超标问题。试想一下,一个 100 m^3 的异位发酵床上,数个月甚至超过一年数百吨以上的甚至更多的粪污积累在上面,最后发现垫料的厚度并没有增加,但粪污不见了,微生物只是将粪污中的有机营养"吃掉"了,微生物虽然可以将磷总体降低,但对一些重金属降低效果不是非常明显。因此,异位发酵床上出来的有机肥可能比一般有机肥重金属超标数倍到数十倍甚至更高(动物粪便发酵有机肥一般 3 t 可以发酵 1 t,异位发酵床可能 30 t 都发酵不了 1 t,这样的异位发酵床有机肥施用作物是需要注意的)。

2)发酵床养猪

发酵床养猪是通过参与垫料和牲畜粪便协同发酵作用,快速转化生粪、尿等养殖废弃物,消除恶臭,抑制害虫、病菌,同时,有益微生物菌群能将垫料、粪便合成可供牲畜用的糖类、蛋白质、有机酸、维生素等营养物质,增强牲畜抗病能力,促进牲畜健康生长。此项技术最早源于日本等,后引入中国。

(1)发酵床养猪的优点

①发酵床养猪可以减轻对环境的污染　发酵床养猪不需要对猪粪采用清扫排放,也不会形成大量的冲圈污水,从而没有任何废弃物、排泄物排出养猪场,实现了污染物"零排放"标准,大大减轻了养猪业对环境的污染。

②相对节省劳动力　由于不需要清粪,按常规饲养,能增大饲养量。

③正常情况下可节省药费　猪吃了微生物菌以后,能帮助消化,节省了部分饲料,还可在一定程度下提高猪群的抵抗力。并且发酵床养猪法减少了药物的使用,同时减少了猪肉的药物残留。

④节约水和能源　常规养猪,需大量的水来冲洗,而采用此法只需提供猪的饮用水,能省水 80% ~90%;发酵床产生热量,猪舍冬季无须、耗煤、耗电加温,节省能源支出。

⑤能减少饲料成本 猪粪便给菌类提供丰富的营养,促使有益菌不断繁殖,形成菌体蛋白,猪通过拱食圈底填充料中的菌体蛋白可以补充营养,因而在一定程度上可以相对节省一部分饲料。

⑥节能环保、变废为宝 发酵床所用的垫料,在使用3年后,可直接用作果树、农作物的生物有机肥,达到循环利用、变废为宝的目的。

⑦能提高猪肉品质 发酵床上养猪,猪肉肉色红润,纹理清晰,肉质较高,有助于提高猪肉价格和市场竞争力。

(2)发酵床养猪的缺点

①饲养密度降低导致猪舍成本、用地成本增加 发酵床技术要求饲养密度降低,每头猪需占地1.5 m²,而规模化、集约化猪场保持每头猪1 m²的密度就可以。这个问题对于农户的几头,几十头猪的规模来说不是问题,但是对于大猪场,问题就不小了。大猪场,饲养密度降低,要想保持存栏量和出栏量,势必要扩大猪舍,那么就需要更多的土地。因此增加了猪舍成本和用地成本。

②不能完整实施消毒防疫程序 发酵床的猪舍内不能使用化学消毒药和抗生素类药物。而当前规模化养猪受到疾病的威胁越来越严重,越来越复杂,病毒的感染,细菌的继发感染,混合感染越来越严重。事实证明,益生菌对抑制病毒没有什么效果。那么一旦暴发疫情,不能使用消毒剂和抗菌药,后果将不堪设想。

③垫料资源的来源是一大问题 发酵床养猪需要大量的垫料,如果饲养规模小,还很容易解决垫料的资源问题,规模化猪场问题就大了。例如:猪场存栏超过2万头,每头猪占1.5 m²(母猪也算1.5 m²/头的占地),就要超过3万m²的猪舍,垫料按54 cm厚度算,就要1.8万m³的垫料,这么大的垫料需求需要极大的成本。

④栏舍利用率低,不利于规模化猪场的生产需要 一般规模化猪场实施全进全出,出猪之后洗栏,消毒,干燥一周这样就可以重新进猪饲养,而发酵床猪舍出猪之后,要把垫料堆积,重新发酵15天到1个月之后才能进猪,这样极大降低了猪舍的利用率,无形中造成了猪舍成本增加。

⑤不能达到全进全出的效果 因为发酵床猪舍在出猪之后不能洗栏,不能用化学消毒药对猪舍消毒。猪舍在使用之后,在猪舍内墙壁上形成了一层污垢,这些污垢含有很多有害菌、病毒等,若不能把这些污垢清洗干净并消毒,那么下一批猪进来之后很容易受到感染。

⑥温度和湿度很难控制在一个理想水平 在北方还好,如果是在南方夏天,发酵床猪舍很容易出现高温高湿的环境。解决这个问题就要增加降温措施,这无疑增加了饲养成本。

⑦人工费 前面谈到发酵床养猪节约人工的优点,这是从不需要清理粪便方面说的。另一方面,发酵床养猪需要定期对圈舍垫料进行翻动。假如按照每个饲养员饲养800～1 000头,每头猪占地面积1.5 m²来算,这个饲养员就需要维护面积达1 500 m²的发酵床。那这个饲养员就要维护0.15 hm²垫料,这将是一个极大的工作量。

⑧猪肉价格没有优势 虽然发酵床所养出来的猪肉品质更好,但在市场上价格并不占优。一是猪贩给出的价格是参考市场价,不管是什么方法养的猪,只要是健康的,价格就不会有多大的区别。二是发酵床养出的猪肉虽然是无污染的,猪肉品质好,但消费者并不能很好地识别。

3) 异位发酵床与发酵床养殖技术对比

(1) 工艺上的不同

异位发酵床综合治污技术,是针对粪便无害化处理的新成果,它允许农民按照传统方式养猪,无须改造或拆建猪场,只在猪场地势较低处建设发酵槽,将粪污均匀喷洒在发酵床上,通过微生物发酵来降解污染物,实现污染零排放,又获得生物有机肥。

猪舍粪污从管道流入集污池,经切割泵与搅拌机切割搅拌,确保粪污不分层,通过自动喷淋装置,将粪污均匀喷洒在垫料上。然后,粪污将被治污微生物菌群进行生物降解处理。在降解处理过程中,自动翻抛机还会对发酵床进行翻耙,促进粪污与垫料充分混合,最终使粪污转化成生物有机肥,从而实现污染物的资源化利用。

干撒式发酵床养殖技术,是针对经济动物生活环境的重大改善,旨在提高肉品品质的养殖,实现养殖零污染。该技术是对传统养殖技术的颠覆性改变,使用该养殖方法,需要在圈舍底部铺设 50 cm 左右的垫料,并在垫料中混入高效复合有益菌种,该菌种能够高效分解粪尿,将粪尿直接转化为无污染的二氧化碳和水。使用该方法进行养殖,不用清粪,圈舍没有异味,圈面柔软舒适,动物的生活品质大大提高,同时实现零污染、零排放。淘汰的垫料,沉积着丰富的粪尿分解产物,肥用价值极高,是有机肥理想的原料。

(2) 核心出发点的不同

两者的出发点不同,前者旨在降低养殖对人类生存环境的影响,但对动物来说并没有什么实质上的改善。后者旨在改善动物的生活环境,同时也实现了对人类生活环境的改善。

异位发酵床并不改变传统的养殖方法,而是改进了养殖粪尿的处理机制。所以其核心出发点是针对粪尿处理的,该方法通过微生物的分解作用实现粪尿的无害化处理,而且处理的最终产物是很好的有机肥原料,综合来看很大程度上解决了养殖的污染问题。

干撒式发酵床是对传统养殖颠覆性的改变,其核心出发点是改善动物的生活条件。该方法的核心是给圈舍地面铺上厚厚的垫料,垫料主要由锯末和散布其中的菌种组成,该垫料不仅是为了提高动物生活的舒适性,而且其中丰富的微生物能够将动物的粪尿直接分解掉,无须担心粪尿堆积带来的二次污染。该方法其实是模仿大自然土地的功能特点。大自然的土地松软舒适,而且能够降解粪便,非常适合动物生存,发酵床就是建立在此基础上的,通过人为优化,大大提高风险可控性,既能实现自然状态,又不至于增加养殖风险。

(3) 在实际应用中的不同

异位发酵床是对粪尿处理系统的极大升级和改良,粪尿的处理能力和粪尿处理结果都有了极大的改变。最重要是的该方法并不影响日常的养殖生产活动,仅需在原有的基础上架设新的设施即可,从可操作性上来讲,是非常易于操作的,但是该方法对设备的要求较高,如果养殖规模太小,粪尿处理的相对成本就会大大增加,所以该方法适合规模化养殖场。对于小型养殖场来说,仍然存在不可调和的矛盾。

干撒式发酵床可以极大地提高肉产品的品质,是一种生态养殖方法。该方法相对于异位发酵床不需要投入辅助性的设备,所以投入相对较低。但是也正因为缺少了辅助型设备,而且和动物捆绑在一起,综合上来讲其处理粪尿的能力没有异位发酵床强,所以对养殖密度和菌种活性都有较高的要求。养殖密度最多只有传统养殖密度的70%,菌种活性要求也高于异位发酵床。综合来看对于小型养殖户来说,干撒式发酵床无疑是更好的选择。不仅减少了投资,还能产出高品质的肉品。对于规模化养殖场来说同样是很好的选择。

(4)菌种的通用性不同

异位发酵床和干撒式发酵床的菌种类型都是好氧型,该类型的菌种比厌氧型分解效率高,适合用来分解粪尿。但是从通用性来说,异位发酵床菌种不易在干撒式发酵床上使用,干撒式发酵床对菌种活性和有益性要求较高,因为垫料是要和动物直接接触的,所以菌种必须是有益的。异位发酵床在菌种要求上稍低,所以如果在干撒式发酵床上使用异位发酵床菌种,容易造成发酵床工作不良。相反,干撒式发酵床菌种在异位发酵床上使用可以提高原有的处理效率。

两种方法各有千秋,如何选择要根据需求而定。比如生产目的、消费需求、养殖规模、养殖地点、环保要求等。

4)种养结合循环农业

(1)重要性和紧迫性

习近平总书记在中央财经领导小组第十四次会议讲话中指出"要坚持政府支持、企业主体、市场化运作的方针,以沼气和生物天然气为主要处理方向,以就地就近用于农村能源和农用有机肥为主要使用方向,力争在"十三五"时期,基本解决大规模畜禽养殖场粪污处理和资源化问题"。种养结合是种植业和养殖业紧密衔接的生态农业模式,是将畜禽养殖产生的粪污作为种植业的肥源,种植业为养殖业提供饲料,并消纳养殖业废弃物,使物质和能量在动植物之间进行转换的循环式农业。加快推动种养结合循环农业发展,是提高农业资源利用效率、保护农业生态环境、促进农业绿色发展的重要举措。

①是转变农业发展方式的需要　随着经济发展进入新常态,农业发展的内外部环境正发生深刻变化,生态环境和资源条件的"紧箍咒"越来越紧,农业农村环境治理的要求也越来越迫切。面对新形势,需要加快转变农业发展方式,由过去主要依靠拼资源拼消耗,转到资源节约、环境友好的可持续发展道路上来。发展种养结合循环农业,以资源环境承载力为基准,进一步优化种植业、养殖业结构,开展规模化种养加一体化建设,逐步搭建农业内部循环链条,促进农业资源环境的合理开发与有效保护,不断提高土地产出率、资源利用率和劳动生产率,是既保粮食满仓又保绿水青山,促进农业绿色发展的有效途径。

②是促进农业循环经济发展的需要　种养业生产废弃物也是物质和能量的载体,可以作为肥料、饲料、燃料以及其他工业化利用的重要原料。其中,秸秆含有丰富的有机质、纤维素、粗蛋白、粗脂肪和氮、磷、钾、钙、镁、硫等各种营养成分,可广泛应用于饲料、燃料、肥料、造纸等各个领域。1 t 干秸秆的养分含量相当于 50~60 kg 化肥,饲料化利用可以替代 0.25 t 粮食,能源化利用可以替代 0.5 t 标煤。畜禽粪便含有农作物所必需的氮、磷、钾等多种营养成分,施于农田有助于改良土壤结构,提高土壤的有机质含量,提升耕地地力,减少化肥施用。1 t 粪便的养分含量相当于 20~30 kg 化肥,可生产 60~80 m³ 沼气。我国秸秆年产生量超过 9 亿 t,畜禽养殖年产生粪污 38 亿 t,资源利用潜力巨大。发展种养结合循环农业,按照"减量化、再利用、资源化"的循环经济理念,推动农业生产由"资源—产品—废弃物"的线性经济,向"资源—产品—再生资源—产品"的循环经济转变,可有效提升农业资源利用效率,促进农业循环经济发展。

③是提高农业竞争力的需要　我国几千年的农业发展历程中,很早就出现了"相继以生成,相资以利用"等朴素的生态循环发展理念,形成了种养结合、精耕细作、用地养地等与自然和谐相处的农业发展模式。当前,我国农业生产力水平虽然有了很大提高,但农业发展数量与质量、总量与结构、成本与效益、生产与环境等方面的问题依然比较突出。根据资源承载力和种养业废弃物消纳半径,合理布局养殖场,配套建设饲草基地和粪污处理设施,引导农民以市场为导向,加快构建粮经饲统筹、种养加一体、农牧渔结合的现代农业结构,带动绿色食品有机农产品和地理标志农产品稳步发展,有利于进一步提升农业全产业链附加值,促进一二三产业融合发展,提高农业综合竞争力。

④是治理农业生态环境的需要　随着农业集约化程度的提高和养殖业的快速发展,过量和不合理使用化肥、农药以及畜禽粪便直接排放造成污染的问题越来越突出。据统计,2012年,全国农业源化学需氧量排放量为1 600.5万t,总氮排放量为317.0万t,总磷排放量为31.9万t。2014年我国化肥施用量达到5 996万t,亩均化肥量远高于世界主要国家施肥水平。而仅一个年出栏万头猪的规模化养殖场每年就能够产生固体粪便约2 500 t、尿液约5 400 m³,可用于生产有机肥料,减少化肥的施用量。在粮食与畜牧业生产重点地区,优化调整种养比例,改善农业资源利用方式,促进种养业废弃物变废为宝,是减少农业面源污染、改善农村人居环境、建设美丽乡村的关键措施。

(2)种养结合循环农业发展现状

①开展多种探索并取得成效

a. 推进农作物秸秆循环利用,综合利用水平显著提高　积极建立健全秸秆收储运体系,以秸秆肥料化、饲料化、基料化利用为主,因地制宜开展农作物秸秆综合利用。2015年全国秸秆总产量及其可收集利用量分别达到10.4亿t和9亿t,秸秆综合利用率为80.1%,约7.2亿t秸秆得到有效利用。其中:推广机械粉碎还田、腐熟还田、秸秆堆沤、秸秆生物反应堆等技术,增加农田有机质,提升耕地质量,全国秸秆肥料化利用占比43.2%;发展以龙头企业、家庭农场、农业合作组织为主的农牧综合体,推广秸秆青贮、氨化、微贮或生产颗粒饲料等技术,推进以秸秆利用为纽带的种养一体化,全国秸秆饲料化利用占比18.8%;利用秸秆作为基料栽培食用菌,提升秸秆循环利用的高值化利用水平,全国秸秆基料化利用占比4%。

b. 实施标准化规模养殖,实现养殖废弃物减量化　推进适度规模养殖,鼓励发展农牧结合型生态养殖模式,实施畜禽养殖场改造,推广雨污分流、干湿分离和设施化处理技术,从源头上减少污染的产生,便于养殖污染物的后续处理利用。2007年、2008年分别启动实施生猪、奶牛标准化规模养殖场建设项目,累计支持建设生猪养殖场6万余个、奶牛养殖场5 700个。2012年启动实施肉牛、肉羊标准化规模养殖场项目,累计支持建设肉牛、肉羊养殖场2 400多个,2016年启动17个奶牛养殖大县种养结合整县推进试点,在提升畜产品质量安全水平的同时,也提高了畜禽粪污的无害化处理水平,减少了养殖场对周边环境的影响。

c. 加强农村沼气建设,畜禽粪便得以有效利用　按照循环经济的理念,把沼气建设与种植业和养殖业发展紧密结合,形成了以户用沼气为纽带的"猪沼果""四位一体""五配套"等畜禽粪便循环利用模式和以规模化畜禽养殖场沼气工程为纽带的循环农业模式,实现了种植业、养殖业和沼气产业的循环发展。重点在丘陵山区、老少边穷和集中供气无法覆盖的地区,因地制宜发展户用沼气;在农户集中居住、新农村建设等地区,建设村级沼气集中供气站;在养殖场或养殖小区,发展大中型沼气工程。目前,全国沼气用户达到 4 300 万户,沼气工程 10 万处,全国沼气年生产量达 158 亿 m³,替代 2 500 万 t 标准煤,减少二氧化碳 6 000 万 t。

②存在的问题

a. 单项措施多,区域统筹推进合力不够 目前,国家通过不同资金渠道,相继开展了养殖场标准化建设、沼气工程建设、秸秆综合利用等项目,也取得一定建设成效,但由于这些措施缺乏系统设计与合力推进,单兵突进多、整体推进少,总体效果并不显著,当前农村畜禽粪污横流、秸秆乱烧乱放等问题依然突出。尤其在一些种养大县,各类种养业废弃物产生集中、量大,当地的环境承载压力更大,加强种养结合发展的需求更为迫切。

b. 利益链条不完整,废弃物利用有效运营机制缺乏 近年来,在国家有关部门和各地政府的积极推动和支持下,种养业废弃物综合利用取得了显著成效。但由于缺乏长效运营机制,种养业废弃物综合利用中产品成本高、商品化水平低、农民参与积极性不高等问题依旧突出。在秸秆综合利用方面,秸秆收储运体系不健全,秸秆还田、离田成本高等问题制约秸秆综合利用的产业化发展。在畜禽粪便处理利用方面,沼气工程生产的沼气发电并网难,有机肥推广普及滞后等问题也较为普遍。

c. 实际利用率低,种养业废弃物处理不足 2015 年,我国秸秆有 1.8 亿 t 左右尚未利用,每年秸秆露天焚烧形势严峻,不仅造成资源浪费,而且对大气环境、交通安全构成一定威胁,特别是东北玉米秸秆由于温度低腐蚀慢和南方双季稻秸秆由于茬口紧,还田利用始终是难题。2013 年,我国畜禽养殖粪便污水量达 38 亿 t。根据对全国近 3 000 个畜禽标准化示范场的调研结果,规模化养殖场堆肥和沼气设施的比例仅分别为 35% 和 26%,多数还得不到有效处理和利用。

d. 失衡脱节严重,种养衔接不够紧密 畜禽粪便一直是我国农业生产的主要有机肥源,但随着养殖业快速发展,大部分规模化养殖场粪便量大且集中,受季节限制、农村劳动力缺乏、运输不便、有机肥补贴缺失等因素制约,许多粪便资源变成了重大污染源。同时,养殖缺乏配套的饲草料基地,区域内粮经饲结构不合理,不仅增加了养殖成本,而且加大了饲草料有效供给的风险。据调查,目前全国 70% 以上农业园区为单一种植业或单一养殖业,其他的农业园区虽然种养兼营,但大多数也难以实现种植与养殖的相互衔接、协调促进、共同发展,农业资源无法得到充分、有效利用。

(3)思路原则和目标

①总体思路

深入贯彻党的十八大,十八届三中、四中、五中全会关于生态文明建设的战略部署,落实《全国农业现代化规划(2016—2020 年)》和《全国农业可持续发展规划(2015—2030 年)》,围绕种养业发展与资源环境承载力相适应,以及着力解决农村环境脏乱差等突出问题,聚焦畜禽粪便、农作物秸秆等种养业废弃物,按照"以种带养、以养促种"的种养结合循环发展理念,以就地消纳、能量循环、综合利用为主线,以经济、生态和社会效益并重为导向,采取政府支持、企业运营、社会参与、整县推进的运作方式,构建集约化、标准化、组织化、社会化相结合的种养加协调发展模式,探索典型县域种养业废弃物循环利用的综合性整体解决方案,形成县乡村企联动、建管运行结合的长效机制,有效防治农业面源污染,提高农业资源利用效率,推动农业发展方式转变,促进农业可持续发展。

②基本原则

a.坚持整县推进 以县为基本单元,统筹规划县域农业突出环境问题治理重点,科学确定治理模式,实现县域种养业协调发展和农业生态环境整体改善。重点在养殖大县、产粮大县推进种养结合循环农业示范县建设,实施规模化种养加一体化项目以及秸秆、畜禽粪便等种养业废弃物处理工程,试点探索种养业废弃物循环利用技术模式、筹资建设与运营机制等,推进种养结合循环农业发展,有效转变农业发展方式。

b.坚持机制创新 创新市场主体参与建设机制,以市场化运作为主,通过财政补助、竞争立项等方式,支持具有成熟种养结合循环农业发展模式的龙头企业、合作社、社会化服务组织等新型主体投入工程建设;创新工程项目运营管理机制,在农牧业副产物转化增值中延伸产业链条,提升种养结合循环农业示范工程的经济效益,构建企业自主运营、社会监督管理的治理模式,确保工程效益的持续发挥;创新种养业废弃物转化产品的利用机制,积极推进标准化分类、规范化转运、专业化处理,分门别类研究不同废弃物综合利用产品的市场化开发政策,促进源头治理、环境保护与效益提升的有机结合。

c.坚持循环利用 选用生态适用、运行高效、经济可行的种养业废弃物处理措施,提升工程处理能力与技术水平。建设秸秆青(黄)贮、炭化还田改土、秸秆加工商品化基质工程,实现秸秆的肥料化、饲料化、基料化利用。建设沼渣、沼液还田工程、有机肥深加工工程,实现畜禽粪便的能源化、肥料化利用。

d.坚持种养协调 根据土地承载能力,以县域为单元进行种养平衡分析,合理确定种植规模和养殖规模,推进适度规模、符合当地生态条件的标准化饲草基地工程建设,弥补养殖饲料不足,并就近就地消纳养殖废弃物,推广有机肥还田利用,促进农牧循环发展。支持规模化养殖场(区)配套建设畜禽粪污处理设施,搞好畜禽粪污综合利用,在种养密度较高的地区因地制宜建设集中处理中心,探索规模养殖粪污的第三方治理与综合利用机制,从种植、养殖、加工三个环节建设现代化种养加一体化基地。

③建设目标 到2020年,建成300个种养结合循环农业发展示范县,示范县种养业布局更加合理,基本实现作物秸秆、畜禽粪便的综合利用,畜禽粪污综合处理利用率达到75%以上,秸秆综合利用率达到90%以上。新增畜禽粪便处理利用能力2 600万t,废水处理利用能力30 000万t,秸秆综合利用能力3 600万t。探索不同地域、不同体量、不同品种的种养结合循环农业典型模式。

④建设工程总体框架 针对种养结构失衡、废弃物循环利用不畅等问题,以县域为单元,在种养平衡分析的基础上,通过"优结构、促利用"的工程化手段,整县推进种养加一体化,以及畜禽粪便、农作物秸秆等种养业废弃物的资源化利用。鼓励工程生产的有机肥、饲料等产品参与市场大循环,实现工程效益的提升。

优结构:构建种养加一体化基地,以当地主导的养殖业为核心,分别从种植、养殖、加工三个环节进行配套提升。科学调整养殖规模,通过推进配套养殖场"三改两分"工程和标准化屠宰场废弃物循环利用工程建设,优化养殖环境、促进废弃物集中高效处理。推进适度规模、符合当地生态条件的标准化饲草基地工程建设,弥补养殖饲料不足,并就近消纳养殖废弃物。

促利用:针对种养大县秸秆、畜禽粪污等种养业废弃物处理利用能力不足的情况,有针对性地建设适用工程,确保生态适用、运行高效、经济可行。

在秸秆综合利用方面,通过采取适宜区域秸秆种类的能源化、饲料化、基料化等技术途径,建设秸秆青(黄)贮、秸秆炭化还田改土、秸秆加工商品化基质等工程,构建秸秆收储运体系,有效解决现有秸秆利用能力不足的问题。

在畜禽粪便综合利用方面,通过采取肥料化、能源化等技术途径,建设沼渣、沼液还田利用工程、有机肥深加工工程等,实现畜禽粪污的无害化处理与资源化利用。

在整县推进种养结构优化、促进种养业废弃物处理利用方面,各地涌现了一批典型模式。浙江省衢州市龙游县开启能源科技有限公司定期上门收集养殖粪便,覆盖全县95%的规模化猪场,将收集的粪便用于生产沼气,沼渣、沼液回用于农田,每年可收集利用猪粪18万t,相当于60万头存栏生猪的排泄量,同时为种植业基地提供沼液配送和施肥服务,形成了"猪粪收集—沼气发电—有机肥生产—种植业利用"的种养结合模式。充分考虑工程技术的成熟度、市场化前景、适用范围等因素,对规模化种养加一体示范、种养业废弃物循环利用相关工程技术进行遴选。

(4)建设项目及布局

①建设项目

a.标准化饲草基地项目 饲草料是畜牧业稳定发展的基础,是畜牧业发展的关键制约因素。通过实施饲草基地项目,可以促进农业结构调整,减少对粮食型饲料的依靠,丰富"菜篮子"市场,改善人民群众的膳食结构,增加农民收入,保护生态环境。本项目扶持开展饲草种植和青贮饲料专业化生产示范建设,重点支持饲草种植基地的土地平整,灌溉设施,耕作、打草、搂草、捆草、干燥、粉碎等设备购置,以及饲草和秸秆青贮氨化等设施的建设。

b.标准化养殖场三改两分项目 通过实施养殖场"三改两分"(改水冲清粪或人工干清粪为漏缝地板下刮粪板清粪、改无限用水为控制用水、改明沟排污为暗道排污,固液分离、雨污分离)项目,建造高标准规模养殖场,营造良好的饲养环境,加强动物疫病防控,提高动物生产性能,保障食品安全,减少环境污染,降低养殖废弃物处理成本。本项目扶持开展生猪、奶牛等规模化养殖示范建设,重点支持养殖场的三改两分、粪便经过高温堆肥无害化处理后生产有机肥,养殖废水经过氧化塘等处理后作为肥水浇灌农田等设施建设和设备购置。

c.标准化屠宰场废弃物循环利用项目 通过实施标准化屠宰场废弃物循环利用项目,改造污水粪污处理设施设备,升级病害猪及其产品无害化处理设施,实现标准化屠宰场污水粪污和屠宰废弃物循环利用、无害化处理,有效防治污水粪污污染环境、屠宰废弃物熬炼新型地沟油、病害肉流入市场等现象发生,切实保障上市肉品质量安全,减少屠宰环节环境污染问题。本项目扶持屠宰企业进行屠宰废弃物循环利用设施设备改造建设,包括污水粪污收集处理系统、屠宰废弃物无害化处理及循环利用设施设备等。

d.畜禽粪便循环利用项目 包括沼渣沼液还田项目、有机肥深加工项目。

e.农作物秸秆综合利用项目 包括秸秆饲料、秸秆炭化还田改土、秸秆基质、秸秆贮料。本项目在秸秆资源丰富和牛羊养殖量较大的粮食主产区,根据种植业、养殖业的现状和特点,优先满足大牲畜饲料需要,合理引导炭化还田改土等肥料化利用方式,并推进秸秆的基料化、燃料化利用以及其他综合利用途径。

②建设布局 综合考虑各地自然资源条件、种养结构特点以及环境承载能力等因素,按

照因地制宜、分类指导、突出重点的思路,将全国种养结合循环农业示范工程建设划分为三大区域,即北方平原区、南方丘陵多雨区和南方平原水网区。在三大区域的种植养殖大县中(优先考虑既是产粮大县又是畜牧大县的县、养殖规模或种植规模靠前的县,以及《全国种植结构调整规划(2016—2020年)》确定的调减籽粒玉米发展饲草生产区域有关县市、《全国农业可持续发展规划(2015—2030年)》确定的发展种养结合循环农业重点区域的县等),建成300个种养结合循环农业示范县。

a. 北方平原区

东北地区:主要包括辽宁、吉林、黑龙江三省。在全国具有比较优势的农产品主要有玉米、大豆、水稻、生猪、奶牛、肉牛等。东北地区作为我国玉米结构调整和"粮改饲"试点的重点区域,秸秆产生量大,处理问题突出;种养业规模大,集约化程度高,畜禽粪便资源化利用水平有待提高;作物种植结构比较单一,农田用养失调,畜禽粪便难以高效本地化应用、农作物有机肥施用不足,由于气候原因秸秆当季就地还田困难,土壤有机质下降明显,农业生态服务功能退化。

重点建设项目包括每县根据实际需求建设标准化饲草基地、生猪"三改两分"设施、标准化屠宰场废弃物循环利用,推进种养加一体化;种养业废弃物循环利用重点建设若干沼渣沼液还田、有机肥深加工和农作物秸秆综合利用项目,其中畜禽粪便重点推动沼渣沼液还田、有机肥深加工工程,农作物秸秆重点推动青(黄)贮和炭化还田改土工程、秸秆燃料。

西北地区:主要包括山西、陕西、甘肃、青海、宁夏、新疆以及内蒙古7省(区)。畜牧业以放牧饲养为主,畜禽粪便资源收集难度大,农田利用率不高,是我国主要的草原牧区,对自然草场依赖性高、饲草供应长期不足;以干旱、半干旱气候为主,降雨量少且分布不均,农业生产以旱作农业和绿洲农业为主,耕作栽培粗放,广种薄收,秸秆综合利用率较低。

重点建设项目包括标准化饲草基地、标准化养殖场改造和标准化屠宰场废弃物循环利用,推进种养加一体化;种养业废弃物循环利用重点建设有机肥深加工项目,秸秆综合利用重点实施炭化还田改土、燃料化利用。

黄淮海地区:主要包括北京、天津、河北、山东以及河南5省(市)。该地区土地平坦,人口稠密;气候温暖湿润,光热丰富,土地垦殖程度高,是我国重要的农区之一,种养业发达,畜禽粪便与农作物秸秆产生量大且集中。水浇地比重高,有效灌溉面积占耕地总面积的70%以上。区域内协调资源环境保护压力大,需要在确保土壤健康、地下水体安全、大气环境安全的前提下协调多种种养资源生态大循环。

重点建设项目包括生猪"三改两分"设施和标准化屠宰场废弃物循环利用,推进养殖加工环节提升改造;种养业废弃物循环利用重点建设若干沼渣沼液还田、有机肥深加工和农作物秸秆综合利用项目,其中畜禽粪便资源化利用同时推动沼渣沼液还田、有机肥深加工项目建设,农作物秸秆综合利用重点实施青(黄)贮和炭化还田改土、燃料化利用项目建设。

b. 南方丘陵多雨区　主要包括广西、重庆、四川、贵州、云南、西藏6省(市、区)。该地区以高原山地为主,地势起伏大,立体气候特征明显,种植制度多样,人均耕地较少,坡耕地比重大,农作物秸秆种类繁多,收储运难度较大,畜禽养殖散养与规模养殖并存,畜禽粪便随意排放,对小流域环境有严重影响,生态承载压力大。

重点建设项目包括标准化屠宰场废弃物循环利用和标准化养殖场"三改两分",推进养殖加工环节提升改造;种养业废弃物循环利用重点建设若干沼渣沼液还田、有机肥深加工工程等建设;秸秆综合利用重点实施炭化还田改土、青(黄)贮、燃料化利用工程。

c. 南方平原水网区 主要包括上海、浙江、福建、江西、湖北、湖南、广东、海南、江苏以及安徽 10 省(市)。该地区人口密度大,人均耕地少,水田占全区耕地面积的 70% 以上,水网水域面积大、水体污染风险高;生猪养殖比例较高,畜禽粪便和农作物秸秆综合利用程度不高,种养分离问题突出。

重点建设项目包括标准化屠宰场废弃物循环利用和标准化养殖场"三改两分"措施,推进养殖加工环节提升改造;种养业废弃物循环利用重点建设若干沼渣沼液还田、有机肥深加工和农作物秸秆综合利用项目。

5) 其他途径

某些公司在生产相应设备过程中,也在探索其他解决途径。如青岛派如环境科技有限公司,开发有畜禽粪便罐式发酵机、隧道式粪污无害化处理设施、先进通风猪舍等,解决了目前养殖场既要求保温又要求通风的问题,且粪污处理方便,受到了广大养殖客户的好评。还有很多公司也在根据客户需求做其他方向的一些研究。相信在不久的将来,通过国家政策引导,各类院校的研究,公司 + 养殖企业的共同探索,能为我国畜禽粪污的处理提供更好的方案,能够真正做到绝对无污染的健康养殖。

7.3.4 病死畜禽尸体处理

我国集约化畜禽生产快速发展,在保证肉蛋奶供给的同时也产生了数量庞大的病死动物。我国已有数部法律、法规规定了病死畜禽尸体的无害化处理要求,包括《动物防疫法》《畜禽病害肉尸及其产品无害化处理规程》《病死及死因不明动物处置办法》《畜禽养殖业污染防治技术规程》等法律、法规。由于法制意识淡薄、监管体系与运行机制不健全等,部分养殖场随意处理病死畜禽尸体,造成环境污染,并危及食品安全和生物安全,给畜牧业可持续发展、社会公共安全和新农村建设造成严重威胁。2014 年 10 月 20 日,国务院办公厅发布了《关于建立病死畜禽无害化处理机制的意见》,为今后病死畜禽无害化处理工作提供了有力的组织保证。根据全国病死畜禽尸体处理情况,主要有如下方法:

1) 焚烧法

此法用于处理危害人畜健康极为严重的传染病。畜禽尸体幼小动物可用焚烧炉,体积较大的动物用焚烧沟。

2) 埋填法

养殖场应设置两个以上的安全埋填井,埋填井采取混凝土结构,且深度大于两米,直径一米,井口加盖密封,进行埋填时,每次投入畜禽尸体后应覆盖一层厚度大于 10 cm 的熟石灰。井填满后要用黏土填埋压实并封口。

3) 堆肥法

典型的死畜尸体的堆肥法通常分为两个阶段,第一阶段为初始堆肥期,是由一系列大小一样的堆肥室完成的,装填死畜时要与添加物一起进行。追肥第二阶段又称为二级消化阶段,常采用一个容器或混凝土区或廊道,所用的体积大于或等于第一阶段堆肥室体积之和,此时温度开始下降。

4)高温生物降解法

高温生物降解法是在密闭环境中,将生物灭菌和高温灭菌复合处理,通过高温灭菌,配合好氧生物降解处理病害动物尸体及废弃物,转化为可产生优质有机肥原料,达到灭菌、减量、环保和资源循环利用的目的,适用于规模饲养场无害化处理。

10个省市病死畜禽尸体主要处理方法及不同处理方式的效果与适用范围,见表7.2、表7.3。

表7.2　10个省市病死畜禽尸体主要处理方法

调研省市	病死畜禽无害化处理方法
北京	深埋法、焚烧法、化尸窖处理法、化制法、生物降解法
天津	深埋法、焚烧法、化尸窖处理法、化制法、生物降解法
山东	深埋法、焚烧法、堆肥法、化尸窖处理法、化制法、生物降解法
辽宁	深埋法、焚烧法、化尸窖处理法、化制法、生物降解法
四川	深埋法、焚烧法、化尸窖处理法、化制法、生物降解法
广西	深埋法、焚烧法、堆肥法、化尸窖处理法、化制法、生物降解法
浙江	深埋法、焚烧法、化尸窖处理法、化制法、生物降解法
福建	深埋法、焚烧法、堆肥法、化尸窖处理法、化制法、生物降解法
广东	深埋法、焚烧法、堆肥法、化尸窖处理法、化制法、生物降解法
新疆	深埋法、焚烧法、化尸窖处理法、生物降解法

表7.3　不同处理方式的效果与适用范围

处理方法	应用效果	存在的问题	适用范围
深埋法	采用深埋法,基础建设成本较低,操作简单,无后续管理要求	占地大,人力成本较大,易造成二次污染	小规模、偏僻的生产者
焚烧法	采用沼气焚烧病死猪,方法简单	烟气会造成二次污染	南方地区中大规模养殖场
堆肥法	采用仓箱式堆肥法,实施效果良好。该方法的特点是使用年限长,操作简单,投入费用较少。堆肥物料来源广泛,成本低廉合理。几乎可以杀灭所有的细菌、病毒	处理时间长,需要一定场所	适用于各种规模,北方严寒地区,可在室内做堆肥以供冬季使用
化尸窖法	建设专用的尸体窖,将病死猪尸体抛入窖内,利用生物热的方法将尸体发酵分解,以达到消毒的目的	处理时间长,后期维护难度大	适用于存栏500头以上的猪场,小型猪场可采用钢结构移动式化尸窖
化制法	动物尸体通过高温高压有效灭菌,肉骨粉可生产有机肥,油脂可加工生物柴油,废弃物完全回收、高效利用	一次性投资大	大型养殖场和病死猪集中处理场

续表

处理方法	应用效果	存在的问题	适用范围
高温生物降解法	设备安装简单,利用微生物可降解有机质的能力,结合特定微生物耐高温的特点,将病死猪及废弃物进行高温灭菌、生物降解成有机肥的技术,实现资源化利用		不同规模养殖场和病死猪集中处理场

任务 7.4 畜禽废物资源化利用

7.4.1 农业废弃物资源化利用的理论基础

根据能量守恒和物质不灭定律,自然资源是从一种形式转化为另一种形式,也就是说,废弃物是自然资源的另一种能量和运动形式,是物质与能量不完全循环的中间产物,其本身仍蕴藏着供人类开发利用的物质与能量。但受技术与人类认识水平的限制,这部分有用物质与能量尚未作为资源进行开发。

根据资源废弃化和废弃物资源化理论分析,农业废弃物的产生是不可避免的,同时它的资源化利用是可行和必要的。社会化大生产使人类在开发利用自然资源的同时,必然产生许多废弃物。首先,自然资源在作为物质流的运动路径中本身缺乏返回大自然的机制,一旦被人类过多利用必然成为或部分成为废弃物。其次,科学技术变异带来了负效果,科学技术本是人类用于开发利用与改造自然的主要手段,但同时也带来了危害和遗患。技术变异带来的废弃物对人类及环境造成的危害具有隐伏性,一旦经过长期积累和食物链的富集,后起突发造成的破坏将难以估量。只有技术变异被科学技术的重大突破取代时,原先被视为无用的废弃物才能得到合理开发利用。科学技术的飞速发展和人类认识水平的提高,充分证明世界上一切废弃物都具有再生循环利用的价值,全球性自然资源枯竭又使废弃物资源化利用成为现实需要,并且是未来工业社会的主要原料。

在日益重视可持续发展的今天,首要的工作就是更新全社会的观念,强化人们对农业废弃物资源化利用的认识,充分认识到农业废弃物综合利用的经济、环境与社会价值,认识到废弃物是"放错位置的资源",积极开展农业废弃物资源化利用。当前,为了提高农业生态系统中草畜肥粮之间物流和能流的转化效率,减少资源浪费,减轻环境污染,必须将畜禽排泄的废弃物看作一种可以有效管理和充分利用的资源,开辟畜禽废弃物再生资源开发利用的新途径。

常见的畜禽废弃物资源化利用的主要形式是畜禽粪便肥料化、饲料化和能源化利用等。

7.4.2 畜禽粪便肥料化

畜禽排泄物中含有大量农作物生长所必需的氮、磷、钾等营养成分和大量的有机质,将其进行堆肥等处理后作为肥料施用于农田是一种被广泛使用的利用方式。将畜禽粪便施用于农田,有利于改良土壤结构,提高土壤肥力和农作物产量。

1)畜禽粪便营养成分

畜禽粪便是饲料经畜禽消化后未被吸收利用的残渣,其中含有植物所需的多种营养成分及大量有机质,具有改良土壤物理性质与营养全面、平衡持久供应养分等化学肥料所不可比拟的优越性,在保持农业生产可持续发展以及绿色食品生产方面有着重要的作用。畜禽粪便中的肥料成分见表7.4。

表7.4 主要畜禽粪便中的肥料成分含量(%)

种 类	水 分	有机物	氮(N)	磷(P_2O_5)	钾(K_2O)
猪粪	82.0	16.0	0.60	0.50	0.40
尿	94.0	2.5	0.40	0.05	1.00
牛粪	80.6	18.0	0.31	0.21	0.12
尿	92.6	3.1	1.10	0.10	1.50
鸡粪	50.0	25.5	1.63	0.54	0.85
鸭粪	56.6	26.2	1.10	1.40	0.62

家畜和家禽粪便中的氮素形态略有不同,家畜粪便中的氮素大多数是复杂的含氮有机物,矿化比较缓慢,但是在堆沤、腐熟过程中可以形成多量腐殖质,具有改良土壤和后效较长的优点,以羊粪含氮量最高,猪粪、马粪次之,牛粪最低。家禽粪中的氮素以尿酸态为主,不能被作物直接吸收,而且有害根系的正常生长,须经腐熟后方可使用。

研究表明,鸡粪烘干后有机质含量很高,氮、磷、钾等养分含量也较高(表7.5),是一种优质安全的有机肥料。

表7.5 烘干鸡粪肥料的成分含量

项 目	有机质	氮	磷	钾
含量/%	50~60	2.5~4.5	3~5	0.8~1.6

我国是水资源和肥料资源都非常缺乏的国家,畜牧场的粪便污水只要处理得当就可转化为宝贵的水资源和肥料资源。经过处理的畜禽粪便是农作物的良好肥料,含有大量的腐殖物质,是土壤肥力很好的改良剂,可以改善土壤的团粒结构,防止土壤板结,提高土壤的保水、保肥能力,减少土壤中养分的流失。经过无害化处理后可制作成固体或液体有机肥施入森林、草地、绿地、池塘、农田、菜地、果园等生态系统,在参与生态系统物质循环的同时,为人类生产更多的动植物产品。

2) 畜禽粪便肥料化的意义

众所周知,农田生态系统是开放的系统,有物质、能量的输入,也有物质、能量从系统中输出,也就是人类从农田中收获粮食、秸秆等,带走了大量的营养元素,为此人类必须向农田输入肥料等。当前,由于人均耕地面积不断减少,而人均粮食需求越来越高,人类便千方百计地通过增加复种指数提高单位面积产量,这往往又造成生态系统物质循环的输入和输出极不平衡。

近几十年来,对农业体系和模式及肥料结构问题的研究表明,农业生产中最重要的物质投入就是肥料,在有限的土地上,提高单产的重要措施之一就是要增加化肥投入。近年来,我国化肥施用量不断增加,但化肥投入效果却呈下降趋势,化肥的有效利用率很低,如主要肥料氮肥的利用率只有30%左右,其原因与有机肥施用量的急剧减少有关。试验表明,施用化肥,一般当年只能利用30%,自然流失30%,其余的40%要在有适量有机质存在的情况下,通过微生物作用积存在土壤中,如果土壤有机质不足,这部分化肥也将流失。科学试验和生产实践证明,土壤有机质含量的高低、有机质品质的优劣、土壤生物活性强弱是土壤肥力的重要指标。由于长期大量使用化肥,造成我国土壤有机质含量下降,土壤结构遭到破坏,土壤板结,产品品质下降,生产成本却逐年增加。而且,长期施用氮肥,会造成土壤磷、钾大量亏损。

有机肥与化肥相比,具有营养全面、肥效长、易于被作物吸收、能够改良土壤性质与平衡持久地供应养分等优点,对提高作物产量和品质、防病抗逆、改良土壤等具有显著功效。而且有机肥和化肥配施,对缓解我国化肥供应中氮、磷、钾比例失调,解决我国磷、钾资源不足,促进养分平衡,都有重要作用。另外,施用有机肥不仅可以避免单纯施用化肥造成土壤板结、水肥流失和产量下降的问题,而且可以提高产品品质,特别是对于瓜果蔬菜,施用这种肥料可明显提高产品品质。随着中国加入世贸组织,中国的农产品将进入国际市场参与国际竞争,在发达国家,具有有机食品标志的产品最受欢迎,因此只有获得有机食品标志才能更好地参与国际竞争,而用有机肥替代化肥是通过有机食品认证的最基本条件,也是生产绿色食品必须采取的措施。可见,有机肥的施用是发展有机持续农业、促进农牧结合、实现物质良性循环和保持生态平衡的必要措施。

有研究表明,施用烘干鸡粪肥的作物产量较施用其他肥料有较大的提高(表7.6),不仅如此,烘干鸡粪肥对蔬菜品质也有重要影响,尤其对维生素C、可溶性固型物、糖和酸的含量,除番茄外,大多有良好的影响。烘干鸡粪既可以直接施用,也可以根据不同地区,不同作物品种的需要,根据配方施肥的原则,与其他肥料一起加工成各种鸡粪有机复合肥料,生产各种蔬菜、果树、花卉专用肥用于农业生产,其市场行情和使用效果都会更好,经济效益和社会效益会更加显著。

表 7.6　鸡粪肥对作物产量的影响(kg/折合亩产)

肥　料	番　茄		黄　瓜		甜　瓜	
	1990 年	1991 年	1990 年	1991 年	1990 年	1991 年
鸡粪	5 238	7 346	2 780	4 952	1 080	—
蛭石肥	5 148	2 038	2 592	4 104	918	—
营养液	3 447	5 395	1 656	—	—	—

总之,畜禽固体粪污处理后用作肥料,是资源化利用的根本出路,也是世界各国传统上最常用的办法。至今,国内绝大多数畜禽粪便都是作为肥料予以消纳的。

3)施用粪肥注意事项

畜禽粪便作为肥料进行施用时,必须满足如下要求:

①粪肥必须经过无害化处理,并且符合《畜禽养殖业污染物排放标准》中提出的关于废渣无害化环境标准要求(表7.7),才能进行土地利用。禁止未经处理的畜禽粪便直接施入农田,禁止直接将废渣倒入地表水体或其他环境中。

表7.7 畜禽养殖业废渣无害化环境标准

控制项目	指　标
蛔虫卵	死亡率≥95%
粪大肠菌群数	≤10^5 个/kg

②经过处理的粪肥作为土地的肥料或土壤调节剂来满足作物生长的需要,其用量不能超过当地的最大农田负荷量,避免造成面源污染和地下水污染。在确定粪肥的最佳使用量时需要对土壤肥力和粪肥肥效进行测试和评价,并应符合当地环境容量的要求。

③粪肥施用后,应立即混入土壤。畜禽粪肥属迟效型有机肥,应作为农田基肥翻耕入土,谨防撒施在土壤表面而使污染物质随地表径流污染地面水体。同时,将粪便迅速混入土内也减少氮流失到大气中。一项研究表明,施入粪便后如不立即混入土内,头三天氮损失量比混入土内要高17倍。

④对高降雨区、坡地及沙质容易产生径流和渗透性较强的土壤,不适宜施用粪肥或粪肥使用量过高,易使粪肥流失而引起地表水体或地下水污染,应禁止或暂停使用粪肥。

4)配制不同用途有机肥

根据施肥对象不同的需求,可制作成不同用途的有机肥。

(1)高效生物活性有机肥

畜禽粪便通过生物好氧发酵干燥处理制成高效生物活性有机肥,它可以突破农田施用有机肥的季节性、农田面积的限制,克服畜禽粪便含水率高和使用、运输、储存不便的缺点,并能消除粪便污染。这种有机肥含有较高的总腐酸和生物活性物质,非常适合大棚栽培施用,可以随用随种,不伤根"烧苗",施用后不会产生有害气体,人在棚内操作安全,而且对减轻设施栽培土壤的连作障碍作用较为显著。由于速效性较好,既可作基肥施用,也可用作追肥。

(2)生产有机复合肥

因过量施用化肥,尤其是氮肥,土壤养分失衡,结构受到破坏,生物活性下降,地力退化,同时水体受污染,地下水硝酸盐含量过高,还造成了生态环境恶化,农产品品质下降及农产品中有害物质的逐年增加。目前,在一些老设施栽培地出现的土壤盐害、酸化和土传病害已构成瓜果蔬菜生产的三大主要障碍,严重制约着瓜果蔬菜的可持续生产和农民的增收。生物发酵有机肥含有较高的总腐酸和生物活性物质,但因速效养分总含量较低,施用量较大,添加适量无机养分制成有机复合肥后可以在较少的用量下也能显示出较好的肥效。据试验研究,在减少化肥用量20%的情况下,有机复合肥与等养分的化肥具有同样的增产效果,硝酸盐含量降低20%~47%,维生素C含量提高10%~20%。

(3)配制生产各种栽培基质和营养土

近年来,无土栽培和花卉生产发展非常迅速,对栽培基质和营养土的需求量将会越来越大。畜禽粪便经生物好氧高温发酵无害化处理后,腐熟程度高,对无土栽培作物和花卉生长安全性好。因此经生物发酵制成的生物有机肥很适合用于设施无土栽培基质和花卉生产营养土的主要原料。

7.4.3　畜禽粪便饲料化

试验证明,畜禽粪便中含有大量未消化的蛋白质、维生素B、矿物质、粗脂肪和一定数量的糖类物质。如鲜猪粪蛋白质质量分数为3.5%~4.10%,牛粪为1.7%~2.3%,羊粪为4.10%~4.70%,鸡粪为11.2%~15%。另外,畜禽粪便中氨基酸品种比较齐全,且含量丰富。如干鸡粪中含有17种氨基酸,其质量分数达到8.27%。目前,由于饲料短缺,特别是蛋白饲料的供求矛盾加剧,为了满足高速发展的畜牧业的饲料供应,开发新的蛋白饲料来源已成当务之急。由于鸡粪含有较高的蛋白质和齐全的氨基酸种类,目前已成为最受关注的一种非常规饲料资源。国内外大量研究结果表明,鸡粪不仅是反刍动物良好的蛋白质补充料,也是单胃动物和鱼类良好的蛋白饲料来源。

1)鸡粪营养含量

由于鸡的肠道较短,对饲料的消化吸收能力差,饲料中约有70%的营养成分未被消化吸收即排出体外,鸡粪中粗蛋白含量高达25%~28%,高于大麦、小麦和玉米的粗蛋白含量的65%。鸡粪不仅粗蛋白含量较高,而且氨基酸的种类齐全,含量也较高,并含有丰富的矿物质和微量元素。鸡粪经高温烘干后其氨基酸和矿物质的含量如表7.8和表7.9所示。

表7.8　烘干鸡粪中氨基酸的含量(占干物质百分比)　　　　单位:%

赖氨酸	组氨酸	精氨酸	苏氨酸	丝氨酸	谷氨酸	脯氨酸	天冬氨酸	甘氨酸
0.52	0.24	0.59	0.58	0.66	1.68	0.78	1.15	1.66
丙氨酸	胱氨酸	缬氨酸	蛋氨酸	异亮氨酸	亮氨酸	酪氨酸	苯丙氨酸	总含量
0.68	0.33	0.68	0.18	0.54	0.95	0.44	0.49	12.15

表7.9　烘干鸡粪中矿物质元素含量(占干物质百分比)　　　　单位:%

钙	镁	磷	钠	钾	铁	铜(10-6)	锰(10-6)
6.16	0.86	1.51	0.31	1.62	0.20	15	332

2)鸡粪饲料化技术

处理鸡粪的主要方法有微波、高温干燥、生物发酵、青贮等。干燥处理多采用机械热烘干,通过高温、高压、热化、灭菌、脱臭等处理过程,将鲜鸡粪制成干粉状饲料添加剂。鸡粪发酵处理是利用某些细菌和酵母菌通过好氧发酵,有效利用鸡粪中的尿酸,使其蛋白质含量达50%,氨基酸含量也会大大提高。青贮方法是将鸡粪与适量玉米、麸皮和米糠等混合装缸或入袋厌氧发酵,使其具有酒香味,营养丰富,含粗蛋白 20% 和粗脂肪 57%,高于玉米等粮食作物,是养牛、猪和鱼的廉价而优质的再生饲料。鸡粪饲料化工艺流程见图 7.1。

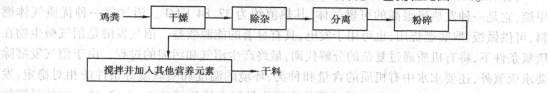

图 7.1　鸡粪饲料化工艺流程

鸡粪经高温烘干后,不仅可达到要求的水分,而且还可达到消毒、灭菌、除臭的目的。经检测,烘干鸡粪中有害物质铅、砷的含量分别为 25 mg/kg、8 mg/kg,小于国际规定的不超过30 mg/kg、10 mg/kg 的标准;其卫生指标也已达到美国鸡粪饲料卫生标准(表 7.10)。

表 7.10　烘干鸡粪的卫生标准

卫生指标	烘干鸡粪	美国鸡粪饲料卫生标准
沙门氏菌	未检出	无
大肠杆菌	未检出	不超过 10 个/g
细菌总数	6 000 个/g	不超过 2 万个/g

这充分说明,高温烘干鸡粪不仅营养价值高,营养成分齐全,而且卫生指标合格,所以可安全地用作饲料。1991 年北京市峪口养鸡总场进行了用烘干鸡粪饲喂猪、牛等的试验,试验结果表明,在牛的饲料中添加适量的烘干鸡粪,可使牛的平均日增重达 1 000 g 以上;在猪的日粮配方中添加 15% 的烘干鸡粪,可使猪的平均日增重达 500 g 以上,比不加鸡粪的对照组的日增重要高,且肉质和风味无任何影响,而成本却较低。

日本采用鸡粪青贮发酵法制作饲料,即用干鸡粪、青草、豆饼(蛋白质来源)、米糠(促进发酵),按比例装入缸中,盖好缸盖,压上石头,进行乳酸发酵,经 3 ~ 5 周后,可变成调制良好的发酵饲料,适口性好,消化吸收率都很高,适于喂育成鸡、育肥猪和繁殖母猪。

从烘干鸡粪的营养和卫生指标来看,烘干鸡粪不仅可以安全地用作饲料,而且也具有一定的经济效益,但是,由于传统观点的影响,人们对用鸡粪作饲料一直有所顾忌。专家在这方面也意见不一,所以鸡粪虽然可以安全地用作饲料,但使用范围仍然受到一定的限制。特别是 2004 年初,我国部分省发生了禽流感疫情,为严防高致病性禽流感疫情的扩散,原国家环保总局于 2 月下发了《关于加强畜禽养殖业环境监管,严防高致病性禽流感疫情扩散的紧急通知》,通知中要求疫区内严禁采用畜禽粪便作为饲料。鸡粪用作肥料更为普遍,经烘干的鸡粪是一种无公害的高档有机肥料,对于无公害食品的生产和绿色基地的建设具有十分重要的意义。至于猪粪、牛粪的资源化利用还是以肥料化利用为宜。

7.4.4　畜禽粪便能源化

畜禽粪便能源化手段主要有两种:一种是进行厌氧发酵生产沼气,为生产生活提供能源,同时沼渣和沼液又是很好的有机肥料和饲料。另一种是将畜禽粪便直接投入专用炉中焚烧,供应生产用热。据报道,英国萨福克郡建立的艾伊鸡粪发电站,装机容量达 12.5 MW,每年可以消耗鸡粪 12.5 万 t。

我国常采用畜禽粪便经厌氧发酵产生沼气获取能源的"利用方式"。沼气的主要成分是甲烷,它是一种发热量很高的可燃气体,其热值约为 37.84 KJ/L。沼气是一种优质气体燃料,可供做饭、取暖燃烧用,也可用于发电,具有显著的能源效益。沼气发酵是沼气微生物在厌氧条件下,将有机质通过复杂的分解代谢,最终产生沼气和污泥的过程。由于沼气发酵除要求厌氧外,还要求水中有机质的含量和种类、环境的温度和酸碱度等条件的相对稳定,发酵时间较长(以天计算),一般发酵装置的容量为日污水排放量的 2~4 倍,故一次性投资较大。但是,沼气发酵能处理含高浓度有机质的污水,自身耗能少,运行费用低,而且沼气是极好的无污染的燃料,沼渣、沼液也是极好的肥料和饲料,因此被广泛应用。

沼气厌氧发酵技术不断改进,已由最初的水压式发展到较先进的浮罩式、集气罩式、干湿分离式和太阳能式等池型;开始应用干发酵、两步发酵、干湿结合发酵、太阳能加热发酵等发酵工艺新技术;由小型沼气池逐步向发酵罐、大中型集中供气沼气发酵工程发展(图7.2);发酵温度采用常温(10~26 ℃)、中温(28~38 ℃)和高温(48~55 ℃),气压有低压式、恒压式等多种形式。

图 7.2　沼气工程

沼气工程在有效处理粪污的同时,还能获得大量沼气。猪粪中温(35~38 ℃),装置产气率达 1.7~2.2 m³/(m³·d);猪粪常温(18~25 ℃),装置产气率达 1.5~2.0 m³/(m³·d);猪粪低温(9~13 ℃),装置产气率达 0.2~0.3 m³/(m³·d);奶牛粪,装置产气率达 1.2~1.5 m³/(m³·d);鸡粪高温塞流工艺,装置产气率达 3.0~3.6 m³/(m³·d)。部分畜禽场沼气工程的产气水平见表 7.11。

表 7.11　部分畜禽场沼气工程的产气水平

原料种类	工艺类型	装置规模/m³	发酵温度/℃	产气率/[m³·(m³·d)⁻¹]
鸡粪	塞流式	2×160	35~50	2.4~4.0
	塞流式	100	50	3.0~3.6
	UASB + AF	200	30	1.35~2.08
	UASB	128	23~25	1.0

续表

原料种类	工艺类型	装置规模/m³	发酵温度/℃	产气率/[m³·(m³·d)⁻¹]
猪粪	USR	300	35~38	1.7~2.2
	UASB+AF	2×130	16~33	0.8~1.3
牛粪	USR	120	35	1.5

农业部于 1999 年制定了《大中型畜禽养殖场能源环境工程建设规划》,并在华南沿海、长江三角洲特别是环太湖、环渤海湾等规模化畜禽养殖集中地区,组织实施了大中型沼气示范工程,2000 年至 2002 年共投资 5 400 万元,新建沼气工程 260 处,现全国已有畜禽粪便处理沼气工程 1 500 多处。目前,采用沼气工程治理畜禽粪便的基本上都是大中型畜禽场,一般养猪场饲养规模在 5 000 头以上,奶牛场规模在 100 头以上,鸡场规模在 20 000 羽以上。这些沼气站主要集中于经济发达的近郊和农场局所属的国有农场。

项目小结

规模化养殖的快速发展造成畜禽养殖废弃物产生量突增。通过了解畜禽场产生的主要原因,提出要加强从以下方面加强畜禽场环境卫生监控:①生物因素:饲料、养殖密度、微生物、蚊蝇鼠虫、天敌等。②非生物因素:屋舍建筑、光、温、湿、氨、粉尘、噪声……监测和控制,加强养殖场环境的综合管理。③通过信息技术、生物技术、环境生态技术来改善养殖场环境,实现畜禽的健康养殖。④场址合理、环境舒适、饲料安全、预防病害、谨慎消毒、善待动物、控制污染、评估检测。

小常识

无抗养殖新技术

一、抗生素的毒副作用

抗生素都有一定的毒副作用,如超标使用能带来严重后果,如链霉素对人听神经的损伤,氯霉素引起再生障碍性贫血,喹诺酮类引起肝肾、胎儿的损害,硝基呋喃类、氨基苷类、先锋霉素(头孢菌素)、万古霉素引起肾损害,磺胺类引起出血、溶血性贫血、粒细胞缺乏、血小板减少等。

二、抗生素残留的危害

①导致"双重"或"多重"感染;

②降低动物免疫力;

③导致细菌的耐药性;

④催生"超级细菌"。

2009年美国《抗微生物药物及化疗》杂志，首次报道携带NDM-1超强耐药基因的"超级细菌"。NDM-1是新德里金属β-内酰胺酶-1的英文缩写。这种蛋白酶非常强大，能"破解"抗菌药的活性"密码"，使细菌产生抗药性，引发NDM-1肠道菌感染症。NDM-1"超级细菌"对临床常用的抗生素均耐药，仅对多粘霉素和替加环素敏感。"超级细菌"主要包括大肠杆菌、肺炎克雷伯氏菌、鲍曼不动杆菌、粪肠球菌等。"超级细菌"在印度、英国、巴基斯坦、美国、比利时、德国、日本、澳大利亚等10多个国家发现。我国在2012年发现3株NDM-1阳性细菌。

2015年英国《柳叶刀》杂志报道，在我国猪、禽和人发现MCR-1"超级细菌"，能产生"超广谱β-内酰胺酶"（ESBL），对青霉素、头孢类、四环素类、氟喹诺酮和磺胺类均耐药，并对被视为抗生素"最后一道防线"的多粘霉素表现出强耐药性。此后德国、泰国、西班牙、越南等30多个国家发现此类细菌。2016年美国疾控中心也发现首例非输入性MCR-1的大肠杆菌。

所谓"超级细菌"学术上被称为泛耐菌。除上述外，其他的泛耐菌包括耐甲氧西林金黄色葡萄球菌（MRSA）、耐万古霉素肠球菌、耐碳青霉烯类肠杆菌科细菌、多耐铜绿假单胞菌、产ESBL肠杆菌科细菌等。

⑤增加环保压力，养殖场处理粪污成本增加。

三、解决方案

1. 研发新抗生素

研发新抗生素是最大的期盼，但存在诸多困难，总是跟不上耐药的速度。据报道，近30年来算得上新抗生素的可能仅有两种：一种是2004年上市的替加环素，是第一个甘氨酰环素类抗生素，它既可维持四环素类的作用，又能对抗其耐药机制，同时对MRSA也有活性，但适应证有限。另一种是泰斯巴汀，于2015年初在《自然》杂志发布，能有效抗G+杆菌及杀灭MRSA或结核分枝杆菌，目前未发现抗药细菌。

2. 研发酶抑制剂

使用酶抑制剂克服耐药机制，恢复细菌对抗菌药的敏感性。如针对细菌产生的β-内酰胺酶，已研发出他唑巴坦、哌拉西林、舒巴坦、克拉维酸等抑制剂。将酶抑制剂与抗菌药联合使用，人医临床上已使用奥格门丁和替门丁等复配制剂，不但能提高抗菌活性，还能使耐药菌株恢复其敏感性。期望不久的将来其可应用于兽医治疗。

3. 寻找"替抗"产品

寻找替代抗生素的产品已成热点。目前重点是发展科学的饲料配制技术及应用生物技术改善动物的生产潜力和抗病力，降低或消除抗药性。"营养平衡的饲料是最好的兽药"。饲料中添加新型安全添加剂如益生素、酶制剂、有机酸、免疫促进剂、植物活性物质、中草药等。目前已有名目繁多的益生素制剂可供使用。酶制剂有多酶宝、速调速补、耐得酵素、营养酶、酶他富、非淀粉多糖酶等。有机酸有艾维酸DA、凯米拉胃肠益生剂、丁酸钠等；植物提取物有丝兰提取物、肠可宁、肠乐康等几十种提取物；另外益生元如寡糖（被称为"生命的浮桥"）、微藻、糖萜素等也在研究使用。2017年科技部将"中兽药现代化与绿色养殖技术研究"列为"'十三五'国家重点研发计划"，目的是要从中药和植物提取物中找出替代饲用抗生素产品。

4. 实施严格的环境控制

略。

复习思考题

简答题

1. 讨论畜牧场环境污染的原因,提出治理污染的措施。
2. 如何配制畜禽养殖的生态营养饲料?
3. 控制畜产品中重金属污染的方法有哪些?
4. 畜牧业污染防治的基本原则是什么?
5. 环境现状调查的主要内容是什么?
6. 环境质量评价的基本程序是什么?
7. 简述养殖场环境监测的主要内容。
8. 为什么要发展生态畜牧业?
9. 综述防治畜禽养殖业污染应采取的政策与对策。

【实训操作】

技能 1　畜禽场环境卫生调查与评价

一、技能目标

以本单位(或附近其他单位)畜牧场作为实习现场,对畜牧场场址选择、畜牧场建筑物布局、畜牧场环境卫生设施以及畜禽舍卫生状况等方面进行现场观察、测量和访问,运用课堂学过的理论进行综合分析,作出卫生评价报告。

二、调查内容

调查内容主要包括以下几项:

(1)牧场位置

观察和了解畜牧场周围的交通运输情况,居民点及其他工农业、企业等的距离与位置。

(2)全场地形、地质与土质

场地形状及面积大小、地势高低、坡度和风向、土质、植被等。

(3)水源

水源种类及卫生防护条件、给水方式、水质与水量是否满足需要。

（4）全场平面布局情况

①全场不同功能区的划分及其在场内位置的相互关系。

②畜禽舍的朝向及间距,排列形式。

③饲料库、饲料加工调制间、产品加工间、兽医室、贮粪池以及其他附属建筑物的位置和与畜禽舍的距离。

④运动场的位置、面积、土质及排水情况。

（5）畜禽舍卫生状况

畜禽舍类型、式样、材料结构,通风换气方式与设备,采光情况,排水系统及防潮措施,畜禽舍防寒、防热的设施及其效果,畜禽舍小气候观测结果等。

（6）畜牧场环境污染与环境保护情况

畜粪、尿处理情况,绿化状况,场界与各区域的卫生防护设施,蚊蝇孳生情况及其他卫生状况等。

（7）其他

畜禽传染病、地方病、慢性中毒性疾病等发病情况。

三、实训安排

学生分成若干小组,按上述内容进行观察、测量和访问,并参考下表进行记录,最后综合分析,作出卫生评价结论。结论的内容应从畜牧场场址选择、建筑物布局、畜禽舍建筑、牧场环境卫生四个方面,分别指出其优点、缺点,并提出今后改进意见。结论文字力求简明扼要。

四、实训作业

从以下几种调查内容中,选取适合的部分进行调查后填写。

肉羊标准化示范场评分标准

申请验收单位：	验收时间： 年 月 日	
必备条件 （任一项不 符合不得 验收）	1. 场址不得位于《中华人民共和国畜牧法》明令禁止区域,并符合相关法律法规及区域内土地使用规划	可以验收□ 不予验收□
	2. 具备县级以上畜牧兽医部门颁发的《动物防疫条件合格证》,两年内无重大疫病和产品质量安全事件发生	
	3. 具有县级以上畜牧兽医行政主管部门备案登记证明;按照农业部《畜禽标识和养殖档案管理办法》要求,建立养殖档案	
	4. 农区存栏能繁母羊 250 只以上,或年出栏肉羊 500 只以上的养殖场;牧区存栏能繁母羊 400 只以上,或年出栏肉羊 1 000 只以上的养殖场。	

续表

验收项目	考核内容	考核具体内容及评分标准	满分	最后得分	扣分原因
一、选址与布局(20分)	(一)选址(4分)	距离生活饮用水源地、居民区和主要交通干线、其他畜禽养殖场及畜禽屠宰加工场、交易场所500米以上,得2分,否则不得分	2		
		地势较高,排水良好,通风干燥,向阳透光得2分,否则不得分	2		
	(二)基础设施(5分)	水源稳定、水质良好,得1分;有贮存、净化设施,得1分,否则不得分	2		
		电力供应充足,得2分,否则不得分	2		
		交通便利,机动车可通达得1分,否则不得分	1		
	(三)场区布局(8分)	农区、场区与外界隔离,得2分,否则不得分。牧区牧场边界清晰,有隔离设施,得2分,否则不得分	2		
		农区、场区内生活区、生产区及粪污处理区分开得3分,部分分开得1分,否则不得分。牧区生活建筑、草料贮存场所、圈舍和粪污堆积区按照顺风向布置,并有固定设施分离,得3分,否则不得分	3		
		农区生产区母羊舍、羔羊舍、育成舍、育肥舍分开得2分,有与各个羊舍相应的运动场得1分。牧区母羊舍、接羔舍、羔羊舍分开,且布局合理,得3分,用围栏设施作羊舍的减1分	3		
	(四)净道和污道(3分)	农区净道、污道严格分开,得3分;有净道、污道,但没有完全分开,得2分,完全没有净道、污道,不得分。牧区有放牧专用牧道,得3分	3		
二、设施与设备(28分)	(一)羊舍(3分)	密闭式、半开放式、开放式羊舍得3分,简易羊舍或棚圈得2分,否则不得分	3		
	(二)饲养密度(2分)	农区羊舍内饲养密度≥1 m²/只,得2分;0.5 m²≤饲养密度<1 m²/只得1分;饲养密度<0.5 m²/只不得分。牧区符合核定载畜量的得2分,超载酌情扣分	2		
	(三)消毒设施(3分)	场区门口有消毒池,得1分;羊舍(棚圈)内有消毒器材或设施得1分	2		
		有专用药浴设备,得1分,没有不得分	1		

续表

验收项目	考核内容	考核具体内容及评分标准	满分	最后得分	扣分原因
二、设施与设备(28分)	(四)养殖设备(16分)	农区羊舍内有专用饲槽,得2分;运动场有补饲槽,得1分。牧区有补饲草料的专用场所,防风、干净,得3分,否则不得分	3		
		农区保温及通风降温设施良好,得3分,否则适当减分。牧区羊舍有保温设施、放牧场有遮阳避暑设施(包括天然和人工设施),得3分,否则适当减分	3		
		有配套饲草料加工机具得3分,有简单饲草料加工机具的得2分;有饲料库得1分,没有则不得分	4		
		农区羊舍或运动场有自动饮水器,得2分,仅设饮水槽减1分,没有则不得分。牧区羊舍和放牧场有独立的饮水井和饮水槽得2分,没有则不得分	2		
		农区有与养殖规模相适应的青贮设施及设备得3分;有干草棚得1分,没有则不得分。牧区有与养殖规模相适应的贮草棚或封闭的贮草场地得4分,没有则不得分	4		
	(五)辅助设施(4分)	农区有更衣及消毒室,得2分,没有则不得分。牧区有抓羊过道和称重小型磅秤得2分,没有则不得分	2		
		有兽医及药品、疫苗存放室,得2分;无兽医室但有药品、疫苗储藏设备的得1分,没有则不得分	2		
三、管理及防疫(45分)	(一)管理制度(4分)	有生产管理、投入品使用等管理制度,并上墙,执行良好得2分,没有则不得分	2		
		有防疫消毒制度,得2分,没有则不得分	2		
	(二)操作规程(5分)	有科学的配种方案,得1分;有明确的畜群周转计划,得1分;有合理的分阶段饲养、集中育肥饲养工艺方案,得1分,没有则不得分	3		
		制订了科学合理的免疫程序,得2分,没有则不得分	2		
	(三)饲草与饲料(4分)	农区有自有粗饲料地或与当地农户有购销秸秆合同协议,得4分,否则不得分。牧区实行划区轮牧制度或季节性休牧制度,或有专门的饲草料基地,得4分,否则不得分	4		
	(四)生产记录与档案管理(15分)	有引羊时的动物检疫合格证明,并记录品种、来源、数量、月龄等情况,记录完整得4分,不完整适当扣分,没有则不得分	4		
		有完整的生产记录,包括配种记录、接羔记录、生长发育记录和羊群周转记录等。记录完整得4分,不完整适当扣分,没有则不得分	4		

续表

验收项目	考核内容	考核具体内容及评分标准	满分	最后得分	扣分原因
三、管理及防疫（45分）	（四）生产记录与档案管理（15分）	有饲料、兽药使用记录，包括使用对象、使用时间和用量记录，记录完整得3分，不完整适当扣分，没有则不得分	3		
		有完整的免疫、消毒记录，记录完整得3分，不完整适当扣分，没有则不得分	3		
		保存有2年以上或建场以来的各项生产记录，专柜保存或采用计算机保存得1分，没有则不得分	1		
	（五）专业技术人员（2分）	有1名以上经过畜牧兽医专业知识培训的技术人员，持证上岗，得2分，没有则不得分	2		
四、环保要求（12分）	（一）粪污处理（5分）	有固定的羊粪储存、堆放设施和场所，储存场所要有防雨、防溢流措施。满分为3分，有不足之处适当扣分	3		
		农区粪污采用发酵或其他方式处理，作为有机肥利用或销往有机肥厂，得2分。牧区采用农牧结合良性循环措施，得2分，有不足之处适当扣分	2		
	（二）病死羊处理（5分）	配备焚尸炉或化尸池等病死羊无害化处理设施，得3分，否则不得分	3		
		病死羊采用深埋或焚烧等方式处理，记录完整，得2分，否则不得分	2		
	（三）环境卫生（2分）	垃圾集中堆放，位置合理，整体环境卫生良好，得2分，否则不得分	2		
五、生产技术水平（10分）	（一）生产水平（8分）	农区繁殖成活率90%或羔羊成活率95%以上，牧区繁殖成活率85%或羔羊成活率90%以上，得4分，不足的适当扣分	4		
		农区商品育肥羊年出栏率180%以上，牧区商品育肥羊年出栏率150%以上，得4分，不足的适当扣分	4		
	（二）技术水平（2分）	采用人工授精技术得2分，没有则不得分	2		
合　计			100		

畜禽养殖场环境监察记录

时间	年　　月　　日　　时　　分　至　　时　　分		
地点			
检查人及执法证号		记录人	
被检查单位名称		组织机构代码证号	
法定代表人		身份证号	
现场负责人	年龄	身份证号	
工作单位	职务	与本案关系	
地址	电话	邮政编码	
其他参加人姓名及工作单位（地址）			

　　我们是环境保护（厅、局）环境监察（总队、支队、大队）的行政执法人员，这是我们的执法证件，请过目确认。今天我们依法进行检查并了解有关情况，需要你配合调查，并如实回答询问和提供材料，拒绝、阻碍、隐瞒或者提供虚假情况，将承担相应的法律责任。如果你认为我们与本案有利害关系，可能影响公正执法，可以申请我们回避，并说明理由（暗查等无法告知的情形除外）。

一、畜禽养殖场基本情况

　　该养殖场位于（县、区、市）（乡、镇），场址建于（坝区□半山区□山区□湖库区□）。采用（圈养□散养□其他□），环评及批复要求的常年存栏（猪□肉牛□奶牛□鸡□鸭□鹅□）（只、羽），卫生防护距离为＿＿＿m；实际常年存栏（猪□肉牛□奶牛□鸡□鸭□鹅（）（头□只□羽□），卫生防护距离为＿＿＿m。

二、选址合理性

　　项目是否建于禁养区内（是□否□），（生活饮用水源保护区□风景名胜区□自然保护区的核心及缓冲区□城市和城镇中居民区□文化科研区□医疗区□各级人民政府依法划定的禁养区□）。

　　项目是否建于环境敏感区内（是□否□），（自然保护区□风景名胜区□世界文化和自然遗产地□饮用水源保护区富营养化水域□人居住区□医疗卫生□文化教育□科研□行政办公为主要功能区□）。

三、同时制度执行情况

　　项目建设时间＿＿＿，项目建成时间＿＿＿，是否做过环境影响评价（是□否□），编制类型（报告书□、报告表□、登记表□），编制单位及时间＿＿＿，是否降低等级做环评（是□否□）；环评审批单位，审批时间，审批文号，环评是否越级审批（是□否□）；环评要求的养殖规模为＿＿＿，地点＿＿＿，养殖模式为＿＿＿，实际养殖规模为＿＿＿，地点＿＿＿，养殖模式为＿＿＿，养殖规模＿＿＿、地点＿＿＿、养殖模式是否与环评批复一致（是□否□）。是否通过竣工环保验收（是□否□），验收时间＿＿＿，验收单位＿＿＿，审批文号＿＿＿。

续表

四、污染治理设施建设及运行情况
（一）环评要求建设的污水处理设施是_____，实际建成的是_____，是否与环评要求一致（是□否□），环评中处理污水量是_____ m³/d，实际处理量为_____ m³/d，是否与环评要求一致（是□否□），污水处理设施是否正常运行（是□否□）。近期外排污水监测指标和数据是否超标（是□否□），超标因子为_____，超标监测值为_____；环评要求建设的废气处理设施是_____，实际建成的是_____，是否与环评要求一致（是□否□），废气处理设施是否正常运行（是□否□）。近期外排废气监测指标和数据是否超标（是□否□），超标因子为_____，超标监测值为_____；环评要求的降噪措施是_____，实际采取的降噪措施是_____，是否与环评要求一致（是□否□）；环评要求建设的固体废物处理设施是_____，实际建成的是_____，是否与环评要求一致（是□否□），环评中固体废物处理量是_____ t/年，实际处理量为_____ t/年，是否与环评要求一致（是□否□），固体废物处理设施是否正常运行（是□否□）。畜禽废弃物还田的是否经无害化处理（是□否□）。 （二）养殖场场区是否采取清污分流措施（是□否□），是否采取干湿分离措施（是□否□）。排放口是否符合规范化建设要求（是□否□）。

五、是否编制水污染事故应急预案（是□否□）。

六、畜禽废弃物贮存场所（是□否□）采取（防渗漏□防溢流□防雨水淋湿□防恶臭□）等措施；是否采取除恶臭措施（是□否□）。

七、检查时发现的问题

八、监察要求

说明：

畜禽养殖场：《畜禽养殖污染防治管理办法》第十九条规定的标准，是指常年存栏量为500头以上的猪、3万羽以上的鸡和100头以上的牛的畜禽养殖场，以及达到规定规模标准的其他类型的畜禽养殖场。

《建设项目环境影响评价分类管理名录》规定：猪常年存栏量3 000头以上；肉牛常年存栏量600头以上；奶牛常年存栏500头以上；家禽常年存栏量10万只以上；涉及环境敏感区的养殖场，应编制环境影响评价报告书。其他规模的养殖场应编制环境影响评价报告表。

被检查对象意见		年 月 日
现场负责人签名		年 月 日
检查人签名		年 月 日
记录人签名		年 月 日
参加人签名		年 月 日

备注：以上检查笔录已复印交付被查单位和相关环保部门，以便对照整改落实。

畜禽养殖业环境状况现场调查用表

一、养殖场基本信息							
调查时间							
养殖单位名称							
养殖类型	①规模化养殖场□②养殖小区□③养殖专业户□④养殖密集区□						
地址							
负责人/户主				联系电话			
养殖场面积	①场区占地面积						
	②栏舍面积						
	③废弃物消纳土地类型及面积						
GPS定位坐标	北纬:			东经:			
管理手续	①组织机构代码证□②工商执照□③动物防疫条件合格证□④环评批复□⑤环保验收□						
二、养殖概况							
固定资产(元)				养殖成本(元)			
畜禽种类	生猪	奶牛	肉牛	蛋鸡	肉鸡	鸭	鹅
存栏量(头、羽)							
年出栏量(头、羽)		—		—			
饲养周期(天)							
三、污染处理处置情况							
是否雨污分流							
清粪方式	①干清□②水冲□③水泡□④垫草垫料□						
养殖废弃物年产量	粪便产生量(t)						
	污水产生量(t)						
固体废物处理	是否进行干湿分离						
	是否有固体废弃物处理设施						
	年设计处理量(t)						
污水处理	是否有污水处理设施						
	年设计污水处理量(t)						
	执行标准类型、排污是否达标						
	处理后污水排放去向						
治污设施建设资金(元)							
治污设施年运行费用(元)							

固体废弃物治理工艺流程及简单介绍：

(1)粪便存储方式

1)粪便露天堆放

①防渗□②未防渗□

2)进粪便堆放场存放,堆放场面积(　)m² 或容积(　)m³

①防雨防渗□②防雨未防渗□③防渗未防雨□

(2)粪便利用方式

①粪便直接上地□②粪便简单堆肥上地□③粪便生产有机肥□④粪便扔入河套/山谷□

(3)运输方式

①养殖场负责送出□②农户自己拉走□③有机肥厂拉走□

污水处理工艺(工艺流程、各处理单元设计参数及运行参数)及简单介绍：

(1)污水/尿液处理方式

1)直接排放

①进入河道□②进入土地□

2)进渗井/土坑,渗井/土坑容积(　)m³

①防雨防渗□②防雨未防渗□③防渗未防雨□

3)进鱼塘,鱼塘(　)亩

①防渗□②未防渗□

4)进污水/尿液储存池,污水/尿液储存池容积(　)m³

储存池内废水如何进入土地消纳：

①管道□②运输车□③农户拉走□

(2)沼气系统

1)是否有沼气池,若有,沼气池容积(　)m³

2)是否有沼液储存池,若有,沼液储存池容积(　)m³

3)沼气池出来后的沼液如何进入土地消纳

①管道□②沼液运输车□③农户拉走□

(3)是否有好氧系统

①有□②无□

病死畜禽尸体处理设施及运转情况简单介绍：

技能 2　畜牧场的环境卫生调查及设计图的绘制

一、技能目标

通过对畜牧场进行现场观察和测量,全面了解畜牧场环境卫生调查的基本内容与方法,具备综合分析能力,评价环境卫生的能力,并能初步设计拟建畜牧场及畜舍的图纸。

二、技能准备

①仪器工具　图板(固定图纸的工具)、丁字尺、三角板、绘图仪(圆规)、比例尺、绘图纸、橡皮、铅笔、刀片等。

②实训场所　以本校(或附近其他单位)畜牧场作为实习现场。

三、实训内容

1)环境卫生调查和评价

在任课老师或畜牧场技术人员的带领下,了解牧场实际的生产工艺流程,参观畜牧场的各种建筑物和生产设施,通过现场参观、测量和访问,掌握以下内容:

（1）牧场位置

观察和了解畜牧场周围的交通运输情况,居民点及其他工农业等的距离与位置。

（2）地形、地势与土质

场地形状及面积大小,地势高低,坡度和坡向,土质、植被等。

（3）水源

水源种类及卫生防护条件,给水方式,水质与水量是否满足需要。

（4）平面布局情况

①全场不同功能地区的划分及其在场内位置的相互关系。

②畜舍的朝向及距离,排列形式。

③饲料库、饲料加工调制间、产品加工间、兽医室、贮粪池以及附属建筑物的位置和与畜舍的距离。

④运动场的位置、面积、土质和排水情况。

⑤畜舍卫生状况。畜舍类型、式样、材料结构,通风换气方式与设备,采光情况,排水系统及防潮措施,畜舍防寒、防热的设施及其效果,畜舍小气候观测结果等。

⑥畜牧场环境污染与环境保护情况。畜粪尿、污水处理情况,场内排水设施及污水排放情况,绿化状况,场界与场内各区域的卫生防护设施,蚊蝇孳生情况及其他卫生状况等。

⑦其他。家畜传染病、地方病、慢性中毒性疾病等发病情况。

⑧环境评价。将收集到的历史数据和实测数据加以筛选，进行分析处理。并以此为线索，建立模式，探求环境质量形成、变化和发展规律，最后分析和对比各种资料、数据和初步成果，得出评价结论，制定污染防治管理办法及对策。

环境调查报告书是整个工作的总结和概括，文字应准确、简洁，并尽量采用图表和照片，论点明确有利于阅读和审查。

2）畜舍建筑物的测量

学生分成小组，按上述内容进行观察、测量和访问，并进行记录。

3）畜舍设计图的绘制

根据实际测量结果绘制养殖场设计图。

（1）确定绘制图样的数量

根据畜舍的外形和内部构造，绘制养殖场总平面图及畜舍平面图、立面图、剖面图。

（2）徒手绘制草图

根据工艺设计要求和实际情况及条件，徒手绘成草图。绘制草图虽不按比例，不使用绘图工具，但图样内容和尺寸应力求详尽，细到局部（如一间、一栏）。根据草图再绘成正式图纸。

（3）选择适当的比例

考虑图样的复杂程度及其作用，以能清晰表达其主要内容为原则来决定所用比例。

（4）合理进行图纸布局

每张图纸要根据需要绘制的内容、实际尺寸和所选用的比例，并考虑图名、尺寸线、文字说明、图标等的位置，计划和安排这些内容所占图纸的大小及其在图纸上的位置。要做到每张图纸上的内容主次分明，排列均匀、紧凑、整齐；尽量使关系密切的图样集中在一张图纸上，以便对照查阅。一般应把比例相同的一栋房舍的平、立、剖面图绘在同一张图纸上，畜舍尺寸较大时，也可在顺序相连的几张图纸上绘制。布置好计划内容之后，就可确定所需图幅大小。

（5）绘制图样

绘图时一般是先绘平面图，再绘剖面图。这样可根据投影关系，由平面图引线确定正、背立面图，再由正、背立面图引线确定侧立面图各部的高度，再按平、剖面图上的跨度方向尺寸，绘出侧立面图。

为了使图样绘制准确、整洁，提高制图速度，各种图样均应按以下步骤进行绘制。

①绘控制线　按图面布置计划，留出标注尺寸、代号和文字说明等位置，在适当的位置上用较硬的铅笔，按所定比例和实际尺寸先定位轴线、墙柱轮廓线、室内外地平线和房顶轮廓线（剖面和立面）、其他主要构造的轮廓线（台阶、坡道、雨罩、阳台等）。

②绘门窗及其他细部　按设计尺寸用较硬铅笔轻淡地绘出门窗位置和尺寸，然后绘出舍内各种设施和设备的位置和尺寸。

③加深图线　以上两步是打底稿工作，完成之后需进行仔细检查，确认无误后，擦去不

需要的线条,再按制图标准规定的线型用较软的铅笔(HB 或 B)或绘图笔、直线笔,分别加深加粗各图线或上墨线。上墨线时,特别注意图中粗细相同的线型应同时画,并由细到粗,画完一种线型再画另一种,而且画每种线型时,还应由上到下、自左到右依次画,切忌不按顺序画,这样不仅容易用错线型,而且往往在画过后的墨线未干时就被擦而弄脏图画。在图线加深加粗之后,应按轮廓清楚、线型正确、粗细分明的要求,仔细检查一遍。

④标注尺寸和文字　各种图样中的尺寸要表示出各部分的准确位置,并执行制图标准中有关尺寸标注的规定。

总平面图中至少应标注两道尺寸,外边一道是总长度或总宽度,里面一道是畜舍建筑物、构筑物的长度或宽度,以及建筑物、构筑物之间的距离,尺寸数字一律以"m"为单位。

畜舍建筑平面图中,外墙尺寸应标注三道,最外一道是外轮廓的总长度或总宽度,中间一道是轴线间尺寸,最后一道标注门窗洞口尺长、墙厚或外墙其他构件的尺寸。注字以"m"为单位。

剖面图的长、宽尺长注法与平面图相同,但还应标注各部分的高度尺寸,至少应标明室内地平、窗台、门窗上缘、吊顶或柁(梁)下高度等尺寸,注法同平面图。

立面图中只标注标高符号和标高,标高符号在平面图和剖面图也应标明 ±0.000 所在位置。

⑤其他标注各图中还应注写各畜舍(间)名称、设备或设施名称、门窗编号、轴线编号、详细索引、必要的文字说明及图名、比例等。

四、实训作业

1. 根据调查情况写一份环境调查报告书。
2. 每个学生绘制一套标准的某畜舍平、立、剖面图。

技能 3 　猪场粪污处理设备、工艺操作实践、关键点

一、实训目的

培养环保意识,能够识别粪污处理设备并使用,熟悉目前行业可行的粪污处理工艺。

二、实训内容

认识粪污处理设备:堆肥处理相关设备、干湿分离机、发酵床、养殖废水处理设备(格栅、氧化塘、曝气池等),掌握发酵床、污水处理工艺。

三、实训依据

依据本年级畜牧兽医专业人才培养方案而制订。

四、实训准备

1)畜禽固体粪污堆肥和制肥设备

现代化堆肥厂采用的各种各样的发酵装置和堆肥系统都有共同的特征,就是以工艺要求为出发点,使发酵设备具有改善、促进微生物新陈代谢的功能,最终达到缩短发酵周期,提高发酵速率、提高生产效率、实现机械化大生产的目的,达到所要求的堆肥产品的质量标准。

经过处理后的畜禽粪便被送到发酵设备,发酵过程控制在适当的条件下,畜禽粪便完全发酵腐熟后物料达到无害化的结果。通过后续处理设备对堆肥作更细致的筛除,除去杂质。必要时可采用烘干造粒,或添加化肥,制成高效复合肥等深度加工处理设备。后处理和制肥的工艺流程见图8.1。在这一过程中需要采用大量的通用设备和非标设备,下面简要介绍在堆放和制肥过程中涉及的各种机械设备和装置。

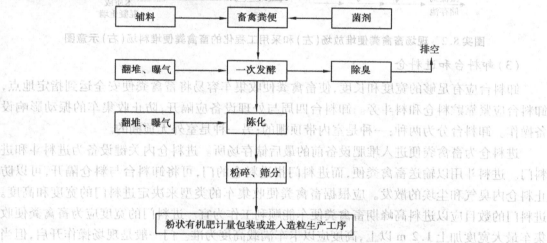

图实8.1 堆肥发酵工艺流程图

2)前处理相关设备

畜禽粪便的前处理系统包括进料和供料系统、贮存系统、混合搅拌系统和输送系统等组成。进料和供料系统是由地磅秤、贮料仓、进料斗以及起重机等组成。畜禽粪便收集车通过进口、出口车道驶入卸料台或暂时站台,将畜禽粪便卸入储存池或进料斗中。畜禽粪便堆放场或储存池都是暂时用来贮放畜禽粪便的。通过起重机械将畜禽粪便从贮料仓中运到料斗中(如可能,应实施畜禽粪便的分类收集)。前处理涉及应用的设备如下:

(1)地磅秤

设置地磅秤的目的是对畜禽粪便收集车运进的畜禽粪便进行称量。安装磅秤是用来控制进入设备的畜禽粪便量、运出的堆肥量以及可回收的有价值的物料、残余物等。

堆肥处理厂畜禽粪便进料系统可分为直接进料系统与间接进料系统两类。前者,畜禽粪便不经过贮料仓而直接从堆肥场送到处理设备;后者则需先经过卸料台、进料门送入贮料仓(池或坑),然后再用各类起重设备门吊入进料斗中,再经输送机送往处理设备。

(2)堆料场

直接进料系统需设置堆料场,堆料场要有适当的大小,能使畜禽粪便收集车自由地从中通过,并应有足够的强度来承受畜禽粪便收集车的质量,同时堆料场应使得在进料的高峰时期容许暂时存放畜禽粪便。此时,堆料场也应安装顶棚,防止风雨侵蚀,还应配有照明和通风装置(图实8.2)。

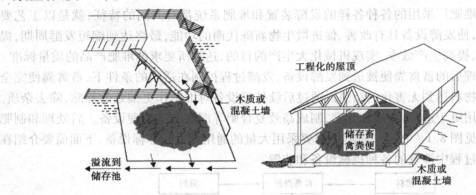

图实8.2 现场畜禽粪便堆放场(左)和采用工程化的畜禽粪便堆料场(右)示意图

(3)卸料台和进料仓

卸料台应有足够的宽度和长度,使畜禽粪便收集车容易将畜禽粪便安全运到指定地点,卸料台应紧靠贮料仓和料斗旁。卸料台四周与处理设备应隔开,防止收集车的振动影响设备操作。卸料台分为两种:一种是室内带顶棚的;另一种是室外无顶棚的。

进料仓为畜禽粪便进入堆肥设备前的最后储存场所。进料仓内关键设备为进料斗和进料门。进料斗用以输送畜禽粪便,而进料门指进料仓的门,可将卸料台与料仓隔开,可以防止料仓内臭气和尘埃的散发。应根据畜禽粪便收集车的类型来决定进料门的宽度和高度。进料门的数目应以进料高峰期畜禽粪便车能顺利工作为宜。进料门的宽度应为畜禽粪便收集车最大宽度加上1.2 m以上,高度应以卡车满载高度为准。门一般是现场操作开启,但当卸料车辆很多时,要求安装全自动开启系统,从控制室进行遥控或现场操纵。

(4)储存塘或储存池

储存塘是用来贮放在两个施肥(灌溉)季节之间产生的畜禽粪便,在有氧化塘处理设施的情况下,用来调节进入处理系统的畜禽粪便处理量。储存塘的容量应根据计划收集进入堆肥厂的畜禽粪便量、设备的操作计划、日收集畜禽粪便和降雨等情况的变化量因素来决定(图实8.3)。

(5)装载机械

由畜禽粪便堆料场或贮料仓(池)向进料斗、给料机或其他输送皮带上供料的设备和机械类型较多,常用的有起重吊车、回转式装载机、液压式铲车、抓斗装载机等。起重机械大致可分为轻小型起重设备、桥式类型起重机、臂架式类型起重机及升降机等。在堆肥厂常采用桥式抓斗起重机、龙门抓斗起重机。回转式装载机既可以在畜禽粪便堆放场使用,也可以在贮料仓池中使用,它可以使用在较大的畜禽粪便处理厂。液压式铲车适合于堆料场内工作,它可以将物料直接送到平板给料机或料斗内,装卸灵活,使用方便,在小型堆肥厂采用较广泛,铲斗容积一般为 $1.5 \sim 3 \ \mathrm{m}^3$。抓斗装载机转动灵活,视野宽广,适于在堆场内工作,用蟹爪耙将畜禽粪便不断地运到料斗内或运输机上。直接进入预处理设备。

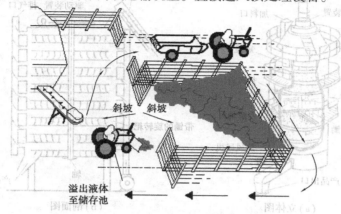

斜坡　斜坡

溢出液体
至储存池

图实 8.3　地上式畜禽粪便储存池

(6)运输机械

连续输送机是运输设备的一大类,它是一种把散粒物料或成件物品沿着给定的工艺路线连续不断地从装载端运到卸载端的机械设备。堆肥厂常用的运输传动装置(包括起重机械)主要有链板式输送机、皮带输送机、斗式提升机、螺旋输送机等。

3)发酵设备

堆肥发酵装置种类繁多,除了结构形式不同外,主要差别在于搅拌发酵物料的翻堆机械不同,大多数翻堆机械兼有运送物料的作用。下面侧重介绍几种常用的发酵设备。

(1)翻堆机发酵池

这种形式的翻堆机可以根据发酵工艺的需要,定期对物料进行翻动、搅拌混合、破碎、输送物料。这种翻堆机由两大部分组成:大车行走装置及小车旋转桨装置。搅拌桨叶依附于移动行走装置而随之移动。

小车及大车带动旋转桨在发酵仓内不停地翻动,翻堆机的纵横移动把物料定期向出料端移动。由于搅拌可遍及整个发酵池,故可将池设计得很宽,具有较大的处理能力。

发酵时间为 $7 \sim 10$ 天,翻堆次数为一天一次。根据物料的情况可改变翻堆的次数。

(2)多段竖炉式发酵塔

多段竖炉式发酵塔是立式多段发酵设备之一,是指整个立式设备被水平分隔成多段(层)。图实 8.4 是其中一种形式的示意图。

从仓顶加入的物料,在最上段靠内拨旋转搅拌耙子的作用,使物料边搅拌边向中心移动。然后物料从中央落下口下落到第二段;在第二段的物料则靠外拨旋转搅拌耙子的作用从中心向外移动,使物料从周边的落下口下落到第三段,以此类推。即单数段内拨自中央落下口下落,双数段外搅自周边下落口下落,可从各段之间强制鼓风送气,也可不设强制通风设备而靠排气管的抽力自然通风。塔内温度分布为上层到下层逐渐升高。前二、三段主要是物料受热到中温阶段,嗜温菌起主要作用。第四、五段后已进入高温发酵阶段,嗜热菌起主要作用。通常全塔分八段。塔内每段上堆料可被搅拌器耙成垄沟形,可增加表面积,提高通风供氧效果,可促进微生物氧化分解活动。

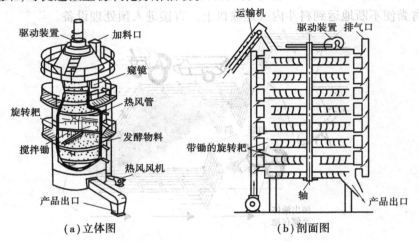

(a)立体图　　　　　　(b)剖面图

图实 8.4　多段竖炉式发酵塔

这种发酵仓的优点在于搅拌很充分,但旋转轴扭矩大,设备费用和动力费用都比较高。

(3)筒仓式发酵仓

筒仓式发酵仓为单层圆筒状(或矩形)(图实 8.5),发酵仓深度一般为 4~5 m,大多采用钢筋混凝土结构。通常筒仓式发酵仓是一种在圆筒仓下部设置排料的装置(如螺杆出料机),用高压离心机由仓底强制通风供氧,以维持仓内堆料的好氧发酵。原料从仓顶加入,为防止下料时在仓内形成架桥起拱现象(形成穹窿),筒仓直径由上到下逐渐变大或者安装简单的消除起拱设施。筒仓式静态发酵仓结构简单、螺杆出料较方便可靠。

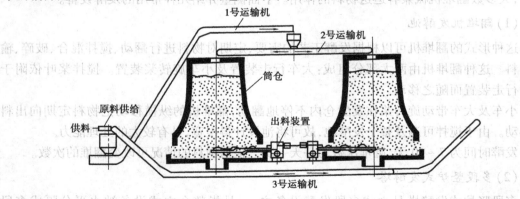

图实 8.5　筒仓式发酵仓

(4)螺旋搅拌式发酵仓

螺旋搅拌式发酵仓的示意图,如图实 8.6 所示,这也是动态式筒式发酵仓的一种形式。经预处理工序分选破碎的废物被运输机送到仓中心上方,靠设在发酵仓上部与天桥一起旋转的输送带向仓壁内侧均匀地加料,用吊装在天桥下部的多个螺丝钻头来旋转搅拌,使原料边混合边掺入到正在发酵的物料层内。

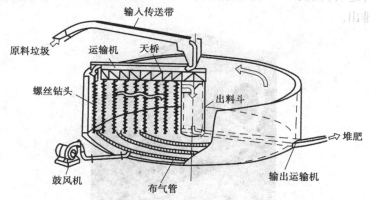

图实8.6　螺旋搅拌式发酵仓

空气由设在仓底的几圈环状布气管供给。由于靠近仓壁附近的物料水分蒸发量及氧消耗量较多,该处布气管应供给较多的空气,靠近仓中心处布气管则可供给较少的空气。即配合发酵进行深度、合理而经济的供气。

（5）水平（卧式）发酵滚筒

水平（卧式）发酵滚筒有多种形式,其中典型形式为著名的达诺式滚筒（图实8.7）。其主要优点是结构简单,可以采用较大粒度的物料,使预处理设备简单化,物料在滚筒内反复升高、跌落,同时可使物料的温度、水分均匀化,达到曝气的目的,可以完成物料预发酵的功能。

图实8.7　达诺式滚筒堆肥设备

达诺式滚筒的生产效率相当高,世界上经济发达国家常采用它与立式发酵塔组合应用,高速完成发酵任务,实现自动化大生产。

4）造粒设备

在复合肥生产工艺设备中,造粒机是较关键的设备,应用在造粒工序的造粒机有以下几种形式:滚筒式、转盘式、挤压式等,各种机型的原理及特点如下所述。

（1）滚筒式造粒机

滚筒式造粒机主要由驱动装置、滚筒、防腐内衬、支承装置及进出料箱等组成,滚筒与地面呈倾斜安装,粉体从滚筒一端送入,在滚筒转动产生的离心力和粉体自重的作用下,粉体在滚筒内做上升运动(图实8.8),从而完成颗粒的核化、成长、整粒的工艺过程,形成的颗粒由滚筒另一端排出。

图实8.8 滚筒式造粒机的结构示意图

(2)转盘式造粒机

转盘式造粒机由造粒盘、减速器、角度调整机构和驱动装置等组成。盘体与水平位置成倾斜状态,根据需要可在30°～60°调整。由于斜置造粒盘旋转,粉体在盘内被加湿并做循环运动,形成的颗粒从造粒盘边缘溢流出来排到机外,见图实8.9、图实8.10。

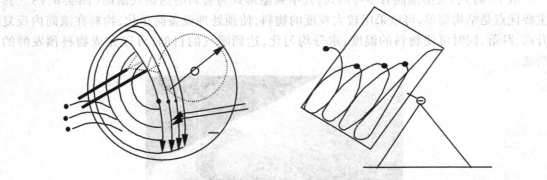

图实8.9 转盘式造粒机示意图

图实8.10 在某污水处理厂实际应用中的转盘式造粒机

上述两种造粒机与其他类型的造粒机比较具有生产率高、耗能少、运转费用低的特点,适用于生产规模较大的工厂。两种造粒机相比较,其优缺点为:

①转盘式造粒机本身有分离颗粒的能力,产品的粒度分布范围小;

②转盘式造粒机转动作用强,颗粒的球形度好;

③转盘式造粒机为开放式,操作人容易监视转盘内的造粒情况;

④转盘式造粒机要求操作人员具有熟练的操作技术;

⑤转盘式造粒机的粉尘处理较困难,而滚筒造粒机比较容易。

（3）挤压式造粒机

挤压式造粒机是将粉体从压模的模孔挤出,从而达到造粒的目的。根据从模孔挤出的结构不同,挤压式造粒机大致可分为两种,即压辊挤压式和螺旋挤压式,目前较为常用的是压辊挤压式。压辊挤压式是利用压辊的挤压力将粉体从压模孔中连续挤出的方法,根据压模的形状又可分为平模式和环模式。

压模造粒机的压模为圆板形,压模水平设置,压模上装有几个压辊,驱动压辊或压模转动,使送入压模上的粉体连续地从模孔挤出成型。挤出的长条状颗粒被切刀断成适当的长度。两种挤压式造粒机的压模应采用耐磨损、耐腐蚀,具有高硬度的特殊钢材制造,模孔的形状也应根据被加物料种类和造粒尺寸的不同而有差异,模孔的形状见图实8.11。压辊的表面加工成波纹状,以增大与物料的摩擦,材质一般用特殊钢热处理,硬度比压模稍低,以防止对压模有异常的磨损。

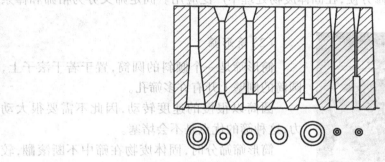

图实 8.11　模孔类型示意图

（4）压缩造粒法

较为常见的压缩造粒机的原理如图实 8.12 所示,从上方向两个同速转动着的压辊间喂料,随着压辊的转动,粉体被压缩,空隙逐渐减小,最后被压成密实的颗粒,两个压辊的间隙决定着颗粒的相对密度及强度,颗粒形状也有多种。

压缩造粒法与其他方法比较,具有如下特点:①颗粒均匀,整齐,表面光滑;②颗粒密度大;③一般情况下干燥状态的粉料就可制粒,后续工序不需烘干,不存在成分蒸发问题;④机器庞大,结构复杂;⑤生产率低;⑥粒径通常大于 3 mm,很难得到球状产品;⑦与粉体直接接触的压模易磨损。

图实 8.12　压缩造粒机

综上所述,各种造粒方式均可用于制复合肥工艺,只是各有不同的适用范围而已。转盘式造粒机特别适合小规模(年产万吨)生产,生产工艺简单,并根据当地实际要求,灵活方便地调整复合肥配比,生产出品种多样的产品。挤压式造粒机适用范围较广,可根据自动化程度的不同分别适用于各种规模的造粒。

5)筛分和包装设备

筛分是利用筛子将粒度范围较宽的颗粒群分成窄级别的作业。该分离过程可看作由物料分层和细粒透过筛子两个阶段组成。物料分层是完成分离的条件,细粒透过筛子是分离的目的。

为了使粗细物料通过筛面分离,必须使物料和筛面之间具有适当的相对运动,使筛面上的物料层处于松散状态,即按颗粒大小分层,形成粗粒位于上层,细粒位于下层的规则排列,细粒到达筛面并透过筛孔。同时物料和筛面的相对运动还可以使堵在筛孔上的颗粒脱离筛孔,以利于细粒透过筛孔。

适用于固体废物处理的筛分设备主要有固定筛、筒形筛、振动筛和摇动筛。其中用得最多的是固定筛、筒形筛、振动筛。

(1)固定筛

筛面由许多平行排列的筛条组成,可以水平安装或倾斜安装。固定筛由于构造简单、不耗用动力、设备费用低和维修方便,在固体废物处理中广泛应用。固定筛又分为格筛和棒条筛。如图实8.13。

(2)筒形筛

筒形筛是一个倾斜的圆筒,置于若干滚子上,圆筒的侧壁上开有许多筛孔。

圆筒以很慢的速度转动,因此不需要很大动力,这种筛的优点是不会堵塞。

筒形筛筛分时,固体废物在筛中不断滚翻,较小的物料颗粒最终进入筛孔筛出。

图实8.13　固定筛

(3)振动筛

振动筛的特点是振动方向与筛面垂直或近似垂直,振动次数 600 ~ 3 600 r/min,振幅 0.5 ~ 1.5 mm。物料在筛面上发生离析现象,密度大而粒度小的颗粒钻过密度小而粒度大的颗粒的空隙,进入下层到达筛面,大大有利于筛分的进行。振动筛的倾角一般在 8° ~ 40°。振动筛主要有惯性振动筛和共振筛。

筛分后的粪肥进行包装、外运。

五、实训(实验)作业

①学生根据所在的实习猪场,制作粪污处理,废水、废气处理的工艺,设备设施的PPT,并对处理方法进行评价。

②通过网络资料收集及其他同学所在猪场的咨询,请对所在猪场的废弃物资源化方式与其对比,写出异同点并评价,用PPT完成。

③每个同学进行作业汇报,老师点评。

技能4 猪场环评申报书撰写、环评备案流程、环评标准

一、实训目的

学生掌握一般小规模猪场和大规模猪场申报程序,了解环评申报书撰写基本内容,具备申报书的基本撰写能力。

二、实训内容

养殖场申报环评要求、登记流程、申报书撰写。

三、实训依据

依据本年级畜牧兽医专业人才培养方案而制订。

四、实训准备

包括理论准备、实训设备介绍等。
①环保相关法律法规解读。
②畜牧行业环保政策落实的时代政治背景。
③环评申报书案例(见附录)。

五、实训方法及步骤

①教师讲授环保相关法律法规并向学生传授建设养殖场需要通过环评的时代意义。
②以平昌温氏养户开发流程及都江堰火鸡场建设项目申报书为案例,讲授建设小型家庭农场和规模化猪场申报流程及申报书撰写注意事项。
③布置任务。
④学生汇报,老师点评并总结。

六、实训注意事项

①监督学生独立完成实训任务,防止抄袭。
②讲授内容一定要结合学生将来工作面对的实际情况及行业现状。

七、实训（实验）作业

要求学生根据所在猪场及家乡所在地需申办年出栏 1 000 头商品猪的家庭农场情况，用 PPT 做出申报猪场建设的流程及注意事项，写出环评申报书。

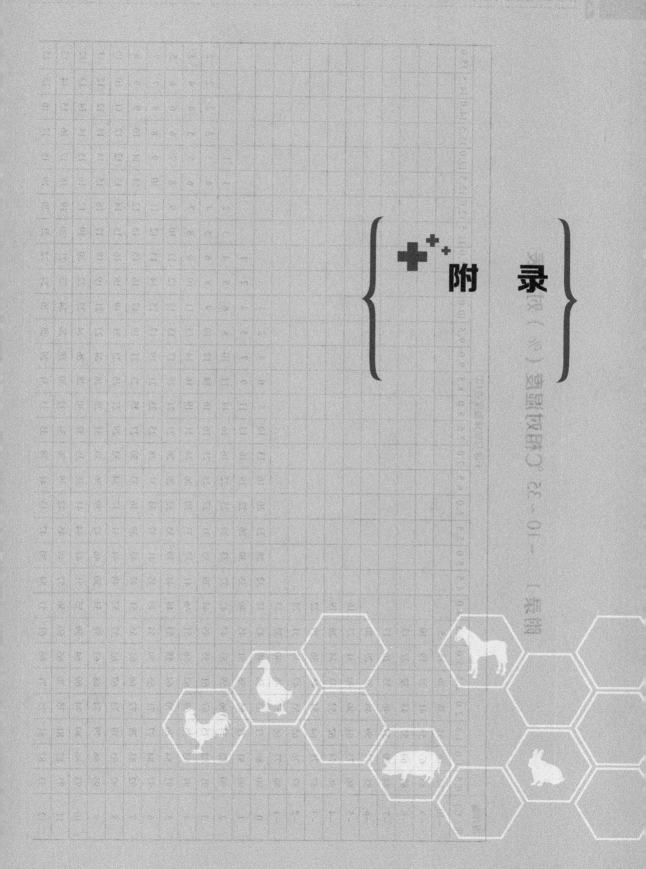

附录1 −10~35℃相对湿度（%）对照表

干球与湿球温度差（℃）

湿球温度（℃）	0.5	1.0	1.5	2.0	2.5	3.0	3.5	4.0	4.5	5.0	5.5	6.0	6.5	7.0	7.5	8.0	8.5	9.0	9.5	10.0	10.5	11.0	11.5	12.0	12.5	13.0	13.5	14.0	14.5	15.0
−10	82	66	51	38	26	15	5																							
−9	83	67	53	41	29	19	10																							
−8	84	69	55	43	32	22	13																							
−7	84	70	57	46	35	26	17																							
−6	85	72	59	48	38	29	20	16																						
−5	86	73	61	50	40	31	23	19																						
−4	86	74	62	52	43	34	26	22																						
−3	87	75	64	54	45	36	29	24																						
−2	87	76	65	55	47	38	31	27																						
−1	88	77	66	57	48	40	33																							
0	90	80	71	63	56	49	43	37	32	28	23	20	16	13	10	8	6	4	2	1										
1	90	81	72	65	58	51	45	40	35	30	26	22	19	16	13	11	9	7	5	4	2	1								
2	90	82	74	66	59	53	47	42	37	33	29	25	22	16	16	14	11	10	8	6	5	4	3	2	1	1				
3	91	82	75	67	61	55	49	44	39	35	31	27	24	21	16	16	14	12	10	9	8	6	5	4	4	3	3	2	2	2
4	91	83	75	69	62	56	51	46	41	37	33	30	26	24	21	19	16	14	13	11	10	9	8	7	6	5	5	4	4	3
5	91	84	76	70	64	58	53	48	43	39	35	32	29	26	23	21	19	17	15	13	12	11	10	9	8	7	6	6	6	5
6	92	84	77	71	65	59	54	49	45	41	37	34	31	28	25	23	21	19	17	15	14	13	12	11	10	9	8	8	7	7
7	92	85	78	72	66	61	55	51	47	43	39	36	33	30	27	25	23	21	19	17	16	15	13	12	11	11	10	9	9	8
8	92	85	79	73	67	62	57	52	48	44	41	37	34	32	29	27	25	23	21	19	18	16	15	14	13	12	12	11	10	10
9	93	86	79	74	68	63	58	54	50	46	42	39	36	33	31	28	26	24	23	21	19	18	17	16	15	14	13	12	12	11
10	93	86	80	74	69	64	59	55	51	47	44	41	38	35	32	30	28	26	24	23	22	20	19	17	16	15	14	14	13	12
11	93	87	81	75	70	65	60	56	52	49	45	42	39	36	34	32	30	28	26	24	23	21	20	19	18	17	16	15	14	13
12	93	87	81	75	71	66	61	57	54	50	47	43	41	38	35	33	31	29	28	26	24	22	21	20	19	18	17	16	15	15

全国各地区不同季节室内计算温度表　苏州

16	17	18	19	20	20	21	22	23	23	24												
16	18	19	20	20	24	24	26	26	27	28	28											
17	18	19	20	21	23	24	25	25	26	27	27	28	28	29	30							
18	19	20	21	22	23	24	25	26	26	27	28	28	29	30	30	31						
19	20	21	22	23	24	25	26	27	28	28	29	30	30	31	31	32						
20	21	22	23	24	25	26	27	28	28	29	30	31	32	32	33	33						
21	22	23	25	26	27	28	29	30	31	31	32	33	33	34	35							
22	24	25	26	27	28	29	30	31	32	33	34	34	35	35	36	37	37	38	38	39	39	
24	25	26	27	28	29	30	31	32	33	34	34	35	36	36	37	38	38	39	39	40	40	41
25	27	28	29	30	31	32	33	34	34	35	36	37	37	38	39	39	40	40	41	41	42	42
27	28	29	30	31	32	33	34	35	36	37	38	38	39	40	40	41	41	42	43	43	43	44
29	30	32	33	34	35	36	37	38	39	40	40	41	42	43	43	44	45	45	46	46	47	47	47
30	32	33	34	35	36	37	38	39	40	40	41	42	43	43	44	44	45	46	46	47	47	47
33	34	35	36	37	38	39	40	41	42	42	43	44	45	45	46	46	47	48	48	49	49	49
34	36	37	38	39	40	41	42	43	44	45	45	46	47	47	48	48	49	50	50	51	51	51
37	38	39	40	41	42	43	44	45	46	47	47	48	49	50	51	51	52	52	53	53	54	
39	40	42	43	44	45	46	47	48	49	50	50	51	52	52	53	53	54	54	55	55	56	
42	43	44	45	46	47	48	49	50	51	51	52	53	54	54	55	55	56	56	57	57	58	58
45	46	47	48	49	50	51	52	53	53	54	55	56	56	57	57	58	58	59	59	60	60	61
48	49	50	51	52	53	54	55	55	56	57	58	58	59	59	60	60	61	61	62	62	63	63
51	52	53	54	55	56	57	58	58	59	60	60	61	62	62	63	63	64	64	65	65	65	
55	56	57	58	59	59	60	61	62	63	63	64	65	65	66	66	67	67	67	68	68	68	
58	59	60	61	62	63	63	64	65	66	66	67	67	68	68	69	69	70	70	70	71	71	71
62	63	64	65	66	67	67	68	68	69	70	70	71	71	72	72	72	73	73	73	74	74	74
67	68	68	69	70	70	71	72	72	73	73	73	74	75	75	75	76	76	77	77	77	78	
71	72	73	74	74	75	75	76	76	77	77	78	78	79	79	80	80	80	81	81	81		
76	77	78	78	79	79	80	80	81	81	81	82	82	82	83	83	83	83	83	84	84	84	84
82	82	83	83	83	84	84	85	85	85	86	86	86	86	87	87	87	87	87	88	88	88	88
87	88	88	88	89	89	89	89	90	90	90	90	90	91	91	91	91	91	91	91	92	92	92
94	94	94	94	94	95	95	95	95	95	95	95	96	96	96	96	96	96	96	96			
13	14	15	16	17	18	19	20	21	22	23	24	25	26	27	28	29	30	31	32	33	34	35

附录 2 全国部分地区建筑物朝向表

地　区	最佳朝向	适宜朝向	不宜朝向
北京	南偏东 30°以内,南偏西 30°以内	南偏东 45°范围内,南偏西 45°范围内	北偏西 30°~60°
上海	南至南偏东 15°	南偏东 30°,南偏西 15°	北、西北
石家庄	南偏东 15°	南至南偏东 30°	西
太原	南偏东 15°	南偏东至东	西北
呼和浩特	南至南偏东,南至南偏西	东南、西南	北、西北
哈尔滨	南偏东 15°~20°	南至南偏东 15°,南至南偏西 15°	西、西北、北
长春	南偏东 30°,南偏西 10°	南偏东 45°,南偏西 45°	北、东北、西北
沈阳	南、南偏东 20°	南偏东至东,南偏西至西	东北东至西北西
济南	南、南偏东 10°~15°	南偏东 30°	
南京	南偏东 15°	南偏东 20°,南偏西 10°	西、东
合肥	南偏东 5°~15°	南偏东 15°,南偏西 5°	西
杭州	南偏东 10°~15°,北偏东 6°	南、南偏东 30°	北、西
福州	南、南偏东 5°~10°	南偏东 20°以内	西
郑州	南偏东 15°	南偏东 25°	西北
武汉	南偏西 15°	南偏东 15°	西、西北
长沙	南偏东 9°左右	南	西、西北
广州	南偏东 15°,南偏西 5°	南偏东 20°30′,南偏西至西	
南宁	南、南偏西 15°	南、南偏东 10°~25°,南偏西 5°	东、西
西安	南偏东 10°	南、南偏西	西、西北
银川	南至南偏东 23°	南偏东 34°,南偏西 20°	西、西北
西宁	南至南偏西 23°	南偏东 30°至南偏西 30°	北、西北
乌鲁木齐	南偏西 40°,南偏西 30°	东南、东、西	北、西北
成都	南偏东 45°至南偏西 15°	南偏东 45°至东偏西 30°	西、北
昆明	南偏东 25°~56°	东至南至西	北偏东 35°北偏西 35°
拉萨	南偏东 10°,南偏西 5°	南偏东 15°,南偏西 10°	西、北
厦门	南偏东 5°~10°	南偏东 20°30′,南偏西 10°	南偏西 25°西偏北 30°
重庆	南、南偏东 10°	南偏东 15°,南偏西 5°、北	东、西
大连	南、南偏西 10°	南偏东 15°至南偏西至西	北、西北、东北
青岛	南、南偏东 5°~15°	南偏东 15°至南偏西 15°	西、北

附录 3 常用建筑材料与建筑配件图例

序号	名 称	图 例	备 注
1	自然土壤		包括各种自然土壤
2	夯实土壤		
3	砂、灰土		靠近轮廓线绘较密的点
4	砂砾石、碎砖三合土		
5	石材		
6	毛石		
7	普通砖		包括实心砖、多孔砖、砌块等砌体。断面较窄不易绘出图例线时,可涂红
8	耐火砖		包括耐酸砖等砌体
9	空心砖		指非承重砖砌体
10	饰面砖		包括铺地砖、马赛克、陶瓷锦砖、人造大理石等
11	焦渣、矿渣		包括与水泥、石灰等混合而成的材料
12	混凝土		(1)本图例指能承重的混凝土及钢筋混凝土
13	钢筋混凝土		(2)包括各种强度等级、骨料、添加剂的混凝土 (3)在剖面图上画出钢筋时,不画图例线 (4)断面图形小,不易画出图例线时,可涂黑
14	多孔材料		包括水泥珍珠岩、沥青珍珠岩、泡沫混凝土、非承重加气混凝土、软木、蛭石制品等
15	纤维材料		包括矿棉、岩棉、玻璃棉、麻丝、木丝板、纤维板等
16	泡沫塑料材料		包括聚苯乙烯、聚乙烯、聚氨酯等多孔聚合物类材料

续表

序号	名 称	图 例	备 注
17	木材	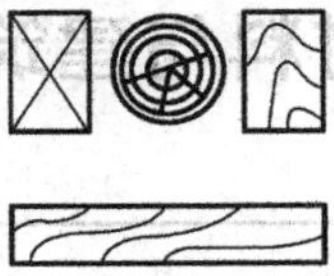	(1)上图为横断面,上左图为垫木、木砖或木龙骨 (2)下图为纵断面
18	胶合板	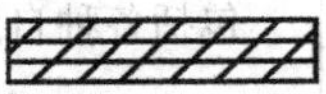	(1)应注明为×层胶合板 (2)在比例较小的图面中,可不画图例,但须注明材料
19	石膏板	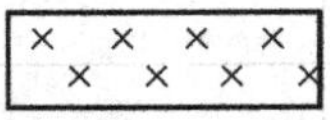	包括圆孔、方孔石膏板、防水石膏板等
20	金属	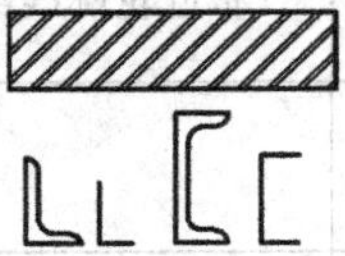	(1)包括各种金属 (2)图形小时,可涂黑
21	网状材料		(1)包括金属、塑料网状材料 (2)应注明具体材料名称
22	液体		应注明具体液体名称
23	玻璃		包括平板玻璃、磨砂玻璃、夹丝玻璃、钢化玻璃、中空玻璃、加层玻璃、镀膜玻璃等
24	橡胶		
25	塑料	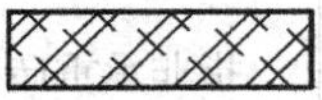	包括各种软、硬塑料及有机玻璃等
26	防水材料		构造层次多或比例大时,采用上面图例;应注明材料
27	粉刷		本图例采用较稀的点
28	毛石混凝土	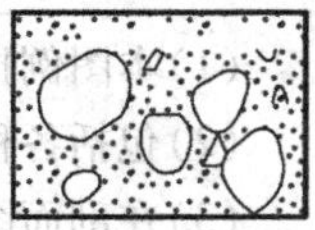	
29	新设计的建筑物	 8	(1)需要时,可用▲表示出入口,可在图形内右上角用点数或数字表示层数 (2)建筑物外形(一般以±0.00高度处的外墙定位轴线或外墙面线为准)用粗实线表示,需要时,地面以上建筑用中粗实线表示,地下以下建筑用细虚线表示

序号	名　称	图　例	备　注
30	原有的建筑物		用细实线表示
31	计划扩建的建筑物		用中粗虚线表示
32	拆除的建筑物		用细实线表示
33	道路		
34	公路桥		
35	砖石、混凝土围墙		
36	铁丝网、篱笆等		
37	河流		
38	等高线		
39	边坡		
40	风向频率玫瑰图		
41	新设计的墙		
42	墙上预留洞口		

续表

序号	名　称	图　例	备　注
43	土墙		包括土筑墙、土坯墙、三合土墙等
44	板条墙		包括钢丝网墙、苇箔墙等
45	入口坡道		
46	底层楼梯		
47	中间楼梯		
48	顶层楼梯		
49	单扇门		
50	双扇门		
51	双扇推位门		门的名称代号用 M 表示
52	单扇双面弹簧门		
53	双扇双面弹簧门		
54	单层固定窗		
55	检查孔（地面、吊顶）		
56	烟道		
57	空门洞		

序号	名　称	图　例	备　注
58	单层外开上悬窗	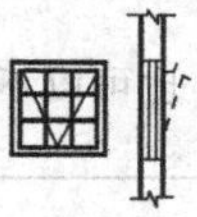	（1）立体图中的斜线，表示窗扇开关方式。单虚线表示单层内开（双虚线表示双层内开），单实线表示单层外开（双实线表示双层外开）
59	单层中悬窗	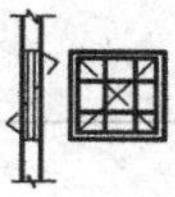	（2）平、剖面图中的虚线，仅说明开关方式，在设计图中可不表示 （3）窗的名称代号用 C 表示
60	水平推拉窗		（1）立体图中的斜线，表示窗扇开关方式。单虚线表示单层内开（双虚线表示双层内开），单实线表示单层外开（双实线表示双层外开）
61	平开窗		（2）平、剖面图中的虚线，仅说明开关方式，在设计图中可不表示 （3）窗的名称代号用 C 表示
62	建筑物下面的通道	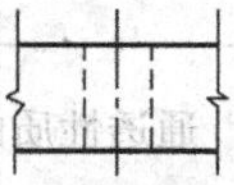	
63	散状材料露天堆场	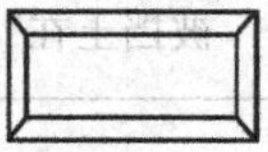	需要时可注明材料名称
64	其他材料露天堆场或露天作业场		
65	铺砌场地	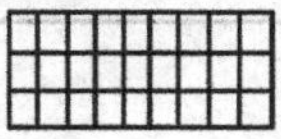	
66	敞棚或敞廊	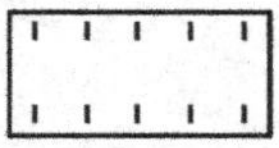	
67	高架式料仓		
68		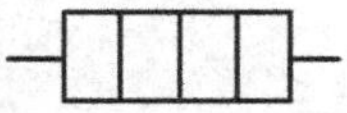	
69	漏斗式贮仓		左、右图为底卸式 中图为侧卸式
70	冷却塔（池）	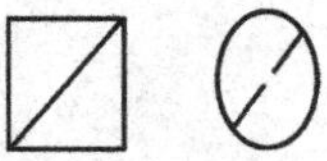	应注明冷却塔或冷却池
71	水塔、贮罐	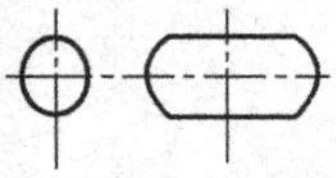	左图为水塔或立式贮罐 右图为卧式贮罐

续表

序号	名　称	图　例	备　注
72	水池、坑槽		也可以不涂黑
73	明溜矿槽(井)		
74	斜井或平洞		
75	烟囱		实线为烟囱下部直径,虚线为基础,必要时可注写烟囱高度和上、下口直径
76	围墙及大门		实体性质的围墙
77			通透性质的围墙,若仅表示围墙时不画大门
78	挡土墙		被挡土在"突出"的一侧
79	挡土墙上设围墙		
80	台阶		箭头指向表示向下

附录4 畜禽养殖场建设项目环境影响备案登记表（例）

×环备（登）×号

建设项目环境影响备案登记表
（畜禽养殖）

项目名称：＿＿＿＿×× 市道然火鸡养殖场＿＿＿＿＿

建设地点：＿＿＿＿×× 市安龙镇官田社区一组＿＿＿＿

建设单位（盖章）：＿＿＿＿×× 市道然火鸡养殖场＿＿＿＿

编制日期：2016 年 5 月 20 日

×× 市环境保护局　印制

项目名称	×× 市道然火鸡养殖场			
申请单位（人）名称	×× 市道然火鸡养殖场			
建设地点	×× 市安龙镇官田社区一组			
开工建设日期	2010 年 1 月	投产日期	2010 年 5 月 10 日	
总投资额	90 万元	环保投资	10 万元	
占地面积	5 100 m²	劳动定员	6 人	
法定代表人	唐×	联系人	唐×	联系电话 ×××××××××
养殖规模	常年存栏种鸡 1 000 羽，年出栏 3 000 羽。			

项目组成表

项目名称	规　模	项目名称	规　模
火鸡圈舍	＿5＿ 栋，共 ＿1 800＿ m²	干粪堆场	＿＿＿ m²
饲料加工房	＿1＿ 栋，共 ＿100＿ m²	沼气池	＿＿＿个，总容积为＿＿＿ m³
		沼液池	＿＿＿个，总容积为＿＿＿ m³
		蓄水池	＿1＿个，总容积为＿20＿ m³
		沉沙池	＿＿＿个，总容积为＿＿＿ m³

污染物治理设施及排放表

类　型	产生污染物	治理方式	排放去向
大气污染物	恶臭	发酵床养殖，不产生有害气体	
水污染物	圈舍冲洗水、尿液	发酵床养殖，无冲洗水	

续表

类　型	产生污染物	治理方式	排放去向
固体废弃物	粪便、沼渣	每年清理一次	生产有机肥料
	病死畜(禽)	深埋无害化处理	还田
	生活垃圾	垃圾点暂存	环卫清运

项目周围环境现状概述：
本项目东邻__农田__,距离__350__m;南邻__农田__,距离__300__m;
　　　　西邻__农田__,距离__300__m;南邻__农田__,距离__400__m

项目现状照片：

1. 项目大门照

2. 干粪堆场照片

说明:发酵床养殖,垫料和干粪暂存圈内,一年后集中清理,作为有机肥还田。

3. 沉沙池照片:

4. 沼气池照片:

5. 沼液池照片:

　　说明:因为发酵床养殖,没有粪便排出,也不用冲洗圈舍,所以就没有必要建沉沙池、沼气池、沼液池。因此就没有以上3项照片。

续表

6.雨沟照片

　　本人郑重承诺：

　　1.本备案表上所填报内容完全属实，如存在瞒报、虚报等情况及由此导致的一切后果由本人承担全部责任。

　　2.本单位运营过程中，将完全按照环保法律、法规的要求承担环保责任，加强环境管理，确保污染物稳定达标排放。

项目法人代表（签字）：

（加盖单位公章）

年　　月　　日

乡镇(街道办)备案意见：

（加盖公章）

年　　月　　日

农林行政部门备案意见：	环保行政部门备案意见：
（加盖公章） 年　月　日	（加盖公章） 年　月　日

附录5　某大规模种猪场环评申报书目录（例）

×××猪场环评申报书目录

目　录

附录6 相关法律法规

1.《畜禽规模养殖污染防治条例》

2.《畜禽养殖业污染防治技术规范》（HJ/T81—2001）

3.《畜禽养殖业污染物排放标准》（GB 18596—2001）

4.《恶臭污染物排放标准》（GB 14554—93）

5.《畜禽养殖禁养区划定技术指南》

6.《国务院办公厅关于加快推进畜禽养殖废弃物资源化利用的意见》

7.《促进南方水网地区生猪养殖布局调整优化的指导意见》

8.《关于推进农业废弃物资源化利用试点的方案》

参考文献

［1］蔡长霞.畜禽环境卫生［M］.北京:中国农业出版社,2006.

［2］王凯军.畜禽养殖污染防治技术与政策［M］.北京:化学工业出版社,2004.

［3］李震钟.畜牧场生产工艺与畜舍设计［M］.北京:中国农业出版社,2005.

［4］周芝佳,时广明,孙志敏.畜牧场环境控制与规划课程改革初探［J］.黑龙江畜牧兽医,2014(2):118-119.

［5］张鹤平.畜牧场恶臭及有害气体的危害及控制［J］.畜牧与兽医,2001,32(z1):148-150.

［6］林纯洁,戴旭明,寿亦丰,等.规模猪场环境污染治理模式的探索［J］.中国畜牧兽医,2005,32(2):22-24.

［7］陈敏娇.畜禽养殖污水植物净化与资源化利用研究［D］.杭州:浙江大学,2007.

［8］王景成,杨秋凤,周佳萍,等.利用沼气工程实现规模养猪业可持续、循环发展［J］.饲料工业,2010,31(11):52-55.

［9］覃舟,徐钢.UASB 能源生态型沼气工程与畜禽养殖场污水的处理利用［J］.农业环境科学,2007(b10):427-429.

［10］陈业勤,邢树文,倪晓榕,等.大型养猪场污染物资源化利用及产业循环技术［J］.畜牧与饲料科学,2013(10):88-91.

［11］彭齐.多花黑麦草对猪场污水的生理响应及对水体的净化作用［D］.南京:南京农业大学,2008.

［12］蒲德伦,朱海生.家畜环境卫生学及牧场设计［M］.重庆:西南师范大学出版社,2015.

［13］杨在宾,周佳萍,王景成.畜禽应激反应机理及防制措施的应用研究进展［J］.饲料工业,2007,28(15):4-8.

［14］谭艳芳,张石蕊,周映华.畜禽应激的研究进展［J］.贵州畜牧兽医,2002,26(3):9-11.

［15］周大薇,邓灶福.动物环境卫生［M］.西安:西安交通大学出版社,2015.